2

Chanoine J. MARCHAND

CURÉ DE SAINT-FRANÇOIS-XAVIER, A BESANÇON

VOYAGE en ESPAGNE

(ESPAGNE ◇ PORTUGAL ◇ MAROC)

BESANÇON

IMPRIMERIE BOSSANNE, 19, RUE RONCHAUX

1906

VOYAGE EN ESPAGNE

OUVRAGES DE L'AUTEUR

Questions actuelles controversées (2e édition).
1 vol. in-12. — Tours ; Cattier, éditeur............ **3 50**

Le Credo révolutionnaire.
1 vol. in-12. — Cattier, éditeur...................... **1 75**

Autour d'un Voyage en Allemagne.
1 vol. in-8° carré, avec grav. — Cattier, éditeur...... **3 50**

A travers le Tyrol (Zurich, Trente, Bellune).
1 vol. in-8°, avec une carte. — Cattier, éditeur....... **3 »**

Itinéraire en Orient.
1 vol. in-8°. — Chez l'auteur......................... **3 50**

Voyage en Espagne (Espagne, Portugal, Maroc).
1 vol. in-8°, avec gravures. — Besançon ; Bossanne . **5 »**

Sous presse

Cours élémentaire de Théologie morale

Chanoine J. MARCHAND

CURÉ DE SAINT-FRANÇOIS-XAVIER, A BESANÇON

Voyage en Espagne

(ESPAGNE ◇ PORTUGAL ◇ MAROC)

BESANÇON

IMPRIMERIE BOSSANNE, 19, RUE RONCHAUX

1906

IMPRIMATUR :

HUMBRECHT,

v. g.

Vesontione, die 15 octobris 1906.

TOLÈDE

Intérieur de la Cathédrale

Grille de la ***Capilla mayor***

Mur extérieur du ***coro***

Lettre de S. E. le Cardinal Merry del Val a l'auteur a propos de ses précédents ouvrages.

Roma, 4 febbraio 1905.

Reverendo Signore,

Mi sono stati gentilmente rassegnati i vari volumi delle publicazioni della S. V., offertimi non ha guari insieme al suo cortese foglio del 29 p. p. mese. Non voglio perciò che questo deferente atto di V. S. rimanga senza un particolare attestato del gradimento, onde io ho accolto tale omaggio. Me le professo quindi gratissimo del delicato pensiero, e sono lieto in pari tempo di assicurarla che sempre volentieri io incoraggio alla difesa della causa cattolica quelle persone che dimostrano, come V. S. ingegno e zelo.

Colgo poi con piacere l'occasione per dichiararmi con sensi di distinta stima.

Di V. S.

Affmo per servirla

R. Card. MERRY DEL VAL.

L'abbé Marchand n'est par pour nous un inconnu. Avant d'écrire son voyage en Espagne, il nous a fait parcourir avec lui la Terre Sainte, l'Allemagne et le Tyrol, et, pour nous rassurer sur la pensée qui le guide dans ses pérégrinations et sur le but qu'il poursuit dans de courtes semaines de vacances, comme dans ses longs mois d'apostolat, il a abordé dans son *Credo Révolutionnaire* et dans ses *Questions Actuelles Controversées* les sujets les plus brûlants, avec la foi et le courage d'un chrétien qui aime ardemment l'Eglise sa mère et veut la défendre envers et contre tous.

En Espagne nous retrouvons ce vigoureux tempérament de chrétien, dominant et vivifiant les impressions de l'érudit, de l'artiste et du patriote. L'histoire du pays qu'il parcourt n'a pas pour lui de secrets, et à ses yeux revivent les combats de géants des Espagnols contre les Maures aussi bien que les exploits dignes d'une meilleure cause des armées de Napoléon. Les paysages tour à tour austères et charmants de la Castille et de l'Andalousie sont peints en couleurs saisissantes. Les vieilles mosquées et les cathédrales nous étalent tous les trésors de leur architecture pleine d'élégance. Enfin notre voyageur nous fait désirer de voir comme lui les tableaux des Murillo, des Velazquez, des Zurbaran.

Dans tout le livre règne une sympathie profonde pour ce peuple énergique, qui sut reconquérir pied à pied son sol sur les Arabes, et défendre son indépendance et sa foi contre les musulmans, les juifs et les hérétiques. L'auteur n'hésite pas à justifier l'Inquisition établie pour déjouer leurs complots, et il prouve qu'elle a été cent fois moins cruelle que les huguenots au XVIe siècle, et que les proconsuls de la Révolution auxquels nous livra la faiblesse de Louis XVI. C'est à ses yeux un grand homme d'Etat que ce cardinal Jimenez dont François Ier disait qu'à lui seul il avait fait plus que toute une suite de rois de France.

Puis le voilà qui « pénètre dans ce vaste cirque de « montagnes grises, sur lesquelles tranche à peine un « immense quadrilatère de même couleur, hérissé de « tours et de coupoles. C'est l'Escurial ! Le style c'est « l'homme, l'Escurial c'est Philippe II. » L'auteur est saisi par la grandeur de l'homme et de l'édifice, comme le fut M. Thiers lui-même s'écriant :

« Ce qui surpasse tout, c'est l'Escurial. On y voit l'âme de Philippe II dans tout ce qu'elle avait de force, de fanatisme, de tristesse. Il est impossible de rendre l'impression que produit ce monument gigantesque. Philippe II, de sa chambre à coucher, pouvait entendre la messe. Les trois dernières années de sa vie, il a entendu la messe sur son lit de mort. L'idée de ce monument ne pouvait venir qu'au prince qui a fait l'Espagne de l'Inquisition. S'il y a là la sombre austérité du fanatisme, il y a aussi toute la grandeur de la passion religieuse. On a ici l'âme attristée mais élevée. » (1)

Mais, si l'abbé Marchand reconnait à Philippe II ce droit de défendre l'Eglise par le glaive qui fait frissonner le libre penseur, il est loin de penser que la force suffit au triomphe de la vérité. Pour lui, ni l'or, ni la science, ni l'appui du pouvoir temporel ne dispensent les chrétiens de la vie surnaturelle qui continue la Rédemption. Et c'est par ses vertus, ses sacrifices, ses

(1) Thiers, lettre à la comtesse Taverna.

souffrances, c'est-à-dire par la Croix que le croyant se rattache à Dieu, et relève en lui et autour de lui notre nature déchue. Aussi dans ce généreux peuple espagnol, notre voyageur cherche partout avec prédilection la trace des saints qui ont élevé et trempé son âme, et qui ont été les vrais vainqueurs des musulmans, des juifs et des hérétiques.

Il suit avec amour les pas de tous ces vaillants qui ont en Espagne un caractère particulier de noblesse et d'ardeur chevaleresque. Il recueille tous les souvenirs laissés par saint Dominique, sainte Térèse, saint Jean de la Croix, saint Jean de Dieu, saint François de Borgia, et ce Vincent Ferrier qui convertissait les juifs par milliers et qui étonnait le monde par ses innombrables miracles. Elevé loin de Rome, ce puissant dominicain a pu être d'abord le secrétaire et le confesseur de l'antipape Benoit XIII, qui lui avait promis de se démettre. Mais éclairé d'en haut et ne parvenant pas à vaincre l'obstination de son pénitent, il se sépara de lui avec éclat, détacha de son obédience les partisans qu'il lui avait amenés, et travailla victorieusement avec sainte Colette à mettre fin à la division qui désolait l'Europe chrétienne. Jamais les saints n'ont été et ne seront les fauteurs du schisme, car c'est par eux que se maintient en dépit des persécuteurs la vie et l'unité de l'Eglise.

Au souffle qui anime tout son récit, on sent que l'abbé Marchand a été formé à leur école, et qu'il est de ceux qui travaillent et qui luttent sans trêve ni concession contre les ennemis de notre foi et de notre patrie.

E. KELLER,

Ancien Député.

PRÉFACE

Quand on jette un coup d'œil sur une carte un peu développée de l'Espagne, on a l'impression d'une contrée coupée de montagnes et de gorges profondément encaissées. Cette impression disparaît vite, lorsqu'on visite la Péninsule.

A peine a-t-on franchi les Pyrénées, qui se prolongent vers l'ouest sous le nom de Monts Cantabres, qu'on parcourt indéfiniment les mêmes étendues mornes, où les champs cultivés succèdent aux rocs de calcaire, aux landes stériles envahies par le sable et les cailloux. C'est à peine si, de loin en loin, une ondulation bleuâtre apparaît à l'horizon, vous avisant du voisinage des sierras de Guadârrama, de Guadalupe ou de Gredos, des Monts de Tolède ou de Cuença, de la sierra Morena et, enfin, de la sierra Nevada, la plus élevée de toutes.

Ce relief si faible au regard s'explique; les plaines ibériques sont, à vrai dire, des plateaux qui se maintiennent à une altitude de sept à huit cents mètres et qui, presque de tous côtés, dévalent assez brusquement vers la mer. Cette configuration permet de comprendre le peu d'avantages que l'Espagne tire de ses ports. A part la vallée basse du Tage et celle du Guadalquivir, aucune voie facile n'y donne accès.

D'ailleurs, les routes qui correspondraient à nos voies départementales ou de grande communication font presque complètement défaut. Cette pénurie n'aurait-elle pas pour cause le déboisement des montagnes, qui attire des trombes d'eau sur ces interminables étendues silencieuses, connues sous le nom de depoblados *ou de* dehesas *et qui rappellent si bien le désert? Dans des conditions semblables, l'entretien des routes ne serait-il pas fort dispendieux?*

Le paysage est uniformément laid; la pauvreté se trahit partout, hormis dans la vega *de Grenade et la* huerta *de Valence où des irrigations bien comprises donnent au sol une fertilité extraordinaire. Dans la partie basse de l'Andalousie mûrissent les raisins fameux de Jerez, de Malaga et d'Alicante, tandis que les céréales de nos régions du nord croissent à l'ombre des cotonniers, des orangers, des oliviers, des dattiers, de la canne à sucre et du nopal.*

En Catalogne bourdonne une ruche intense, qui trouve dans l'industrie textile une source inépuisable de bien-être.

Le long des Pyrénées et des Monts Cantabres, les paysans basques, ceux des Asturies et de la Galice se livrent avec succès aux travaux agricoles, à l'exploitation des forêts, des mines, des houillères et des carrières de granit ou de marbre.

En somme, riche bordure encadrant des steppes aux tons gris ou aux reflets fauves, telle m'est apparue l'Espagne.

***

Visiblement, les sujets d'Alphonse XIII appartiennent à cinq ou six races différentes : le Catalan rappelle aussi peu l'Andalou que le Marseillais fait songer au Normand. Cette dissemblance ne se traduit pas seulement dans les traits du visage ; elle se remarque dans le caractère, les aptitudes intellectuelles et les qualités morales. Ibères, Celtes, Carthaginois, Romains, Vandales, Wisigoths et Maures se retrouvent plus ou moins dans les Espagnols actuels. On constate chez tous une indépendance qui les rend réfractaires à toute organisation trop minutieuse et prompts à prendre une résolution, sans attendre de mot d'ordre. Leur fierté est sans égale ; ils se souviennent des prouesses de leurs ancêtres, vivent de leur gloire passée et affectent pour l'étranger un souverain mépris. Ce mépris, ils savent l'exprimer par des réflexions blessantes, des plaisanteries grossières ; au besoin, par des traitements indignes. Chacun d'eux se croit l'héritier du Cid, le descendant de Fernand Cortez ou de Pizarre ; le plus déguenillé veut être traité en hidalgo. *Un atroce gamin de Salamanque m'importunait depuis deux heures, mêlant à des offres de service dont je n'avais que faire, des réflexions passablement déplacées. Exaspéré à la longue, je fis mine de lui donner un soufflet. Aussitôt, mon petit bandit se redresse dans une attitude de lion blessé et me dit d'une voix enflée par l'indignation et la menace : « Comment ! Vous osez faire un geste pareil contre moi ! Vous ! » Il m'a rappelé ce mot du général Foy : « L'Espagnol est un roi détrôné qui n'a pas perdu le souvenir de sa puissance et que l'infortune a renversé sans l'humilier. »*

Les besoins physiques ne le préoccupent guère : il vit de rien, est d'une sobriété remarquable, partant, peu enclin à l'ivrognerie et à la débauche. En revanche, il est indolent et paresseux. Ses passions, qui sont très vives, s'ennoblissent en quelque sorte en idéalisant leur objet. Cette noblesse d'âme, cette élévation de sentiments se manifestent dans la distinction des manières et conduisent souvent jusqu'à des actes héroïques. L'Espagnol est religieux, enthousiaste, admirateur du talent, du courage et de l'infortune ; on le voit en toute rencontre grave, discret, inviolablement fidèle à la parole donnée. Il ne refuse jamais un service qu'on lui demande ; il mettra même à le rendre une politesse exquise qui ne laisse jamais que d'être imposante et très digne.

Patient et pacifique, il s'irrite cependant et, une fois démonté, il devient una fiera, *une bête sauvage. « Les Espagnols ont prouvé leur barbarie non seulement par ce qu'ils ont fait dans le Nouveau Monde, mais aussi par la manière dont ils ont agi en Allemagne et ailleurs, et surtout en Belgique. »*

Rien n'égale les atrocités commises contre les Français, de 1808 à 1813 : nos généraux, nos officiers, nos soldats furent cuits et bouillis tout vivants, crucifiés, charcutés, sciés, brûlés à petit feu, égorgés de la façon la plus inhumaine.

Cette cruauté, du reste, ne cesse d'être alimentée par ces hideuses corridas de toros *si fréquentes et si universellement répandues. C'est par dizaines de mille qu'il faut compter chaque année les malheureux taureaux occis dans ces passe-temps, sans préjudice des chiens et des chevaux éventrés, des* picadores *mis à mal ou à mort.*

∴

Si les classes élevées ont à peu près oublié les horreurs de la guerre de l'Indépendance, il n'en est pas de même du peuple. A la veille de mon départ, je recevais d'un religieux qui avait pendant vingt années évangélisé l'Espagne, les renseignements que voici :

« Les Espagnols détestent les Français, plus que ceux-ci ne détestent les Prussiens; les horreurs des guerres de Napoléon sont encore vivantes dans toutes les familles. Les Espagnols ne savent rien par les livres; généralement, dans les campagnes, ils ne savent pas lire ; mais les mères transmettent à leurs enfants tout ce qui s'est passé, et davantage encore ; les furibondes imaginations du Midi augmentent les réalités. »

Force m'est de déclarer que mon correspondant avait été bon prophète. Il n'est pas de ville où je n'aie eu à subir quelque avanie : Badajoz, Salamanque, Tolède et Saragosse méritent sous ce rapport une mention spéciale ; à Grenade on m'a jeté de la boue ; il fallait en-

tendre avec quel ton méprisant on disait sur mon passage : « Cura francès ! »

Tout autre a été l'accueil que m'ont fait les moines espagnols ; j'ai reçu dans bon nombre de monastères une hospitalité affable et généreuse.

Mes impressions sont donc un peu mélangées. En ce qui concerne le pays et les habitants, elles seraient défavorables, plutôt qu'enthousiastes. Mais les villes sont curieuses ; elles n'ont rien de commun avec celles des autres contrées européennes. Les costumes, les fêtes, les mœurs valent la peine d'être contemplés ou étudiés. Et puis, que de souvenirs ! Il y a là cinq ou six civilisations qui dorment superposées. « Terre d'épopée », a-t-on pu écrire avec raison. Terre des Saints, pourrais-je ajouter. Quels souvenirs exquis n'ai-je pas rapportés de Loyola, du Montserrat, de Manrèse, d'Avila surtout, d'Albe de Tormès et de Grenade !

Quant aux monuments, l'Alhambra, l'alcazar de Séville, l'Escorial, la mosquée de Cordoue, les cathédrales de Tolède, de Léon, de Séville et de Burgos, les chartreuses de Miraflorès et de Grenade, le monastère de las Huelgas, *certains édifices de Valladolid, les palais de Salamanque dédommagent amplement des fatigues que l'on s'impose nécessairement pour les visiter. Les musées de peinture de Valence, de Séville, de Cadix et de Madrid m'ont grandement intéressé. Le dernier est sans contredit l'un des plus riches de l'Europe.*

Je suis revenu de mon voyage de cinq semaines, moulu, brisé ; mais, en somme, très heureux de l'avoir entrepris ; riche en gerbes précieuses ; décidé, si jamais je franchis à nouveau les Pyrénées, à me joindre à un compagnon de route et à couvrir mes épaules du manteau de cérémonie, sans lequel les prêtres espagnols ne paraissent jamais en public ; cette double précaution me mettra, je l'espère, à l'abri des avatars subis lors de ma première visite.

ASTURIES	CASTILLE	ARAGON	NAVARRE	CATALOGNE
Pelayo (718-737) Alphonse 1er Fruela (756-768) Alphonse II Alphonse III (866-909) *(Royaume de Léon)* Ordogne II (914-924)	(*Comtes indépendants*)			Vilfrid Ier (874-898)
Alphonse IV Ramire II Ordogne III Bermude II Alphonse V (999-1027) Bermude III	Fernand Gonzalez (930) Garcia Fernandez Sanche Garcia Garcia II Dona Mayor (1029-1035) . . .	épouse. . . .	Garcia Sanchez Ier (926-975) precedes: Sanche Abarca (905-926) Garcia Sanchez Ier (926-975) Sanche II Garcia, le Grand	Borrell Ier Sunyer Borrell II
Dona Sancha (1037) épouse Ferdinand (*1er roi*)		Ramire Ier	Garcia Sanchez II Sanche III	Borrell III
Réunion momentanée des deux couronnes	Sanche II Alphonse VI (1072-1109) Dona Urraca épouse en secondes noces Alphonse VIII (1126-1157)	Sanche Ramire. . . . Pierre Ier. . . . . Alphonse Ier le Batailleur | VI de Castille Ramire	. . . . Garcia Ramirez	Raymond Bérenger Ier Raymond Bérenger II Bérenger Raymond II Raymond Bérenger III
Ferdinand II (+1188)	Sanche III (1158-1214) Alphonse IX, le Noble	Pétronille épouse. . .	. . . .	Raymond Bérenger IV (1162)
Blanche de Castille | Henri Ier Alphonse IX épouse Dona Berenguela		Alphonse II Pierre II Jaime Ier Pierre III	Sanche le Savant Sanche le Fort Thibaut I Thibaut II Henri } Comtes de Champagne	(Comté réuni désormais à la couronne d'Aragon)
Réunion définitive des couronnes de Léon et de Castille	(1230-1252) Ferdinand III, le Saint Alphonse X, le Savant (1252) Sanche IV, le Brave (1280) Ferdinand IV Alphonse XI (1312-1350) Pierre Ier, le Cruel (+1365) Henri II de Transtamare Jean I (1379-1390) Henri III *el Doliente* Jean II (1406-1454)	Alphonse III Jaime II Alphonse IV Pierre IV + 1387 Jean Ier | + 1395 Martin + 1410 Ferdinand Ier, Infant de Castille Alphonse V Jean II épouse.	Jeanne Ier et Philippe le Bel Louis le Hutin Philippe le Long Charles IV le Bel } Rois de France Jeanne II et Philippe Charles le Mauvais Charles le Noble } Comtes d'Evreux Dona Blanca	
Henri IV — Isabelle épouse. . .		Ferdinand II (1479)	Eléonore de Foix	
et d'Aragon	Don Juan (meurt jeune) Catherine femme de Henri VIII d'Angleterre	Jeanne la Folle Charles-Quint	François Phébus — Catherine (épouse Jean d'Albret) (En 1515, le versant espagnol est réuni à la Castille par Ferdinand II.)	

INTRODUCTION HISTORIQUE

Les plus anciens habitants de l'Espagne sont les Ibères. Bien avant la conquête romaine, ils se mélangèrent aux Celtes. Le mélange des deux races donna naissance aux Celtibères. Cette fusion ne se fit cependant pas d'une façon générale. Les Celtes purs s'établirent le long des côtes de l'Océan, tandis que les anciens Ibères demeurèrent confinés dans le nord-est.

Vinrent ensuite les Phéniciens, qui donnèrent au pays son nom actuel [1] et fondèrent les villes de Cordoue, de Séville, de Malaga et de Cadix. Les Grecs, débarqués un peu plus tard, bâtirent les villes de Sagonte et de Lisbonne.

Cinq cents ans avant Jésus-Christ, les habitants, pour se soustraire à la rapacité des Phéniciens, appelèrent à leur aide les Carthaginois qui, après avoir fait table rase des envahisseurs, songèrent à prendre leur place : l'Espagne n'avait fait que changer de maîtres. Amilcar Barca fonda Barcelone et Asdrubal, son gendre, Carthagène (222). Trois ans plus tard, Annibal, fils d'Amilcar, détruisit Sagonte qui lui avait opposé une résistance désespérée. Après la défaite de Zama, l'Espagne est ouverte aux Romains, vainqueurs d'Annibal, qui traitèrent les habitants avec la dernière cruauté. La défense héroïque de Numance fut l'épisode le plus important de cette période ; elle rappelle celle que Saragosse devait opposer aux généraux de Napoléon Ier.

(1) *Spaü*, *Spania*, qui signifie *caché*. Allusion à la situation occupée par la Péninsule aux confins du monde connu.

Plus tard, les Romains firent paraître une clémence dont les Espagnols se montrèrent reconnaissants. Le pays fut divisé en cinq provinces (1); l'unité se fit progressivement; l'agriculture, la littérature et les arts prirent un essor remarquable; l'Espagne adopta les lois, les coutumes et la langue des vainqueurs. « La part des Romains est fort grande dans la formation du peuple espagnol : quoique ibère et celte d'origine, il n'en est pas moins devenu l'une des nations latines par son idiome et le moule de sa pensée. »

L'Espagne fut sillonnée de routes et se couvrit d'une foule de monuments remarquables, dont un grand nombre subsistent encore.

* * *

Lors des grandes invasions, en 406, les Suèves, les Alains et les Vandales franchirent les Pyrénées; les premiers pour s'établir au nord-ouest; les seconds, à l'ouest; les derniers, dans les régions du sud qui leur doivent leur nom de (V) *andalousie.*

Mais déjà les maîtres définitifs étaient en marche vers la Péninsule : j'ai nommé les Wisigoths. Leur domination date de 417. Dans sa première période, elle dura trois siècles et finit en 711.

Ces nouveaux venus étaient ariens; leur première capitale fut Toulouse. Lorsque Clovis les eut défaits à Vouillé en 507, leurs rois choisirent Tolède pour résidence.

Leuvigilde (572-580) acheva de subjuguer le pays et son fils Récarède abjura l'arianisme. En 711, le comte Julien, dont le roi don Rodrigue avait, dit-on, outragé la fille, fit appel aux Arabes qui, sous la conduite de Tarik, débarquèrent auprès du mont Calpé, qu'ils nommèrent Djebel Tarik (mont de Tarik) d'où l'on a fait Gibraltar. L'armée wisigothe subit une défaite complète sur les bords du Guadalete. Muza amena d'Afrique des forces nouvelles, si bien qu'au bout de deux ans, la soumission du pays fut chose accomplie. Pelayo ou Pélage, guerrier de sang royal,

(1) La Tarraconaise, la Carthaginoise, la Bétique, la Lusitanie et la Galice.

se retira dans les montagnes des Asturies avec les débris de l'armée chrétienne : ce fut là le noyau d'où devait sortir la nouvelle Espagne, enfin reconquise sous Isabelle et Ferdinand. La période d'incubation dura près de huit siècles.

Les chrétiens furent d'abord traités avec bonté par les vainqueurs qui leur donnèrent le nom de Muzarabes ; mais bientôt, ils se virent en butte à de dures vexations.

*
* *

La domination arabe comprend trois phases.

1° l'*émirat*, ou califat dépendant de celui de Damas (711-756). Les Arabes, qui avaient pénétré dans les Gaules sous la conduite d'Abdérame, furent anéantis à Poitiers par Charles Martel (732).

2° Le *califat indépendant de Cordoue* (756-1031).

En 750, les Abassides, descendants d'Abbas, oncle de Mahomet, évincèrent du pouvoir souverain, à Damas, les Ommiades, descendants d'Ommiah, autre parent du Prophète. Quatre-vingt-dix de ces derniers furent massacrés. L'un d'eux, Abdérame, s'échappa, vint en Espagne, se fit reconnaître et fonda un califat indépendant, dont le siège fut Cordoue.

La bataille de Calatañazor, où les armées chrétiennes défirent le célèbre général d'Ixen II, Almanzor, marqua le déclin du califat indépendant.

3° *Les royaumes arabes* (1031-1492). Ils naquirent du démembrement du califat. Les émirs de Tolède, de Saragosse, de Valence, de Murcie, de Séville, pour ne nommer que les principaux, voulurent être souverains ; ils ne firent qu'offrir une proie plus facile aux rois chrétiens.

Pendant ces quatre siècles, l'Espagne arabe passa successivement sous le joug de diverses tribus venues d'Afrique. Les Almoravides dominèrent de 1086 à 1145 ; puis ce fut le tour des Almohades (1145-1269), évincés eux-mêmes par les Mérinides (1269-1340). C'est à ces tribus que s'applique plus particulièrement la dénomination de Maures.

*
* *

L'œuvre de la *reconquête* fut commencée par Pelayo lui-même ; ses premiers successeurs la continuèrent et le royaume des Asturies s'arrondit progressivement. Pelayo avait infligé aux Arabes une défaite sanglante à Covadonga (718); Alphonse II, le Chaste, les vainquit à Lugo. C'est sous son règne que Charlemagne, son allié, pénétra en Espagne. Alphonse III, le Grand, gagna la bataille de Zamora (904). Douze ans plus tard, nouvelle victoire remportée par Ordogne II à San Esteban de Gormaz. Ordogne transféra sa cour d'Oviedo à Léon. Ramire II défit les Sarrasins à Osma (932), à Simancas (938) et à Talavera.

Ferdinand Ier (1037-1065) conquit le Portugal et imposa un tribut aux rois de Tolède, de Saragosse, de Badajoz et de Séville.

Alphonse VI prit Tolède et en fit sa capitale. C'est sous son règne que l'histoire enregistre les exploits du Cid. Mais la victoire décisive fut remportée par Alphonse IX. La journée de las Navas de Tolosa compte parmi les plus glorieuses de l'Espagne (1212). Deux cent mille Maures y perdirent la vie.

Sous Ferdinand le Saint, Cordoue, Séville, Jaen et Cadix sont enlevées aux Musulmans; il ne leur reste que les royaumes de Murcie et de Grenade, tous deux astreints au tribut. Des renforts arrivaient incessamment d'Afrique. En 1340, Alphonse XI triompha de leurs forces combinées près du Salado et leur prit un butin énorme. C'est à Ferdinand d'Aragon et à Isabelle la Catholique que revint la gloire d'achever la reconquête par la prise de Grenade en 1492.

*
* *

Tandis que les rois des Asturies guerroyaient contre les Arabes, un grand nombre de chrétiens bâtissaient des *castillos* ou châteaux forts pour se défendre, tout en reconnaissant la suprématie des successeurs de Pelayo.

En 930, le comte Fernand Gonzalez se fit reconnaître chef des *castillos* devenus la Castille, et rendit le pouvoir héréditaire dans sa famille. Sa petite-fille dona Mayor épousa Sanche le Grand, roi de Navarre, qui érigea la Castille en royaume en faveur de son fils Ferdinand (1037).

Le royaume de Navarre s'était fondé dans les mêmes

conditions que celui des Asturies. Les chefs chrétiens réfugiés dans les montagnes du Haut-Aragon accrurent peu à peu leurs possessions et prirent finalement le titre de rois.

Sanche le Grand, qui avait fait de la Castille un royaume dont son fils fut le premier titulaire, créa en faveur de Ramire, son autre fils, le royaume d'Aragon.

La Catalogne, enfin, assujettie aux Arabes comme toutes les autres parties de la Péninsule, fut délivrée par Charlemagne, et se rendit indépendante peu après, sous le nom de comté de Barcelone.

Ferdinand et Isabelle eurent pour héritière Jeanne la Folle, qui apporta en dot l'Espagne et le Nouveau Monde à l'archiduc Philippe le Beau.

La dynastie des Habsbourgs s'éteignit avec Charles II en 1700. Le duc d'Anjou, petit-fils de Louis XIV et, par conséquent, arrière-petit-fils de Philippe IV, recueillit sa succession.

On sait comment Charles IV fut amené à abdiquer en faveur de Joseph Bonaparte. Ferdinand VII qui, après la tourmente, remonta sur le trône de ses pères, fut, on ne peut plus maladroit. L'abrogation de la loi salique mit aux prises les carlistes, ses héritiers légitimes, avec Isabelle II et ses partisans. L'unité espagnole était rompue à nouveau. Une double révolution — celle de 1837 et celle de 1868 — vint compliquer la situation. Aujourd'hui Alphonse XIII, petit-fils d'Isabelle II est nominalement roi de l'Espagne, mais les esprits sont loin d'être pacifiés ; les carlistes conservent leurs espérances avec leurs cadres de bataille et la Révolution couve sous la cendre.

VOYAGE EN ESPAGNE

CHAPITRE PREMIER

FONTARABIE

Jeudi 3 septembre 1903.

J'ai eu, ce matin, une demi-heure pour visiter la cathédrale de Bayonne. De loin, sa masse imposante semble flotter sur la ville brumeuse, traversée par le large ruban de l'Adour. La pierre jaunâtre, noircie par le vent de la mer, donne l'illusion d'un or terni ; aucun artifice de construction n'allège, à l'extérieur, la lourdeur des formes ; le grand portail, très beau, n'a pas été achevé ; seul, un dais gothique, placé au-dessus de l'entrée latérale, enjolive la façade nord. Le chœur et l'abside sont du XIIe siècle ; les nefs, portant à leurs clefs de voûte les armes d'Angleterre, demeurent les témoins de la domination étrangère en ce pays. Tout est grave et sévère à l'intérieur; toutefois, l'austérité des lignes trouve un correctif dans le bon goût et la délicatesse de l'ornementation de détail. Il ne manque à ce magnifique triforium que d'être à jour ; autour du chœur rayonnent cinq jolies chapelles ; de la sacristie on accède de plain pied à un cloître bien conservé qui est une merveille de l'art ogival.

Que de fois, en parcourant les cathédrales espagnoles, si encombrées et si tapageuses, j'ai eu occasion de regretter la majestueuse simplicité, le silence et le demi-jour plein de mystère de celle de Bayonne !

Rien d'intéressant jusqu'à la frontière. La voie évite la plage de Biarritz ; mais elle a des échappées ravissantes sur la mer qui scintille dans les déchirures des mamelons verts.

Saint-Jean-de-Luz est bien déchu de sa splendeur passée. La ville est réduite au cinquième de ce qu'elle était, lorsque Louis XIV vint y célébrer son mariage avec l'Infante Marie-Thérèse ; sa rade n'est plus guère qu'un abri pour les bateaux de pêche.

A l'horizon bleuit déjà l'âpre montagne au pied de laquelle Fontarabie dort dans sa cuirasse de vieux remparts. La Bidassoa a presque rongé l'île célèbre où don Luis de Haro vint négocier avec Mazarin le traité des Pyrénées. Philippe IV s'y rencontra avec sa sœur, veuve de Louis XIII, et leurs enfants, de cousins devenus fiancés, y furent admis à une entrevue dont Mme de Motteville nous a laissé le piquant récit. La pauvre Marie-Thérèse, qui avait trouvé le roi de France *muy lindo y muy bueno* (1), ne devait pas tarder à perdre ses illusions.

* * *

Me voici sur la terre d'Espagne. Dès Irún, tout change d'aspect. Le débarcadère est souillé par les détritus

(1) Très beau et très bon.

rejetés du buffet et qu'une nuée de moineaux débarrassent en partie. Devant la gare, deux mules efflanquées s'apprêtent à traîner un misérable tramway. Je m'y jette, avec le dessein de visiter Irún qui n'a rien de captivant et de pousser jusqu'à « la très noble, très loyale, très valeureuse et toujours très fidèle » Fontarabie. Tels sont les titres glorieux burinés sur la vieille porte qui, à elle seule, est tout un poème. Protégé par les massives murailles du chemin couvert, cet antique débris a échappé aux ravages de l'artillerie, qui partout ailleurs ont disloqué et fendu la vieille enceinte. Un énorme cartouche surmonte l'arceau ; par dessus, deux figurines soutiennent l'image de la *Virgen*, protectrice de la cité. Ainsi dès l'abord, me voilà en plein Moyen âge. La rue monte, étroite, noyée d'ombre, bordée de lourdes bâtisses contre lesquelles s'accrochent de massifs miradors, avec des auvents en surplomb et des blasons gigantesques. Tout ce monde-là est noble, d'une noblesse bien authentique, qui a fait ses preuves en vingt batailles et en dix sièges terribles, plus meurtriers que des batailles. Dans cette noblesse, les femmes ne le cèdent en rien aux hommes, les femmes qui, lors de l'investissement de 1638, costumées en soldats, réclamèrent à grands cris des mousquets et des lances, mais ne purent obtenir du gouverneur que la permission de se faire tuer aux remparts, en relevant les blessés et en aveuglant les brèches, sous le feu meurtrier de l'ennemi.

Tandis que je gravis la rampe, un petit âne, chargé d'une benne double emplie de fumier, la descend en trottinant ; il faut me ranger pour lui faire place. On se croirait dans une rue du Caire ou de Bethléem.

L'église est un beau monument gothique qui s'adosse à un joli beffroi Renaissance. L'intérieur a été sottement modernisé. J'admire, à la sacristie, entre autres vêtements précieux, la superbe chape en soie brodée et tissée d'or, don de Charles-Quint.

*
* *

A quelques pas de l'église, se dresse le *castillo* qui porte le nom de cet empereur. Il n'a fait que l'enjoliver, l'agrandir et le réparer ; la construction première remonte à Sanche le Savant, roi de Navarre, qui vivait à la fin du XIIe siècle. Les murs ont trois mètres d'épaisseur ; les voûtes sont en proportion. Il fallait tout cela pour résister aux douze cents boulets lancés contre ce formidable alcazar durant le siège dont j'ai cité la date. Quelques-uns sont encore là, empilés dans la cour.

Du sommet de la terrasse, défendue par un parapet à créneaux, on domine la baie ensablée, sillonnée d'innombrables petites barques, la falaise française et la monstrueuse échine du Jaïsquibel, dont la saillie forme le cap du Figuier. La blanche basilique de *Nuestra Señora de Guadalupe* scintille dans une dépression à mi-hauteur.

Je me plais à refaire la glorieuse histoire de Fontarabie. Sous Ferdinand et Isabelle, elle résiste à une armée française ; mais Bonnivet la prend au temps de François Ier. Trois ans plus tard, le connétable de Castille s'en empare à nouveau et Charles-Quint, pour la mettre en état de défense, fait du château une citadelle et donne à la ville une enceinte bastionnée. Elle subit de nouveaux sièges en 1794, en 1808, en 1813, en 1823 et en 1837 ; mais celui de 1638 l'a immortalisée à tout jamais.

Sous Philippe IV, le père du grand Condé envahit la province de Guipúzcoa, soumet toute la côte et fait occuper le Jaïsquibel. Fontarabie, surprise, avait peu de munitions, presque pas de vivres et une garnison fort insuffisante. Condé pratique des tranchées, tandis que

Henri de Sourdis, commandant de la flotte, surveille la mer. Mais les chaloupes de ravitaillement passent entre les vaisseaux, et les courriers se faufilent à travers les lignes. Des vivres et quelques légers renforts sont introduits dans la place. Un jésuite mathématicien se charge de la direction du génie et les paysans s'exercent au maniement des armes.

Un effroyable bombardement commence ; les cheminements atteignent les bastions : l'un d'eux saute et les remparts se lézardent.

— « Vous êtes des insensés, crient les Français, rendez-vous. »

— « Cachez-vous donc, mauvaises taupes », leur répondent les Espagnols.

Le gouverneur est tué ; mais les assiégés ont descendu dans leur église la Madone miraculeuse de *Guadalupe* et ils ont foi en son secours.

*
* *

Le 15 août, ils communient tous en son honneur. Cinq jours plus tard, ils repoussent un premier et terrible assaut.

Le 24, Condé offre une capitulation très acceptable, sans succès. Croyant les défenseurs à court de vivres, il leur signifie un ultimatum. On sert à l'envoyé un somptueux repas ; puis on le reconduit en lui souhaitant bon voyage. Condé répond à cette gasconnade en livrant un nouvel assaut. Il est repoussé comme le premier.

Mais voici qu'un deuxième bastion s'écroule, laissant dans l'enceinte un trou de vingt pieds de large. Le duc de La Valette estime, néanmoins, que la brèche n'est pas praticable. Tout ce qui est valide, hommes, femmes et jeunes gens, la garde ; le reste prie aux pieds de la Vierge.

Un orage affreux disperse les troupes de secours envoyées par Philippe IV, et Condé multiplie les sommations et les assauts. De nouvelles explosions mutilent la ligne des murailles : les assiégés se font muraille vivante et huit assauts successifs ne peuvent triompher de leur fol héroïsme. Le plomb fait défaut ; l'alcade ordonne de fondre toute sa vaisselle et c'est par des balles d'argent que nos compatriotes, désormais, seront frappés...

Près de vingt mille projectiles avaient été vomis contre la ville depuis soixante-dix jours. Elle était à bout de forces et l'assaut général fixé au 8 septembre allait, enfin, avoir raison de sa résistance. Mais le 7 au matin, l'armée navarraise reformée apparaît sur les hauteurs. Vers midi, elle débusque les Français de l'ermitage de Guadalupe ; ensuite, comme une trombe, elle dévale dans les tranchées, s'en empare, massacre tout ce qui résiste, donne la chasse à ce qui fuit, opère sa jonction avec la garnison, accourue joyeuse, et contemple deux mille Français qui, trompés par la marée, vont se noyer dans le chenal de la Bidassoa. Condé échappa à grand'peine à la mort, ici, à la disgrâce, plus loin, et le butin fait par les Espagnols fut immense.

Chaque année, le 8 septembre, Fontarabie célèbre avec solennité l'anniversaire de sa délivrance.

CHAPITRE II

EN GUIPUZCOA

Je reviens à Irún. Sur la route, les femmes cheminent pieds-nus et je croise d'horribles charrettes dont les deux roues pleines, qui tournent avec l'essieu, « miaulent affreusement, faute d'être suiffées, les conducteurs aimant mieux mettre la graisse dans leur soupe ». J'assiste, sur le quai, à l'arrivée du courrier de France. C'est inouï ce qu'il amène de sacs venant d'Angleterre : *from London to Gibraltar; for Bilbao, Madrid*, *Lisboa*, etc. « Et ce n'est rien, aujourd'hui, me dit le convoyeur : certains jours, j'en décharge plus de deux cents. »

La voie longe le Jaïsquibel, dont la crête rugueuse porte des tours contemporaines des guerres carlistes ; elle frôle la charmante baie de Passajes, lac des Quatre-Cantons en miniature, qui ne communique avec la mer que par une percée très étroite, ouverte on ne sait comment dans la montagne de granit. La Fayette, en 1776, vint s'y embarquer pour l'Amérique.

Saint-Sébastien, où nous arrivons presque aussitôt est, en vérité, un délicieux séjour. Sa *concha* s'arrondit en cuvette, emprisonnée du côté de l'Océan, par les monts Igueldo et Urgull. Entre les deux, l'île rocheuse de Sainte-Claire, noyée dans la brume violette, au milieu d'un ciel étincelant et d'une mer teintée d'or, rétrécit malheureusement la perspective vers le large. Sur la plage de sable fin, des cabines innombrables s'alignent de chaque côté du chalet mauresque blanc et bleu, réservé à la famille royale. Un treuil, qui le fait glisser sur des rails, lui permet de suivre la marée à la piste. Le *paseo* s'adapte à la courbure régulière de la baie et me conduit jusqu'à Miramar, le palais de briques que Marie-Christine s'est fait construire. Les *sitios reales* ne lui manquaient pas, pourtant, pour y abriter sa persistante tristesse. Mais La Granja, sans doute, lui eût trop rappelé l'incurable ennui qui y dévora Philippe V, et le souvenir des tristes événements de 1808 devait lui rendre odieuse Aranjuez. Le sombre Escorial, témoin en 1822 de la déchéance de Ferdinand VII et toujours hanté par l'ombre sinistre de Philippe II, l'attirait moins encore. Enfin, elle avait pris le Pardo en horreur, depuis le jour où les influences maçonniques, qui veillaient sur Alphonse XII expirant, avaient empêché le cardinal-archevêque de Tolède, impitoyablement consigné dans l'antichambre, d'apporter les secours de la religion à son époux miné par la débauche.

* * *

La ville s'est relevée plus belle et plus riche des ruines amoncelées par les Anglais et les Portugais qui, en 1813, la bombardèrent sans pitié. « Les Anglais n'étaient pas habiles dans l'art des sièges. Ils le prouvèrent à Saint-Sébastien. Ils s'y reprirent à trois fois. Trois fois, les défenseurs les rejetèrent au pied de la brèche, en leur infligeant des pertes énormes.

« Le 15 août, la fête de l'Empereur fut célébrée dans la place avec entrain. Pendant toute la journée, le son des cloches se mêla aux chants joyeux de nos soldats. La nuit, le château fut illuminé et les assiégeants purent voir briller sur les remparts, en lettres de feu, les mots de : *Vive l'Empereur* ! Ils en profitèrent pour tenter une surprise qui ne réussit pas mieux que les autres.

« Il fallut que Wellington vînt lui-même diriger les travaux. Le 31 août, dans un assaut furieux, les Anglais s'emparèrent de la ville, où leur brutalité se donna libre carrière. « A Ciudad-Rodrigo, écrit Napier, ce furent « l'ivresse et le pillage qui entraînèrent les troupes. « A Badajoz, on vit la luxure et le meurtre unis à la « rapine et à l'ivresse. Mais à Saint-Sébastien, la plus « affreuse et la plus révoltante cruauté vint se joindre « à la nomenclature de tous les crimes. » Le pillage fut suivi de l'incendie. Il ne resta de la ville que dix-sept maisons. »

Ce désastre avait été prédit quatre siècles d'avance par saint Vincent Ferrier, prêchant à Saint-Sébastien en 1408 : « La ville sera brûlée, dit-il, puis envahie par les eaux. » Cette dernière menace demeure suspendue comme une épée de Damoclès sur cette cité dévorée tout entière par la soif des plaisirs, car il n'est pas dit que la Bienheureuse Vierge ait renouvelé en sa faveur le prodige auquel les habitants de la Corogne durent leur salut. Comme à Saint-Sébastien, Vincent y avait été le messager des vengeances célestes : « Un jour viendra, s'était-il écrié, où les poissons s'ébattront sur cette place. » — « Non, dit tout haut une image de Marie, placée en face de la chaire du prédicateur ; non, au moins pas tant que je serai là. »

. . . .

« Avec les débris de la garnison, le général Rey se

retira dans le château de la Mota, sur le mont Urgull. Il y tint encore huit jours sous une grêle de projectiles. Puis il réunit le conseil de défense, qui se prononça, à l'unanimité, pour une capitulation.

« Elle nous fut accordée comme nous la demandions, avec les honneurs de la guerre. Le siège avait duré soixante-treize jours. Il coûtait aux ennemis près de 4.000 hommes. » (1).

En 1835 et en 1836, les carlistes assiégèrent eux aussi Saint-Sébastien, mais on les contraignit à lâcher prise.

L'*alameda* est couverte de corbeilles de fleurs délicates et de plantes rares, formant de merveilleux dessins. Au centre, des jets d'eau ; au fond, le somptueux palais de la *Disputacion* et, au loin, entre les tiges fleuries et les rameaux penchés, le miroitement des flots.

* * *

Jusqu'à Tolosa, on dirait une petite Suisse. Les églises ont l'apparence de forteresses, percées de rares lucarnes ; leur beffroi reproduit en style plus simple l'élégante lanterne de Fontarabie. Beaucoup d'usines. La voie monte péniblement à travers des champs de maïs, sur le flanc de montagnes calcaires. On stoppe longuement à Ormáitztegui, sans doute pour permettre à la locomotive de souffler. Il faudra désormais prendre mon parti de ces arrêts prolongés, de ces lenteurs agaçantes, de ces perpétuels retards des trains espagnols. Un vieil aveugle s'installe successivement devant toutes les portières, en tirant des sons endiablés de son harmonica. Sa fille qui porte sa chaise se charge de la collecte. Une

(1) E. Guillon : *Les guerres d'Espagne.*

dizaine d'enfants en haillons courent le long des voitures, avec des cruches et des verres, en vociférant : *Agua ! Agua ! Agua fresca ! Agua fresquita !* D'autres déguenillés escaladent les marchepieds, tendant la main et suppliant d'un ton patelin : *Señor Padre, señor Padre, una limosina por l'amor de Dios* ! Il ne sert de rien de se jeter du côté opposé. Les monstres connaissent la manœuvre : aussi bien, passant sous les roues, vous harcèlent-ils de plus belle. Lève-t-on la glace ? Ils ouvrent la portière et envahissent le compartiment.

Ah ! le joli voyage !

Il est environ six heures lorsque je débarque à Zumárraga. Je caressais l'espoir d'y trouver une diligence qui me permît de coucher le soir même à Loyola. Mais malgré la célébrité de ce lieu de pèlerinage, il n'y a qu'un seul départ dans la journée : le matin à dix heures. Un loueur de chevaux me demande vingt francs pour la course. Mes ressources ne me permettent pas des débuts aussi dispendieux.

Ma résolution est prise aussitôt : je partirai dans la nuit pour arriver à destination au jour levé.

Pour la première fois je pénètre dans une *fonda* espagnole. On y respire à plein nez une odeur très désagréable d'huile rancie ; toutefois, tout est propre, le repas, fort convenable, les gens, pleins d'attentions et les prix, peu élevés. Mais, malheur au voyageur pressé ! Les plats apparaissent à de rares intervalles ; le pain, le vin, la serviette, les condiments arrivent peu à peu en *pequeña velocidad* (1), si bien que la table est à peu près servie vers la fin du repas. On a toutes les peines du monde à se faire présenter la note ; puis, on attend pendant vingt minutes encore que le *camarero* ou la *camarera* vous rapporte la monnaie.

(1) En petite vitesse.

Le meilleur était de se faire à ce régime ; j'ai fini par m'en accommoder, en rédigeant mes notes à table ou en préparant dans mon guide le voyage du lendemain.

Vers neuf heures, enfin, tout était fini et, comme en arrivant, j'avais prié l'hôtelier de préparer ma chambre, je la supposais en ordre. Hélas ! Rien n'était prêt, et tandis que la fille de service monte l'un après l'autre les draps de lit, l'essuie-mains, l'eau et une taie d'oreiller, je fais philosophiquement les cent pas dans le couloir. Tout à coup, on appelle la bonne et je commence à craindre d'être obligé de partir sans avoir dormi.

En bas, dans la rue, c'est une sarabande effrénée. Une meute de polissons a fait cercle autour d'un chien, transformé en taureau, et se livre au jeu de la *corrida*. Piquée de toutes parts, la pauvre bête pousse des hurlements effroyables, à la grande joie des affreux picadors, qui crient à tue-tête : *Bravo toro ! Bravo toro !*

Décidément, cela devient très drôle.

Vers dix heures, le *cuarto* m'étant livré et la *corrida* ayant cessé, je puis enfin m'endormir tranquille.

CHAPITRE III

LOYOLA

Vendredi 4 septembre.

Bien avant l'aube, je suis en marche. Le temps paraît remis, l'air est vif ; un ciel constellé d'étoiles éclaire ma route. J'éveille sur mon passage le cri des grillons, le chant des coqs et les aboiements des chiens de ferme, tandis qu'à mes pieds, le gave murmure sourdement.

Je ne puis me défendre d'une certaine inquiétude, en m'enfonçant ainsi, de nuit, au cœur des montagnes basques, sans guide et sans espoir de trouver la moindre indication le long du chemin. Azcoïtia est à vingt kilomètres.

Sans doute, la voie est large et bien entretenue : aussi longtemps que je la tiendrai, je ne cours aucun risque ; mais, vienne une bifurcation, et me voilà fort perplexe. Enfin, le sort en est jeté ; que saint Ignace me protège !

Une heure s'écoule. Quelques flocons noirs épongent çà et là la clarté des astres ; une bise chaude balaie la poussière ; un halo rougeâtre encercle les étoiles ; des soupçons d'éclairs passent dans le ciel et m'indiquent que l'atmosphère demeure chargée d'électricité. Je hâte le pas. Une ondée serait pour moi chose désastreuse, car je n'ai ni parapluie ni chance aucune de me mettre à couvert.

Au fond du gouffre, le tapage monotone des cascades de l'Urola se mêle au bruissement de la feuillée. Tout à coup, dans les broussailles, quelque chose s'agite et me fait craindre une embuscade. Je me mets sur la défensive. Fausse alerte : c'est une chèvre laissée en pâture.

Le ciel est devenu moutonneux et les étoiles ont complètement disparu ; mais l'œil s'est fait graduellement aux ténèbres. A la bise enflammée succède un petit vent très frais. C'est peut-être le salut. Lentement, les nuées se désagrégent et se déversent derrière chaque cime, laissant libre, au-dessus de la route, le firmament, que les premières clartés de l'aurore commencent à blanchir. Dans le lointain, un fanal tremblote, me semble-t-il, au haut d'une perche. C'est une voiture de foin dont le conducteur m'assure que, désormais, il m'est impossible de m'égarer. Je franchis encore dix kilomètres, et je passe auprès d'un vieux château-fort, qui met un peu de poésie dans ce décor sauvage.

La nature s'anime ; les maisons se succèdent à court intervalle : enfants, poulets, canards courent pêle-mêle sur la route poudreuse, qui ne tarde pas à s'engager dans le gros bourg d'Azcoïtia. Sur le pas de chaque porte, les fabricants d'espadrilles tapent et retournent sans cesse sur une planche lisse leurs semelles de cordes, ce qui produit un assourdissant vacarme. Du milieu des maisons noires surgit le palais des anciens ducs de Grenade, quadrilatère massif, qui date du XIIe siècle. La façade, patinée et luisante, porte pour tout ornement les armoiries de la famille.

Au sortir d'Azcoïtia, on m'indique un petit sentier qui monte à gauche, entre les champs de maïs. C'est le lieu de rappeler la page consacrée par E. Reclus au peuple avec lequel je viens de faire connaissance.

* * *

« La plupart des Basques, dit-il, ont le front large, le nez droit et ferme, la bouche et le menton très nettement dessinés, une taille bien proportionnée, des attaches d'une grande finesse. Leur physionomie est d'une extrême mobilité. Les moindres sentiments se révèlent sur leur visage par l'éclair du regard, le jeu des sourcils, le frémissement des lèvres. Les femmes surtout se distinguent par la pureté de leurs traits ; on admire leurs grands yeux, leur bouche souriante et fine, la souplesse de leur taille. Dans certains districts reculés, la laideur est un véritable phénomène. Deux localités du Guipúzcoa, Azpéïtia et Azcoïtia, sont tout particulièrement célèbres à cause de la beauté de leurs habitants, hommes et femmes.

« Mais les Basques n'ont pas seulement la beauté de la forme ; ils ont aussi la dignité du maintien. On aime à les voir marcher fièrement, la veste jetée sur l'épaule gauche, la taille serrée par une large ceinture rouge, le béret légèrement incliné sur l'oreille. Quand ils passent à côté du voyageur, ils le saluent avec grâce, mais comme des égaux, sans baisser le regard. Les femmes, presque toujours modestement vêtues de couleurs sombres, ne sont pas moins nobles d'attitude. Elles tiennent haut la tête et, quoique marchant très vite, ont un port de déesse. L'habitude qu'elles ont de placer leurs fardeaux sur la tête contribue probablement à leur donner cette fière tournure qui les distingue ; l'équilibre parfait qu'elles doivent apprendre à maintenir, pour descendre ou monter les pentes, sans que leur cruche risque de tomber, développe dans leurs membres un aplomb naturel, qui se rencontre rarement chez les femmes des contrées voisines. Elles sont remarquables par la pureté des lignes, beauté bien rare chez les paysannes accoutumées au dur travail de la terre.

« Les Basques sont la race mystérieuse par excellence. Ils restent seuls au milieu des autres hommes. On ne leur connaît point de frères. Leur langue n'est pas une langue à flexions comme celles de la famille indo-européenne ; elle appartient à une période de la vie de l'humanité plus ancienne, moins avancée que celles dans laquelle sont nées les autres langues de l'Europe. »

*
* *

Au sommet de la rampe, dans un amphithéâtre formé de hautes montagnes aux flancs désolés, aux teintes bleues dégradées par une chaude lumière, l'immense jésuitière de marbre m'apparaît.

Le site n'est point banal. Cette vaste bâtisse régulière, symétrique, sans ornements, avec la grande coupole qui bombe par-dessus, occupe toute la largeur de la vallée ; elle s'harmonise à merveille avec la splendide sévérité du cadre. C'est, d'ailleurs, le lieu de naissance d'un grand saint. Son image rayonne douce, méditative et austère dans l'imagination du pèlerin ; sa face amaigrie, son corps ruiné par des macérations effrayantes sont, en vérité, dans la note de ce paysage, et de tout cela il résulte quelque chose de majestueux et de grave qui évoque des pensées profondes.

Peu d'hommes ont réuni au même point qu'Iñigo Lopez de Recalde, le jeune fils de don Bertrand Yañez de Loyola y Oñaz, les dons les plus sublimes de l'intelligence, de la volonté et du cœur. Une grandeur d'âme naturelle fut élevée chez lui au suprême degré par les dons les plus opulents de la grâce. A peine converti, il devient un héros et pousse la soif des humiliations, les excès de la pénitence, le zèle pour la gloire de Dieu et l'amour du prochain à leurs extrêmes limites. Mais dans les excès où il se complaît il fait paraître une pondération singulière. Sa règle n'est pas moins remarquable par la précision minutieuse des détails que par la fermeté des lignes maîtresses. Rien n'égale la sûreté de touche et la délicatesse de doigté dont il donne la preuve dans le *livre d'or* de ses Exercices spirituels. Son administration est un chef-d'œuvre de stratégie et de tactique surnaturelles ; il est général dans toute la force du mot. Du reste, son Institut est moins un Ordre qu'une Compagnie ; on y trouve la forte discipline et l'obéissance absolue qui règnent dans les armées. Les résidences de ses religieux ne sont ni plus ni moins que des garnisons ; moins encore : des camps dont on peut déplier et replier les tentes en quelques heures ; rien, par conséquent, qui rappelle l'Abbaye bénédictine, rivée au sol qu'elle recouvre de ses vastes dépendances. Le trousseau du jésuite tient à l'aise dans un très petit sac ; sur un signe de son chef, sans perdre de temps, il ramasse ses hardes et déjà il est loin.

Toutes les forces de l'enfer se sont ruées contre l'œuvre d'Ignace. L'impiété, dans cette lutte, a réussi à trouver des auxiliaires jusque dans l'Eglise ; mais la souche était bonne et les rameaux ont refleuri. A elle seule, la Compagnie de Jésus a donné au Christ autant d'âmes que la Réforme ne lui en avait fait perdre ; dans les missions lointaines, comme dans l'éducation, elle est demeurée sans rivale.

* * *

La façade de l'église, qui saillit du sein de l'énorme masse grise, a une analogie frappante avec Saint-Pierre de Rome : même fronton, même péristyle, même courbure du dôme, surmonté d'une lanterne identique et accosté de clochetons pareils ; mais le motif général est ici plus heureusement trouvé ; le vestibule semi-circulaire est plus élégant, le plan de Fontana a moins de lourdeur que celui de Maderne.

L'édifice, à l'intérieur, a la forme d'une rotonde ; la calotte est somptueusement décorée ; de riches modillons soutiennent la galerie. Derrière les arceaux de marbre noir règne un déambulatoire, où les autels alternent avec les portes en chêne sculpté, que surmontent des logettes dorées.

On me fait attendre une heure, avant de me permettre de célébrer dans la chambre natale du Bienheureux. Retard pénible, car je suis anéanti par la marche et un peu aussi par la faim.

Les fils d'Ignace n'ont rien épargné pour rendre cette pièce basse, mais vaste, digne du grand souvenir qu'elle rappelle. Marbres rares, pierres précieuses, peintures, marqueterie, sculptures, ornements d'or, tout cela s'y rencontre avec profusion.

Je consacre la matinée à prier et à visiter la *casa solar*. Après avoir vénéré les reliques que renferme la chapelle où je viens de célébrer, je traverse successivement la chambre où le Saint vécut jusqu'à l'âge de quatorze ans et la chapelle domestique du château, dont le beau retable est un don royal. Saint François de Borgia vint y célébrer sa première messe, revêtu d'une chasuble brodée par la comtesse sa sœur. Le tableau de l'autel le représente donnant la sainte communion à son fils.

Ce qui reste de l'ancienne demeure des Loyola, au fond, est bien peu de chose : un édicule carré, dont la partie inférieure, percée de quelques fenêtres et d'une porte ogivale, supporte une maçonnerie en briques formant deux étages et garnie aux angles de tores simulant des tourelles.

Le Père qui me conduisait me fit remarquer sur l'une des parois une crevasse qui monte de la base jusque vers le sommet : la tradition veut qu'elle ait été ouverte par le démon, qui manifesta ainsi son désespoir et sa rage à l'instant même où saint Ignace se convertit.

C'est à la reine Marie-Anne d'Autriche que les Jésuites doivent cette magnifique résidence, si bien appelée la « perle » ou « la merveille du Guipúzcoa ». L'intérieur du couvent répond à la richesse de la façade ; le grand escalier monumental ne déparerait pas le palais d'un roi.

Un hôtel a été bâti à proximité du couvent. J'ai toutes les peines du monde à me faire servir avant le départ du courrier. Pour premier plat, on me donne de la marée frite dans une huile détestable ; puis de la marée et encore de la marée. C'est jour de jeûne sur toute la ligne ; mais l'âme y a trouvé d'amples dédommagements.

A quatre heures, je reprenais à Zumárraga le rapide pour Burgos.

CHAPITRE IV

AU SEUIL DE LA CASTILLE

La voie monte toujours ; nous sommes à peine au milieu du massif pyrénéen. Le paysage est triste. Deux chaînes dénudées, longtemps parallèles, s'écartent insensiblement pour former la grande plaine nommée Concha de Alava. L'Alava est la troisième des provinces basques (1). Le Zadorra l'arrose et lui donne une fertilité peu commune ; Vitoria en est la capitale. La ville doit son origine au roi des Wisigoths Leuvigilde et son nom, à une victoire remportée par ce monarque, en 581, sur les Basques. Elle fut témoin, en 1813, du désastre qui clôtura pour les armées françaises la guerre insensée faite à l'Espagne. Devant nous, un immense bassin, borné à droite par le mont Araz, à gauche, par les collines au milieu desquelles passe la route de Salvatierra à Pampelune, au sud, par la Sierra de Andia. Le Zadorra le traverse pour se jeter dans l'Ebre, sur le seuil de la Vieille Castille. Très loin, en arrière, les cimes élevées de la Biscaye s'évaporent, dirait-on, dans le firmament lumineux.

(1) Les deux autres sont la *Biscaye*, capitale Bilbao et le *Guipuzcoa*, capitale Saint-Sébastien.

Comme à Fontarabie, comme à Saint-Sébastien, comme à Tolosa, le premier monument qui frappe le regard, en arrivant à Vitoria est la *Plaza de toros*. Ce genre spécial d'abattoirs fait partie intégrante de toute cité espagnole qui se respecte.

Au sortir de la ville nous traversons le champ de bataille.

Le roi Joseph, talonné par Wellington, avait transporté sa cour de Madrid à Valladolid et de Valladolid à Burgos. Bientôt il avait fallu abandonner Burgos et, au lieu de suivre le cours de l'Ebre, pour rallier les troupes du général Clausel occupé en Navarre, on avait assigné aux trois armées de Portugal, d'Andalousie et du centre comme rendez-vous Vitoria.

La déplorable organisation qui rendait chaque état-major indépendant du Conseil royal et qui obligeait celui-ci à passer par Paris pour donner des ordres, avait empêché de créer en temps utile les magasins d'approvisionnements, indispensables dans un pays où les ressources faisaient complètement défaut. Neuf mille malades et blessés, plus d'un millier de véhicules de toute espèce entravaient la marche. Aucune prévision n'avait été sérieusement arrêtée ; au lieu d'envoyer au général Clausel de multiples escouades pour l'aviser du lieu de ralliement, on avait chargé de la commission des paysans basques qui brûlèrent le mot d'ordre.

Les blessés et les fourgons auraient dû être dirigés sur Bayonne dès le 19 juin ; il aurait fallu reconnaître la position le 20 au plus tard, couper les ponts du Zadorra, établir fortement l'artillerie sur la hauteur du Zuazo. Malheureusement, le maréchal Jourdan était tombé malade dès son arrivée à Vitoria et Joseph n'avait ni la décision, ni l'activité, ni la compétence militaire nécessaires pour le suppléer. Avec un effort de volonté,

Jourdan aurait pu, dans une circonstance aussi critique, « montrer qu'une âme guerrière demeure maîtresse du corps qu'elle anime » ; mais Jourdan était vieux ; il aspirait au repos ; il n'avait cessé de prédire l'issue funeste de cette guerre et il prévoyait à bref délai la chute de l'Empire. Quoi qu'il en soit, lorsque Wellington attaqua le 21, avec ses 90.000 hommes, notre armée réduite à 54.000 combattants, rien n'avait été fait. « C'est Reille, gendre de Masséna, qui sauva l'honneur de la journée : il défendit intrépidement le haut Zadorra, ne céda que pied à pied et couvrit la retraite. Mais, d'un autre côté, Gazan était culbuté et Drouet d'Erlon, qui commandait le centre, en reculant devant la cavalerie anglaise, découvrit Vitoria qui fut aussitôt occupée par l'ennemi. Il ne restait plus qu'un chemin ouvert, celui de Pampelune. Toute l'armée s'y précipita au milieu d'un incroyable désordre.

« Le parc de réserve de l'armée avait été rassemblé aux portes de Vitoria, ainsi qu'un immense convoi formé des fourgons du Trésor et des archives, des voitures du roi et de la cour, de celles chargées des familles espagnoles qui avaient lié leur fortune à la nôtre et fuyaient avec nous. Le parc reçut, vers quatre heures du soir, l'ordre de s'acheminer sur Pampelune. Mais un chariot qui versa arrêta tout le convoi et, derrière lui, la file interminable des voitures. Ce fut alors, pendant plus d'une heure, une scène étrange de cris, de tumulte et de désespoir, dans la confusion inextricable des gens, des chevaux et des équipages.

« La route était couverte de caisses et d'objets de toute sorte : tableaux, meubles, vaisselle, bijoux, robes de femmes, défroques de la cour, paniers de bouteilles, etc. Cent vingt canons, plusieurs drapeaux, tout le matériel des dépôts de Madrid, de Valladolid et de

Burgos, les archives de l'état-major, la caisse de l'armée et plus de quinze cents voitures tombèrent aux mains de l'ennemi.

« Le roi lui-même faillit être pris par des hussards qui entourèrent son équipage. Il n'eut que le temps d'ouvrir la portière et de sauter sur un cheval de troupe, laissant aux Anglais ses papiers, son épée, un beau tableau du Corrège et le bâton de maréchal de Jourdan.

« Avec cela, une épaisse poussière, qui couvrait la campagne et empêchait de rien distinguer, augmentait encore le désordre (1). »

A Miranda de Ebro, le train franchit l'Ebre et s'engage dans les gorges pittoresques de Pancorbo ; nous traversons la petite ville de Briviesca où, sur la proposition du roi don Juan Ier, les Cortès décidèrent en 1388 que l'héritier du trône de Castille porterait le nom de prince des Asturies ; puis, Quintanapalla, petit village dans l'église duquel fut célébré, en 1682, le mariage de Charles II avec la fille aînée du duc d'Orléans, frère de Louis XIV.

Le soleil s'est couché depuis longtemps, lorsque nous entrons en gare de Burgos.

* * *

La ville a été fondée par le comte Diégo Rodriguez Porcelos (884). Capitale du comté, puis du royaume de Castille, elle se vit délaissée, deux siècles après sa fondation, par Alphonse VI qui, ayant pris Tolède, vint y établir le siège de la monarchie.

C'est peut-être à la suite du mariage de la fille de Diégo avec un seigneur allemand, venu en pèlerinage à Saint-Jacques de Compostelle, que la cité nouvelle fut

(1) Guillon, p. 311.

décorée d'un nom d'origine tudesque (*Burg*) et appelée Burgos (1).

De cette époque lointaine, hors ce nom, rien n'a survécu.

La gare est perdue à l'extrémité d'une avenue solitaire plantée d'arbres, se raccordant par un coude énorme au *Puente de Santa Maria* qui franchit l'Arlanzon.

Comme la plupart des gares de l'intérieur de l'Espagne, celle de Burgos n'est qu'un pauvre bâtiment où aucun service n'est convenablement assuré. Point de consigne; pour la distribution des billets, un seul petit guichet, ouvert un quart-d'heure avant le départ du train et devant lequel, souvent, cinquante voyageurs sont maintenus en monôme par un agent de police. L'enregistrement et la délivrance des bagages exigent un temps infini ; les salles d'attente servent d'entrepôts de messageries ; souvent, d'ailleurs, elles sont fermées ; il faut franchir, pour y arriver, des outres en peau de bouc qui puent, des porcs étendus sur la paille, des familles accroupies sur le pavé et qui laissent traîner les reliefs nauséabonds de leur festin.

A la sortie, généralement, on se trouve en plein désert; parfois, dans le voisinage, sont installés quelques débits, dans lesquels un étranger qui se respecte ne peut guère s'aventurer; des *ciceroni* braillards vous proposent leur peu intéressante compagnie et, quelque fermeté que vous mettiez à décliner leurs offres, il s'en trouve toujours un ou deux qui persistent à vous escorter le long des trois kilomètres qui séparent, d'ordinaire, la station du pays.

Ici, heureusement, j'ai trouvé un omnibus. Mais à

(1) Je donne cette étymologie sous toutes réserves. Burgos se dit en latin *Burgi* et j'ai rencontré un auteur qui parle d'un *Bravum Burgi* de la période romaine, qu'il identifie avec Burgos.

peine s'est-il ébranlé, que « la poussière prend une vie que les anciens auraient divinisée. Impalpable et blanche, elle dort dans les ornières;... les grelots des mules la réveillent. Elle bondit contre l'assaillant qui viole son domaine. D'un tourbillon furieux, elle enroule la patache emportée et, derrière elle, avant de s'apaiser, elle s'élève en un nuage indigné qui, lentement, retombe et revient dormir, en blondes secousses, sur le sol, où les pluies d'orage ou d'hiver la vaincront seules, jusqu'au prochain soleil (1). »

O cette poussière d'Espagne, qui aurait tenu si bonne place parmi les plaies d'Egypte ! Elle vous recouvre traîtreusement d'un blanc linceul, s'insinue à travers les mailles de vos habits, s'agglutine avec la sueur du visage et des mains. Elle s'embusque sur les coussins des wagons, dans les plis des rideaux ; on l'aspire par les narines, on l'avale en dormant; elle produit sur les pieds un fourmillement qui devient vite intolérable.

Burgos s'étend sur les deux rives de l'Arlanzon, bordé lui-même de promenades ombragées. Elle s'adosse au *Castillo*, ancien alcazar royal aujourd'hui presque détruit. Située à huit cent cinquante mètres d'altitude, elle a une température détestable. On y cuit l'été et, l'hiver, sa position culminante l'expose à des bises glaciales. « Neuf mois d'hiver, trois d'enfer », tel est le dicton qui résume son climat.

J'y passerai ma journée de demain, regrettant que le temps très limité dont je dispose ne me permette pas de pousser jusqu'à la superbe abbaye bénédictine de Silos, si étroitement liée au souvenir de saint Dominique et dont le Révérendissime Père Abbé — un Français — avait daigné s'offrir à me faire les honneurs.

Mais, il faudrait pour cela m'enfoncer dans le district

(1) Pierre Suau.

montagneux de Soria, pays perdu ; passer une journée entière dans une mauvaise voiture, en pleine poussière et en plein soleil ; échanger ensuite la voiture contre un mulet ; revenir de même, ce qui demanderait, pour le moins, trois fois vingt-quatre heures.

Je me contenterai de Burgos et de ses environs.

CHAPITRE V

BURGOS

Samedi 5 septembre.

Burgos! Que de gloire dans ce nom : la Castille guerrière et féodale; la basilique faite de dentelle et de lumière qui, à elle seule, vaut le voyage d'Espagne et puis, don Ruy Diaz de Vivar, plus connu sous le nom de *Cid campeador*.

De très grand matin je me dirige vers la cathédrale. Un premier étage très fruste, « soubassement dégradé », rebâti il y a un siècle et dans lequel s'ouvrent les trois baies du grand portail, supporte le bel édifice. Ce n'est ni la majesté de Reims, ni l'austère simplicité de Chartres, ni la grâce aérienne de Strasbourg. Rien d'écrasant ni de colossal; mais des lignes qui se fondent en une harmonie très pure, vision reposante et douce, poème que traduit à merveille l'inscription tracée sur le ciel bleu par les ajours de la galerie supérieure : *Tota pulchra es et decora* (1).

D'élégantes arcatures, se rattachant par une double

(1) « Vous êtes toute belle et gracieuse ». Ces lettres se lisent très bien d'en bas.

ogive à un balustre ciselé, abritent entre leurs sveltes meneaux les vieux rois castillans. Par dessous flamboie la jolie rosace. Encadrant ce fronton, les tours, qui s'évident en fenestrelles richement ornées, élèvent leurs angles chargés de colonnettes, de clochetons et de pinacles jusqu'aux balustrades, dont la broderie de pierre forme cette double devise : *Agnus Dei-Pax vobis*. De là surgissent deux pyramides jumelles, dont les dentelures et les festons se découpent dans l'azur qui circule entre les mailles du réseau le plus délicat et le plus riche qu'il soit possible de rêver.

Cette œuvre est digne du pieux roi [1] qui en avait médité le dessein. Son analogie avec la cathédrale de Cologne s'explique par le fait que l'architecte de la façade était originaire de cette ville. Mais quelle différence entre l'une et l'autre ! Deux traits caractérisent celle-ci : la lanterne octogonale élevée à la croisée du transept et la chapelle absidale, surajoutée en 1482 par le connétable de Castille, Pedro Hernandez de Velasco, comte de Haro.

Il faut gravir le *cerro* voisin, pour admirer le monument dans son ensemble. Là vous apparaît toute la grâce du dôme appelé *el crucero*. Philippe Vigarni y a prodigué à l'envi toutes les ressources de la Renaissance ; l'architecture et la statuaire ont rivalisé de zèle pour faire de ce bijou un chef-d'œuvre peut-être sans pareil. Charles-Quint aurait désiré le placer dans un écrin, comme un joyau qu'on ne voit pas tous les jours et qui se fait désirer. La coupole de la chapelle du Connétable reproduit cette fastueuse décoration et forme ainsi comme un deuxième diadème posé sur le front de cette reine des cathédrales.

(1) Ferdinand III, le Saint, roi de Castille, de 1230 à 1252.

*
* *

On regrette la disposition inintelligente adoptée dans toutes les églises espagnoles. Le chœur, placé plus ou moins haut dans la nef, est entouré d'une muraille, décorée à l'extérieur de bas-reliefs, de statues, de peintures et d'ornements fort riches. Mais ce *coro* — buffet énorme posé au beau milieu d'une charmante galerie — brise la perspective et défigure la conception architecturale. Il faut le supprimer par un perpétuel et pénible effort d'imagination, pour retrouver la vraie pensée de l'artiste. Trois côtés du *coro* sont occupés par des stalles d'une facture exquise. A Burgos, cette *silleria*, due à Philippe Vigarni, est le dernier mot, sans doute, de la sculpture sur bois. La *reja* (grille), dans sa partie supérieure surtout, est d'une éblouissante richesse. Elle s'ouvre sur le transept.

Ici, l'admiration a peine à se contenir. Les piliers qui portent le vaste dôme ont une envolée superbe. Consoles, statues, pinacles, arabesques s'y accrochent, sans rien leur ôter de leur légèreté prodigieuse ; les pendentifs, si lourds dans les monuments de la Renaissance, sont dissimulés sous une décoration charmante. Par dessus, plane le *crucero*, inondé d'une lumière qui s'épand sur l'enchevêtrement des sculptures. Les minces faisceaux des nervures fendent tout un peuple de statues et vont se réunir dans la voûte, pour former une étoile fantastique.

Sur l'une des faces du transept est appliqué un escalier double, dit « escalier doré », que je signale, parce qu'il n'est pas la moindre merveille de cette basilique qui en renferme tant.

Le sanctuaire forme un « espace lumineux et magnifique ». Six grands candélabres d'argent décorent les marches de l'autel. Par derrière, le retable monte jusqu'à la voûte. J'ai devant moi un des plus riches spécimens de cet art « plateresque », auquel l'Espagne tout entière a payé un tribut excessif. C'est la métamorphose d'un genre déjà à son apogée, la brillante et pittoresque expression du génie espagnol, appliquée à la grande Renaissance italienne. On y trouve une affluence de scènes variées à l'infini, un monde de détails microscopiques exécutés avec un soin qui rappelle la facture minutieuse des orfèvres. C'est de là, du reste, que ce style tire son nom. Tout cela, polychromé et doré, se range dans les compartiments d'un cadre immense, où l'architecture a combiné les formes les plus heureuses et les plus variées.

Les panneaux du déambulatoire sont recouverts de scènes et de broderies de pierre : c'est l'exagération de l'art du bas-relief ; partout une profusion de détails et de personnages qui fatigue à la longue, parce que l'œil, écartelé en tous sens, ne sait plus où se fixer.

* * *

La chapelle du Connétable (*capilla del Condestable*) qui vient ensuite est d'une simplicité qui repose ; mais cette simplicité n'exclut pas la grâce. Le portail, la grille et la coupole sont d'un effet grandiose. Les hautes murailles de pierre, aux angles fleuris, ont une corniche et des voussures délicatement ornées ; l'art plateresque s'épanouit sur les autels, la *silleria* et les tribunes ; j'ai vu là un saint Jérôme sculpté, d'un saisissant réalisme.

Au centre de cette chapelle, vaste comme une église, silencieuse et recueillie comme un caveau sépulcral, se dresse le tombeau en marbre du Connétable et de sa femme. Sur un socle aux puissantes moulures, leurs deux statues sommeillent dans une paix profonde, la tête doucement inclinée sur des coussins de marbre, les pieds appuyés contre des cartouches qui rappellent leurs titres. Le Connétable est revêtu de son armure guerrière ; la comtesse a près d'elle ses gants et son petit chien. Les détails sont rendus avec une richesse inouïe. L'ensemble est d'une majesté qui émeut. Le tombeau est ordinairement recouvert d'un superbe tapis du XVIe siècle ; on conserve à la sacristie une chasuble brodée par la comtesse.

Franchissant une très vieille porte couverte d'inimitables sculptures, je visite le beau cloître où l'on garde, avec nombre de mausolées de personnages célèbres, le *coffre* du Cid. La malle « rapiécée, vermoulue, effondrée » — on le serait à moins : elle date du XIe siècle — est cerclée de fer et scellée très haut sous la voûte. Don Ruy Diaz ayant besoin d'argent pour guerroyer contre les Maures, la livra en gage à deux juifs de Burgos, en leur affirmant qu'elle contenait un trésor. Ils lui avancèrent 600 marcs d'argent, et reçurent la caisse qu'ils ouvrirent après son départ. On n'y trouva que des cailloux et du sable. Furieux, ils exhalèrent contre le héros de violents reproches. A son retour, don Ruy Diaz leur fit cette réponse : « Le coffre renfermait ma parole, et la parole du Cid vaut infiniment mieux que l'or de tous les juifs du monde. »

La chapelle de la Présentation est fermée par une grille dont les pampres de métal peuvent rivaliser avec ceux de la *reja* du chœur. Il y a au retable une Madone qui me rappelle les plus délicieux chefs-d'œuvre de la *Tribune* de Florence. Elle est, d'ailleurs, attribuée à un élève de Michel-Ange, Sébastien del Piombo. Théophile Gautier en fait la description suivante : « La Sainte

Vierge, assise et noblement drapée, voile avec une écharpe transparente le petit Jésus debout à côté d'elle. Deux anges en contemplation nagent silencieusement dans l'outremer du ciel ; au fond l'on aperçoit un paysage sévère, des roches, des terrains et quelques pans de murs. La tête de la Vierge est d'une majesté, d'un calme et d'une puissance dont on ne peut donner l'idée avec des mots. Le cou est attaché aux épaules par des lignes si pures, si chastes et si nobles, la figure respire une si douce quiétude maternelle, les mains sont tournées si divinement, les pieds ont une telle élégance et un si grand style, qu'on ne peut détacher les yeux de cette peinture... »

Je réserve ma dernière visite pour la chapelle qui renferme le célèbre « Christ de Burgos ». Des auteurs, même sérieux, disent sans rire qu'il est en « peau humaine rembourrée avec beaucoup d'art et de soin ». Non : c'est une peau de buffle ajustée sur une statue de bois. De vrai, on dirait un homme qui agonise. Cette peau ressemble à s'y méprendre à la chair exsangue d'un crucifié ; elle est bistrée et livide, rayée de longs filets de sang qui paraissent sourdre des plaies. De vrais cheveux pendent tristement sur une face aux traits tirés par une inexprimable souffrance ; la barbe est une vraie barbe ; les yeux ont des cils et des sourcils ; la couronne est en vraie ronce. Une longue jupe blanche frangée d'or descend de la ceinture jusqu'aux genoux. C'est effrayant, à vous donner le frisson. On s'explique l'affluence des pèlerins et le nombre prodigieux de conversions attribuées à cette effigie miraculeuse. Miraculeuse, elle le fut certainement pour sainte Térèse. Ses angoisses et ses douleurs physiques étaient excessives ; elle allait trouver à Valladolid une souffrance plus cruelle encore que toutes les autres. Le Christ de Burgos daigna compatir à sa misère et remit son âme à flot, en vue des derniers combats.

*
* *

Au nord-ouest de la ville, une affreuse motte grise porte les ruines d'un vieux *castillo*, autrefois presque aussi vaste que la cité. La cathédrale en affleure les racines. Un incendie endommagea ce vieil alcazar en 1736. En 1812, le général Dubreton y tint tête avec 2.000 hommes à 50.000 Anglo-Portugais commandés par Wellington ; l'année suivante, les Français, en se repliant vers l'Ebre, le firent sauter et mirent une triste conclusion à une histoire qui avait eu ses pages glorieuses. Fernand Gonzalez l'avait habité et le Cid y avait célébré son mariage avec Chimène. Dans la suite, don Juan, fils de la grande Isabelle, y épousa Marguerite d'Autriche et Philippe-le-Beau, son beau-frère, y mourut. A deux reprises, en 1366 et en 1367, Duguesclin y ramena Henri de Transtamare, frère naturel du roi Pierre le Cruel. Celui-ci avait souillé la royale demeure par ses débauches et ses fureurs sanguinaires. Avant lui, Alphonse X y avait fait mourir son frère don Fadrique et on avait vu Sanche IV y égorger son frère don Juan, si bien qu'Ozanam a pu comparer notre *castillo* à la Tour de Londres.

Il est onze heures. Le soleil darde sur moi ses rayons impitoyables ; la montée m'a mis tout en nage ; le gazon est rôti, le sol brûlant, l'air enflammé. Je m'affaisse dans l'étroite bande d'ombre qui borde la muraille et je contemple la cathédrale, les vieux tronçons de murs et de tours qui s'y rattachent, les églises San Gil, San Esteban et San Nicolas, épaves du Moyen âge, qui lui font une mystique ceinture, malheureusement trop délabrée. Elle a manifestement absorbé toutes les ressources; toute la vie de la nation s'est comme ramassée dans ce monument, où continue de battre le vieux cœur de la Castille qui s'est consolée d'être pauvre et laide, en voyant la maison de Dieu si riche et si belle. « La Castille était déjà sans arbres et triste comme à présent... La cathédrale fut la grande revanche. Elle fut le jardin, la forêt, l'ombre, l'eau vive, le paradis qui ouvre les joies qu'on n'a pas eues (1). »

Par delà, Burgos s'allonge en pointe vers l'est et puis, c'est l'aspect désolé du désert. « Pas une maison, pas un groupe d'arbres, pas une haie : rien qu'un cercle de plaine nue, stérile et ardente. Les pentes de chaume montent de toutes parts à la rencontre du ciel bleu. Les guérets nouveaux font parmi comme des coulées brunes... L'absence de limites, marquant les héritages, laisse flotter dans l'esprit une vision de royaume. La poussière qui vole indique seule les routes. Quand elle a disparu, l'étendue est sans chemins... Le muletier découvre, le matin, le *pueblo* où il couchera le soir. Il l'a devant lui tout le jour et il va, n'ayant d'autre ombre autour de lui que celle de son chapeau, des oreilles de sa mule, du manche de son fouet, ou d'un nuage qui file dans la poussée du vent du nord (2). »

* * *

Aussi bien, ne peut-on pas s'éterniser devant un pareil spectacle. D'autres curiosités réclament ma visite. Je passe sous l'Arc de triomphe élevé par Philippe II en l'honneur de Fernand Gonzalez, le fondateur de l'autonomie castillane, et me voici en face d'un terrain clos,

(1) René Bazin : *Terre d'Espagne.*
(2) Ibid.

dans lequel trois vieilles stèles en pierre paraissent se morfondre : *el solar del Cid*, la maison paternelle de don Ruy Diaz, le Cid campéador. Voilà tout ce que l'Espagne a su faire pour glorifier son héros. Ce n'est pas à dire que don Rodrigue justifie de tout point le portrait que nous en a fait Corneille. Le poète vivait à la cour la plus policée du monde et don Ruy Diaz bataillait au lendemain du siècle de fer. Ses procédés, ses mœurs, ses sentiments durent se ressentir de ce voisinage. L'héroïsme, chez lui, se teintait passablement de barbarie. Corneille et, avant lui, Guilhen de Castro, dont il s'inspira, ont idéalisé et modernisé la sauvage physionomie de cet autre Cœur-de-Lion. On se tromperait, toutefois, en ne voyant en lui qu'un condottiere ou un vulgaire bretteur : sa figure demeure belle et sympathique, et l'Espagne a droit d'être fière de son fils.

On connaît son histoire. Il appartenait à la première noblesse de Castille : son père, Diégo Laynez, après s'être illustré dans les luttes de la reconquête, s'était retiré dans son vieux castel de Vivar. Un jour, par devant le roi, le vieillard a une altercation avec le comte Gomez, qui prétendait descendre des rois des Asturies. La querelle s'envenime et le comte s'oublie jusqu'à frapper don Diégo au visage. Pâle de honte et de colère, impuissant, d'ailleurs, à cause de son âge, à venger cet affront, le châtelain de Vivar, à son retour, écarte son épouse, ses serviteurs, ses fils :

« — Vous tous, je n'ai besoin de rien ni de personne. Allez ! Chacun chez soi. Demain le Seigneur saura nous éclairer. »

Le lendemain, son visage est toujours affreusement pâle ; ses yeux sont cernés ; il est sans armes ; il a mis ses vêtements de deuil. Il livre enfin son secret ; au seul énoncé de l'offense, Rodrigue bondit :

« — L'insolent, s'écrie-t-il, ne mourra que de ma main. Son nom ? »

« — Le comte Gomez. »

« — Mon Dieu ! »

« — Qu'as-tu, Rodrigue ? »

« — Rien, mon père. »

« — Tu trembles ! »

« — Pas de peur... Seulement... vous percez mon âme... J'ai souffert un moment; mais c'est passé... je connais mon devoir ; je l'accomplirai. »

Déjà le jeune homme s'est ressaisi. La secousse avait été forte : l'homme dont il a juré la perte est le père de dona Jimena, sa fiancée !

Il tient parole : le sentiment de l'honneur domine chez lui l'amour terrestre. Rodrigue provoque le comte Gomez, le perce de sa lance, tranche la main impertinente, frappe de son pied le moribond et vient déposer devant son père le trophée sanglant.

Mais sa blessure à lui est plus profonde.

« — J'ai fait mon devoir, dit-il; en le faisant, j'ai brisé ma vie. Cette nuit même, quand tout dormira dans Vivar, je partirai; je me sens de taille maintenant à chasser d'Espagne tous les Maures. Vous, mon père, lorsque vous reverrez Chimène, vous lui direz pourquoi je l'ai rendue orpheline; vous ajouterez qu'en parlant d'elle, ce soir, j'ai pleuré... »

Cependant, Jimena vient demander justice au roi Ferdinand, et le vieux Diégo se présente pour défendre son fils.

« — Que le meurtrier paraisse », ordonne le monarque.

« — Sire, il est parti. Vous savez qu'il aimait Chimène. Pour me venger, il a crucifié son cœur et, son devoir accompli, il est allé livrer bataille aux infidèles, au delà du Duero, au pays d'où les pères ne voient pas revenir leurs enfants. »

A ces paroles, la jeune fille éclate en sanglots et, au fond de son cœur, elle supplie le Seigneur de ne pas la rendre veuve, après l'avoir rendue orpheline.

« — Mon Dieu, dit-elle, n'écoutez pas les vœux que, tout à l'heure, je faisais contre lui ; je n'ai plus que Rodrigue sur la terre, rendez-le moi. »

* * *

Telle est, autant qu'on peut le conjecturer d'après les documents qui nous restent, la trame de cette émouvante histoire.

Rodrigue, après d'innombrables faits d'armes, revint à Burgos, traînant à sa suite cinq chefs musulmans qui l'appelaient leur « sîd », c'est-à-dire leur seigneur. Sa gloire présente servit d'excuse à son passé. Aujourd'hui, encore, on conserve aux archives du Chapitre son contrat de mariage avec la fille du comte Gomez.

Le Cid détestait toute félonie. Le roi, en mourant, avait partagé ses Etats entre Sanche, Alphonse et Garcia, ses trois fils ; il avait laissé Zamora et Toro à ses deux filles Urraca et Elvire. Mais Sanche n'accepte pas ce partage ; il dépossède ses deux frères et assiège Zamora où s'était réfugiée l'une des infantes. Il est traîtreusement mis à mort et don Alphonse à qui profite ce meurtre est accusé de l'avoir commis. C'était, vraisemblablement, une calomnie ; mais don Ruy Diaz, avant de prêter le serment d'hommage, exige que le jeune roi écarte formellement de sa personne un soupçon aussi infamant. Il le conduit dans cette petite église de *Santa Gadea*, où je viens moi-même d'entrer, et il le fait jurer à trois reprises — sur la croix du perron, sur le verrou de la porte, sur l'évangile de l'autel — qu'il est innocent du meurtre de son frère. Le roi se prête à ce qu'on lui demande, mais il manifeste une irritation très vive contre le Cid qui, de nouveau, s'éloigne. Il va conduire sa femme et ses filles à deux lieues de Burgos, à Saint-Pierre de Cardeña, qui jouit du droit d'asile et retourne à ses exploits. Tolède et Valence tombent sous ses coups. Il prend bien d'autres villes et, chaque fois, en sujet fidèle, il fait hommage au roi de ses conquêtes. Après quarante ans de prouesses, sentant sa fin prochaine, il a un beau mot pour mourir : « Me voici, Seigneur, j'y vais. » Mort, on le hisse, tout armé, sur son cheval de guerre ; puis on l'ensevelit à Cardeña, assis sur un siège de marbre, comme on avait fait pour Charlemagne, son épée au poing.

Ses ossements, associés à ceux de son épouse, reposent dans la chapelle de la *casa consistorial* (1), où je vais les visiter.

Dans une des salles, se conservent les anciens sièges en bois des juges de Castille : ils datent du XIe siècle. Au lieu des séances municipales, une toile de valeur représente le Cid rapportant à son père la tête de Gomez : elle grimace sur le tapis sanglant; le vieillard se penche avidement pour la voir. On dirait Henri III jouissant du spectacle de Guise assassiné. La tristesse du Cid est comme infinie. Tout est vivant dans cette scène.

Avant de rentrer en ville, j'avais fait le tour des vieux remparts. Avec leurs énormes *cubos* proéminents, ils donnent une idée très nette des anciennes fortifications castillanes.

(1) Palais municipal. Voir pour tout ce récit les belles pages du P. Suau dans les *Études* des R. P. Jésuites.

* * *

Mon programme de l'après-midi comporte la visite de la chartreuse de Miraflorès et du royal monastère de *las Huelgas*.

Burgos, au XVIIIe siècle, comptait pour ses 9.000 habitants quatorze paroisses, vingt-deux couvents d'hommes, vingt de femmes et quatre hôpitaux. L'église des Dominicains soutenait, dit-on, la comparaison avec la cathédrale; elle n'a pas trouvé grâce devant les révolutions, qui d'ailleurs ont fait dans la cité bien d'autres ruines.

Je recherche curieusement ce qui reste des demeures des *ricos hombres* (hommes riches) de Burgos. Deux palais seigneuriaux, surtout, frappent mon attention : la *casa de Miranda*, de l'autre côté de l'Arlanzon et la *casa del Cordon*, en deçà. Celle-ci fut la résidence du célèbre Connétable. La façade morose est flanquée de deux tours trapues, surmontées de fleurons et de gargouilles. Le portail, chargé d'armoiries, est décoré des lacets d'un immense cordon en pierre, figurant le collier de l'Ordre Teutonique ; une jolie corniche gothique festonne le toit. Les deux palais ont, à l'intérieur, des *patios* bordés de galeries du plus gracieux effet.

En face du pont principal s'élève l'*Arco de Santa Maria*, construit en 1550 pour apaiser le courroux de Charles-Quint.

Sur les berges de la rivière s'alignent de grandes casernes ; un peu plus loin, je passe devant les couvents des Trinitaires et des Carmélites. C'est ici la dernière fondation de sainte Térèse. Elle avait soixante-sept ans, se voyait affligée d'infirmités cruelles, et la mort, qui déjà l'effleurait, allait dès lors la harceler sans pitié. Dieu seul connaît les souffrances que lui valut ce Carmel de Burgos. En venant, « elle eut les froids rigoureux du nord et des inondations telles que ses chariots marchaient comme ils pouvaient, tantôt sur des routes escarpées, d'où ils faillirent être précipités dans le gouffre sur lequel ils penchaient, tantôt dans des basfonds ou au milieu des eaux, sans qu'on sût où était le chemin : maintes fois, les voyageuses furent sur le point d'être noyées. Par surcroît, la Mère souffrait d'une paralysie partielle et d'un mal de gorge intense, sans parler de ses maux d'estomac, d'une fièvre continuelle et des douleurs si souvent renouvelées dans son bras cassé ». Pour comble de disgrâce, l'archevêque lui retira la permission qu'il lui avait donnée, ne lui laissant que celle de repartir sur-le-champ.

« — Oui, dit-elle avec un sourire, les chemins sont charmants et le temps se prête à merveille au voyage ».

Les habitants se montrèrent d'une grossièreté odieuse à son égard. Maintes fois, les femmes la poussèrent dans le ruisseau et, dans les églises, les hommes écartaient brutalement la pauvre déguenillée, que sa maladie empêchait de se ranger assez vite pour leur faire place. Elle logea à l'hôpital jusqu'au jour où la Providence lui fit trouver cette maison dont « le jardin, la vue et les eaux faisaient un séjour véritablement enchanteur ». Ainsi parle un de ses biographes. Il est vrai qu'en Espagne on n'a pas le droit de se montrer difficile.

* * *

Je m'engage dans le *paseo della Quinta.* Ce pourrait être une promenade superbe. Douze rangées d'arbres vous couvrent de leur ombre bienfaisante l'espace de quatre kilomètres ; mais comme tout cela est mal entre-

BURGOS

Chartreuse de *Miraflorès*

Tombeaux de *Jean II de Castille*

et de son épouse *Isabelle de Portugal*

tenu ! Partout les amas de cailloux font suite aux fondrières ; il n'y a ni gazon, ni chemin.

Au sommet d'un mamelon se dresse l'église de la *Cartuja*. Isabelle la Catholique la fit bâtir pour abriter les restes mortels de son frère don Alonso, du roi et de la reine de Castille, ses parents. Aussi bien, ressemble-t-elle à s'y méprendre à un catafalque colossal, bombé et qu'on dirait hérissé de cierges d'inégale grandeur. L'intérieur est d'une richesse qui fascine. On est frappé de stupeur devant l'immense dentelle d'or qui sert de retable. Il faudrait dire que le génie de Gil de Siloé y a épuisé sa verve, s'il ne se révélait mieux encore dans les mausolées de Jean II et d'Isabelle de Portugal. On prétend que l'Espagne n'a rien de plus beau. Le ciseau de l'artiste a merveilleusement servi sa pensée. On voudrait seulement que ce chef-d'œuvre fût la récompense d'un mérite incontesté. Malgré ses prétentions au titre de musicien-poète et en dépit de ses bonnes intentions, Jean II de Castille, dominé par des favoris sanguinaires et avides, fut, somme toute, un pitoyable monarque. Son fils Henri, quatrième du nom, passe pour un monstre. Le trépas de don Alonso, mort subitement le 5 juillet 1468, fit heureusement choir le sceptre entre les mains d'Isabelle et, ici, il n'est pas vrai de dire que l'héritage royal soit tombé en quenouille.

« Le tombeau d'Alonso est du côté de l'évangile. L'infant y est représenté à genoux devant un prie-Dieu. Une vigne découpée à jours, où de petits enfants se suspendent et cueillent des raisins, festonne avec un intarissable caprice l'arc gothique qui encadre la composition à demi engagée dans le mur ».

Ces lignes de Th. Gautier sont bien pauvres pour caractériser une œuvre aussi exquise. Comme une eau-forte parlerait autrement aux regards !

Le reste, bien qu'il soit en harmonie parfaite avec ce que je viens de voir, perd malheureusement trop à lui être juxtaposé. Je ne partage pas, toutefois, l'enthousiasme de Philippe IV qui, frappé de l'intensité de vie que respire le saint Bruno d'une chapelle latérale, fit cette réflexion : « S'il ne parle pas, c'est que la règle le lui défend ».

Une curieuse inscription, placée sur un autel, relate qu'une âme du Purgatoire est délivrée à chaque messe qui s'y célèbre. Voici plus loin, dans un retable, les trois prieurs des chartreuses d'Angleterre, Houghton, Webster et Lawrence, mis à mort pour la foi par ordre de Henri VIII. Ils portent à la main l'énorme coutelas qui rappelle la nature de leur martyre. La longue plaie saignante qui déchire leur froc découvre la place où le bourreau plongea ses mains pour arracher leurs entrailles et leur cœur encore palpitants. Des fresques, empreintes de l'effroyable réalisme espagnol, permettent d'assister aux différentes phases de l'horrible supplice. *Drawn, hanged, drawn, quartered* sont les mots consacrés qui les expriment. On voit successivement les martyrs traînés sur la claie (le voyage de la Tour de Londres à Tyburn durait trois heures), pendus au gibet, détachés à temps et rendus au sentiment de la souffrance, pour se voir éventrés vifs et sentir leurs intestins, leur foie, leur cœur détachés pièce à pièce. Les membres mis en morceaux et les têtes coupées étaient ensuite plongés dans une chaudière de goudron, où les chairs se raffermissaient, avant d'être exposées sur le grand pont de Londres. Les millésimes 1535, 1537, 1540 et 1555 indiquent que de telles exécutions étaient périodiques et que la protestante Elisabeth se fit un pieux devoir de suivre l'exemple de son père.

Ce qui frappe le plus dans ces tableaux, c'est la féroce

impassibilité des bourreaux et des officiers de justice, l'avidité ignoble avec laquelle femmes et enfants contemplent le trou béant par lequel venait d'être arraché le cœur. Les livres si documentés de l'abbé Destombes et de dom Doreau nous disent assez que le peintre n'a fait que reproduire le réel.

*
* *

Je reviens vers Burgos, pour me rendre au couvent de *las Huelgas*, situé du côté opposé de la ville. Ce nom indique les délassements que les rois de Castille venaient goûter en ce lieu. Alphonse IX, en 1187, transforma l'ancienne maison de plaisance en un monastère de l'Ordre de Citeaux. Toutes les religieuses devaient appartenir à la noblesse ; l'abbesse était toujours de sang royal ; sa juridiction s'étendait sur quatorze cités et cinquante villes.

Au dehors, on dirait un palais-forteresse ; mais le vestibule de l'église fait une heureuse transition entre l'austérité extérieure et la richesse de la nef, des chœurs et des cloîtres. « Avant l'achèvement de sa cathédrale, dit Ozanam, Burgos n'avait rien de plus grave et en même temps de plus hardi que ce vaisseau, où la sévérité byzantine sert pour ainsi dire de tige au premier épanouissement de l'architecture gothique. On comprend que les souverains du XIIIe siècle en aient fait l'église royale, la basilique de leurs fêtes et de leurs triomphes, le lieu de leur sépulture, en un mot, le Saint-Denis de la Vieille Castille. »

Plusieurs rois vinrent s'y faire couronner ; Ferdinand le Saint s'y fit armer chevalier par sa mère, l'illustre et virile Berenguela, sœur de notre Blanche de Castille, qui avait hérité comme elle des qualités du très noble et très brave Alphonse IX, le vainqueur de las Navas de Tolosa. Elle est conservée avec respect dans le monastère, la bannière enlevée aux Maures, en cette journée mémorable qui donna le coup de grâce à la puissance musulmane dans la Péninsule. Tous les ans, à la fête du *Corpus Domini*, le délégué du roi la porte en grande solennité. Son fac-simile pend devant moi, à la voûte, entouré de grandes tapisseries qui reproduisent les diverses phases de ce combat de géants, où 200.000 infidèles mordirent la poussière.

Au-dessous, se trouve la chaire mobile en fer doré qui renferme les planches de chêne sur lesquelles saint Vincent Ferrier a prêché ; voici au milieu du chœur des religieuses, les tombeaux très simples d'Alphonse IX et de sa femme Eléonore d'Angleterre. On m'affirme que les cendres de Blanche de Castille reposent là aussi, à côté de la stalle de l'abbesse. Les mausolées de la reine Berenguela, d'Alphonse VIII, son bisaïeul, de Sanche III, son aïeul, de Henri Ier, son frère, d'Alphonse X, son petit-fils ; ceux de onze infants et de dix-huit infantes font de cette belle église un lieu des plus vénérables.

Une très courte distance me sépare de l'« hospice royal » des pèlerins. Il y a là un portail, une façade et un *patio* qui forment le complément artistique de ce que j'admire depuis une heure : je n'ai pas à regretter la fatigue que je me suis imposée pour aller voir de mes yeux cette merveille.

La nuit tombe ; il faut rentrer... Mon troisième jour d'Espagne a tenu amplement les promesses faites par les précédents. Demain, je partirai pour Léon.

CHAPITRE VI

AU ROYAUME DE LÉON

Dimanche 6 septembre.

Il pleut ; le paysage n'en est que plus triste ; mais la pluie met un peu d'eau dans l'Arlanzon que la ligne côtoie. Un nom crié par l'employé me fait lever la tête. J'ai bien entendu : Torquemada ! C'est sans doute la patrie de Frère Thomas, le célèbre Inquisiteur. A peine aperçoit-on au bout de la plaine boueuse l'insignifiant village ; il n'a pas l'air de s'inquiéter le moins du monde des flots d'encre qu'il a fait verser, des frémissements de haine et de colère qu'il a suscités, des armes qu'il a fournies aux ennemis de l'Eglise. Malgré tout, paix à son fils ! Nous le retrouverons ailleurs et nous parlerons de lui à l'aise.

Par une bonne fortune inespérée, je trouve à deux pas de la gare de Venta de Baños une chapelle de secours récemment construite. Le changement de ligne me vaut une heure d'arrêt : le temps strict de dire ma messe, car il a fallu dépêcher vers le curé, dont l'habitation est assez éloignée, attendre sa venue, lui fournir des explications, allonger ma préparation outre mesure, afin de permettre à quelques bonnes femmes, avisées par la cloche, de se préparer et d'accourir. Presque toutes se confessent et communient. Sans la rencontre vraiment providentielle de cette église sise dans les champs, je me serais vu forcé de descendre tout à l'heure à Palencia, pour y accomplir le devoir dominical ; c'eût été un jour entier de retard.

Palencia n'est qu'à onze kilomètres de Venta. Déjà célèbre du temps des Romains, elle devint, au XIIe siècle, la résidence provisoire des rois de Castille ; les Cortès de la monarchie s'y réunirent ; d'importants conciles y furent tenus. C'était le temps où saint Dominique venait puiser la science dans les murs de son *Estudio*, fondé par Alphonse VIII et bientôt absorbé par l'Université de Salamanque. Il reste de cette glorieuse époque une remarquable cathédrale et l'énorme tour de *San Miguel* qui a toutes les apparences d'un donjon fortifié.

Sainte Térèse, en 1580, vint à Palencia installer un Carmel. L'accueil qu'on lui fit fut tout autre qu'à Burgos ; aussi la Sainte parle-t-elle avec reconnaissance de ce bon peuple « pauvre des biens de la terre, mais noble de sentiments. »

Un frais vignoble encadre la ville. Mais cette oasis est peu étendue, et l'on entre presque aussitôt dans l'interminable *Tierra de campos*, immense champ de terre glaise, avec de légers ressauts couverts de châteaux ruinés et de quelques rares villages, pareils, sans doute, à ceux que mon paroissien, le Père Sandrin, évangélise en Mandchourie ; car, ici comme sur les bords du Ya-Lou, les maisons ne sont que des cambuses en pisé.

Les gares regorgent de paysans en habits de semaine, qui chargent des wagons ; hommes, femmes et enfants travaillent ferme dans la plaine couverte d'amas de blé et de paille ; les lourds chariots s'enfoncent dans la terre grasse jusqu'au moyeu ; nul n'a l'air de se douter que c'est dimanche.

* * *

Pendant des heures et des heures, ce sera le même spectacle. René Bazin a bien rendu cette note : « ...Vaste champ de chaume, à l'horizon duquel se profilent, vifs ou brumeux d'arêtes, des cercles de montagnes. Parfois, la plaine est toute unie jusqu'à son extrême bord ; les nuages pèsent sur la terre même, et le soleil se lève droit au-dessus d'un sillon. Il n'y a pas d'arbres, pas de fermes non plus. Les hommes qui labourent ce sol arrivent le matin, à cheval sur leurs petits ânes ; ils descendent de leur monture, déchargent les provisions qu'elle porte dans les deux bâts attachés à son dos et l'attellent à la plus primitive des charrues : un simple soc de bois muni d'un seul manche, avec lequel ils feront sauter, tant que le jour durera, un peu de poussière fertile et beaucoup de cailloux. Après les semailles, après la récolte, pendant des mois, l'espace demeure sans mouvement comme un grand miroir craquelé par le soleil. La moindre tache, sur cette nappe d'un seul ton, attire aussitôt le regard : c'est une caravane de mulets noirs, qui passent pomponnés de rouge, partis dès le matin, à l'heure où, dans les lointains immenses, on commence à voir le village, l'unique village de la plaine, plus petit et plus pâle devant soi qu'une fleur de centaurée sauvage ; c'est un troupeau de bœufs broutant, au ras des pierres qui font de l'ombre, les brins d'herbe échappés à la chaleur du midi ; c'est un simple sentier tracé dans les mottes, par la fantaisie des hommes et des bêtes, ou bien encore une fissure profonde, large de plusieurs mètres aux bords de boue séchée, par où se sont précipitées, en hiver, les pluies dévastatrices. Bien souvent, il y a moins encore : un petit épervier, poursuivant je ne sais quoi dans cette désolation, glisse et semble porter, sur ses deux ailes fauves, toute la vie de la plaine. Je me suis endormi en chemin de fer, au milieu de ce paysage, que je retrouve au réveil, identiquement le même, comme si de toute la nuit nous n'avions pas bougé.

« Le proverbe espagnol, d'un mot, dit tout cela : « L'alouette qui voyage à travers la Castille doit emporter son grain. »

*
* *

Deux noms, encore, m'ont frappé, le long de ce mélancolique parcours : Cisneros ! Sahagun !

Cisneros est l'ancienne résidence de la famille du grand cardinal Jimenez, une des gloires les plus pures de l'Espagne. Né en 1436 à Torrelaguna, fils d'un simple commis aux décimes, il s'éleva par son seul mérite aux plus hautes charges de l'Etat. C'est dans le couvent des Franciscains fondé par elle à Tolède que la grande Isabelle vint le prendre pour en faire son confesseur et son premier ministre. Archevêque de Tolède, primat d'Espagne, grand Inquisiteur, chancelier de Castille et cardinal, il sut porter dans ses hautes fonctions les vertus qu'il avait fait paraître dans le cloître. On ne vit jamais grand seigneur plus désintéressé, plus tendre pour les pauvres, plus mortifié et plus humble. Les ennemis de l'Inquisition lui ont reproché ses rigueurs ; la vérité est qu'il entreprit et mena à bonne fin la réforme de l'un et l'autre clergé, qu'il cassa aux gages les juges prévaricateurs, tout en purgeant le pays des usuriers juifs et en fermant les lieux de débauche. Il ne recourut aux sévérités de la loi que contre les hérétiques obstinés, les convertis traîtres et hypocrites, les malfaiteurs incorrigibles. Les moyens de persuasion avaient ses préférences ; c'est en les employant, qu'il eut la joie de conférer le baptême à plusieurs milliers de Maures à Grenade. J'avoue qu'il se montra ensuite trop pressé de parfaire son œuvre et qu'il eut la main lourde pour les récalcitrants. Ses préoccupations furent toujours celles d'un homme d'Etat, soucieux de la gloire de la monarchie, du progrès des belles-lettres, des sciences et des arts, des intérêts généraux et particuliers. Il remplaça les mercenaires par une sorte de garde nationale composée de braves gens, patriotes ardents et chrétiens convaincus ; le peuple lui dut la suppression de différentes charges fiscales. A lui seul il fit les frais immenses de l'édition polyglotte de la Bible, dite de Complute, équipa une armée qu'il conduisit en personne à la prise d'Oran, afin d'ôter aux Barbaresques la tentation de reprendre Grenade et fonda cette Université d'Alcalá, qu'Erasme appelait le « trésor de toutes les sciences » et dont Mateo Aleman a pu dire : « O mère Alcalá, que dirai-je de toi qui soit digne de ta gloire ! » C'est au milieu de ses chers étudiants que le grand Jimenez choisit sa tombe. Les trophées pris au cours de l'expédition d'Oran, son étendard de guerre, ses insignes cardinalices et sa croix épiscopale vinrent orner l'église des Ecoles, aujourd'hui triste et déserte. Lorsque François Ier, prisonnier, traversa Alcalá, il dit aux docteurs qui étaient venus lui offrir leurs hommages : « Votre Jimenez a fait à lui seul plus que n'ont fait en France toute une suite de rois ! »

* * *

Plusieurs ont hasardé un parallèle entre Jimenez et

Richelieu. Il y eut entre eux des ressemblances frappantes, comme des divergences caractéristiques. Tous deux eurent sincèrement en vue la grandeur de leur pays et exercèrent sur ses destinées une influence considérable, s'employant à déraciner les abus qui s'étaient glissés dans l'administration, les finances, la justice, et s'occupant à développer le commerce, l'industrie et la marine; mais, tandis que le second chercha surtout à sauvegarder les prérogatives royales, le premier manifesta plus de souci pour les besoins du peuple; le cardinal espagnol fut plus adroit, plus scrupuleux, plus loyal; on reproche à Richelieu de s'être montré beaucoup moins délicat dans le choix des moyens. L'un et l'autre surent unir l'activité au génie et déployèrent une constance et une fermeté peu communes; toutefois, si l'archevêque de Tolède était plutôt incliné vers la miséricorde, l'évêque de Luçon fit paraître dans le châtiment des rebelles une rigueur impitoyable. On aimait Jimenez; on tremblait devant Richelieu. Celui-ci, d'ailleurs, eut toujours à se louer des égards que lui témoignait le Roi son maître; celui-là n'était que supporté par Ferdinand, et Charles-Quint lui manqua de respect d'une façon très grave. Tous deux furent les conseillers d'une reine puissante; mais quel contraste entre l'astucieuse et ambitieuse Marie de Médicis et la noble et catholique Isabelle! Cisneros passe pour avoir été plus habile réformateur; Jean-Armand du Plessis eut l'étoffe d'un plus grand politique, le plus grand, peut-être, qui ait existé dans la chrétienté depuis mille ans. Du moins, tel était le sentiment du duc d'Olivarès; pour moi, je ne souscrirais à ce jugement qu'avec réserve.

Richelieu se heurta aux protestants; Jimenez eut à comprimer le soulèvement des Maures de l'Albaycin. L'un et l'autre encore furent hommes de guerre : le siège d'Oran répond à l'investissement de La Rochelle. Mais alors que l'un paraît toujours en évêque, l'autre marche à la tête des troupes sur un cheval de bataille, avec cuirasse, épée et pistolet d'arçon.

La prospérité de la maison d'Autriche est le pivot de leur politique : l'un la recherche lorsqu'elle se sera confondue avec les intérêts de la Castille ; l'autre n'a de repos qu'il ne lui ait donné le coup mortel.

Ils montrèrent un souci égal de la culture intellectuelle et des arts ; on les vit collectionner avec passion les manuscrits précieux : si Jimenez fonde l'Université d'Alcalá, Richelieu s'illustre en réformant la Sorbonne et en instituant l'Académie française et, malgré tant de services, ils connurent les calomnies perfides et les pamphlets venimeux. Ils meurent en proclamant la pureté de leurs intentions et en recommandant à Dieu leur âme ; mais jusque dans la mort, leur caractère se retrouve : Cisneros nomme pour ses héritiers les étudiants et les pauvres ; Richelieu laisse ses biens à sa famille, réservant au Roi son palais, ses équipages et sa chapelle.

* * *

Plus importante est l'antique ville romaine de Sahagun. Les ruines de la célèbre abbaye bénédictine élevée sur la tombe de saint Facond rappellent l'antique splendeur de la cité. Elle garde, avec le mausolée du roi Alphonse VI, le souverain du Cid, le souvenir de cet admirable saint Jean de Sahagun, si bien nommé « l'Apôtre de Salamanque », « l'Ange de la paix » et « le Martyr de la pénitence ». Dans les rues de la ville universitaire, journellement ensanglantées par les massacres des factions et les duels des étudiants, il réussit, par un prodige dû à ses macérations autant qu'à sa parole de flamme, à faire régner la sécurité et la paix.

A Las Martas commencent d'assez fortes ondulations ; les bouquets de bois deviennent plus fréquents ; insensiblement, les champs font place aux pâturages ; à l'horizon, l'immense vaisseau de la cathédrale de Léon émerge de cet océan silencieux.

Au moment où j'écris, je suis encore sous le charme que j'ai subi en contemplant la plus élégante et la plus franchement gothique des cathédrales espagnoles. L'abside, vue du dehors, l'emporte, à mon sens, sur celle de Notre-Dame de Reims, d'Amiens ou de Paris : elle est d'une richesse et d'une grâce inexprimables. Les tours sont peut-être un peu lourdes ; mais elles se spiritualisent à mesure qu'elles montent, et la beauté de leur couronnement forme un heureux contraste avec l'austère majesté de leur base. D'ailleurs, elles encadrent si bien le joli pignon isolé qui s'arcboute contre leurs flancs robustes ! Ce pignon — détail singulier — est très exactement reproduit par les façades des transepts.

L'intérieur m'extasie. Le style ogival y déploie des splendeurs de tout premier ordre et des hardiesses insensées. Deux cent trente fenêtres à nervures, hautes de douze mètres chacune, y tiennent lieu de murailles ; à la partie inférieure, un triforium exquis laisse passer la lumière que tamisent d'étincelants vitraux ; les fûts des colonnettes sont si légers, qu'on tremble malgré soi pour la solidité de la voûte qu'ils supportent. C'est à peine si Beauvais est plus audacieux.

Et je ne veux rien dire des stalles du *coro*, admirablement fouillées pourtant, car elles ne comptent plus, en vérité, quand on parcourt ce chœur et ces nefs dont aucun effort de génie, je crois, ne saurait surpasser la beauté.

*
* *

Il faut longer les formidables *cubos* des fortifications dont certaines parties datent du IIIe siècle, pour comprendre l'importance de l'ancienne capitale du royaume des Asturies. Son nom de « Léon » lui vient de la *legio gemina* qui y tenait garnison. Réduite par le roi Leuvigilde, elle fut rasée par les Arabes et rebâtie par Alphonse V, peu après l'an mil.

La collégiale de *San Isidoro*, date de cette dernière époque. L'extérieur présente une très intéressante décoration romane; l'influence mauresque a outrepassé et dentelé les grands arcs de la vaste nef et du transept.

Le Saint Sacrement est, ici, constamment exposé. Sur le maître-autel brille un reliquaire précieux, renfermant les restes du grand docteur, qui fut aussi le législateur chrétien de l'Espagne, saint Isidore de Séville (1). Au fond du grand vaisseau s'ouvre le « panthéon royal ». Dans cette obscure prison reposent les principaux héros du début de la reconquête : Alphonse IV le Moine (*el Monje*), Ramire II, le vainqueur d'Osma, de Simancas (938) et de Talavera, Ordogne III qui chassa les Arabes de Lisbonne et défit les Maures à San Esteban de Gormaz; Sanche Ier, Ramire III et Bermude II, cruellement éprouvés par les armes du terrible Almanzor (xe siècle); Alphonse V le Noble et Sanche le Grand de Navarre qui rétablirent l'honneur du nom chrétien ; Ferdinand Ier, enfin, à qui ses triomphes valurent le nom de Grand.

Sur les tombeaux des reines, j'ai relevé les noms de

(1) Ces restes étaient demeurés à Séville, lorsque l'Andalousie fut conquise par les Maures. Saint Ferdinand les racheta à grand prix et les fit amener dans sa capitale.

dona Elvira, épouse d'Ordogne III, de dona Urraca, épouse de Ramire III et d'une autre Urraca, femme de cet Alphonse IV qui, après avoir abdiqué la couronne et s'être enfermé au monastère de Sahagun, en sortit pour revendiquer ses droits, fut assiégé dans cette ville de Léon et livré par les habitants à son frère qui lui fit crever les yeux.

San Marcos, malgré sa façade monumentale richement décorée, n'offre qu'un intérêt historique secondaire : Ferdinand le Catholique le bâtit pour en faire une hôtellerie qui devait servir aux pèlerins de Santiago; il fut achevé par Charles-Quint.

Sur la *Plazuela de San Marcelo* s'élèvent la belle *casa consistorial* et la *casa de los Guzmanes*, demeure de la très illustre famille de ce nom. Elle fut bâtie au XVIe siècle par un évêque, dans le style des palais florentins de la Renaissance. Philippe II, en voyant les forts et superbes grillages qui protègent les balcons et les fenêtres, dit d'un air mécontent : « Voilà bien du fer pour un évêque ! »

CHAPITRE VII

ASTORGA

Dans l'après-midi, je reprends ma route, toujours dans la direction de l'ouest. Les environs de Léon doivent être agréables, lorsque les champs sont couverts de blés et de seigles qui mûrissent. Mais aujourd'hui la moisson est faite, et l'étendue fauve va rejoindre dans l'immense lointain le bourrelet d'azur sombre des Monts Cantabres. Tous les vingt kilomètres, environ, quelques taupinières agglomérées en village forment un sordide relief au-dessus d'un sol sans jardins, sans arbres, sans verdure et sans eau.

C'est à travers cette désespérante solitude que les Espagnols et les Anglais fuyaient en désordre, dans les derniers jours de 1808, vivement pressés par la cavalerie du maréchal Bessières, retardés par une quantité de charrettes chargées des guenilles castillanes et de l'opulent bagage des fils d'Albion. Ceux-ci, ivres pour la plupart, donnaient libre cours à leur férocité et expiraient ensuite, dévorés par les incendies qu'ils avaient allumés, ou assommés par les paysans rendus furieux.

Napoléon suivait, décidé à jeter ses ennemis à la

mer, lorsque, dans ces parages, il fut rejoint par un courrier envoyé de Paris. On lui annonçait comme imminente une nouvelle et grande guerre avec l'Autriche. Ses plans, aussitôt, furent modifiés. Quittant Astorga, il laisserait à Soult et à Ney le soin de poursuivre les Anglais à outrance, et il reviendrait en toute hâte à Paris, préparer la célèbre campagne qui devait aboutir à Wagram. Ce fut là une faute capitale. Aucun de ses lieutenants n'avait la décision requise pour conduire une guerre pareille; d'ailleurs, ils se jalousaient les uns les autres et, par leur obstination à ne jamais s'entr'aider, ils finirent par être confondus dans une honte et une défaite communes.

A défaut de gloire, ils moissonnèrent toutefois de tangibles *souvenirs*. Ney pilla consciencieusement le Trésor de Saint-Jacques-de-Compostelle et l'on vit la maréchale porter en collier les yeux de diamant de l'apôtre.

Une côte assez raide grimpe jusqu'au cœur de la ville. L'« Urbs magnifica » de Pline ne se recommande plus guère que par sa cathédrale, décalque de celle de Léon, grandiose encore, malgré ses tours inachevées qui menacent ruine.

On me fait au couvent des Rédemptoristes le plus fraternel accueil. Le Père Recteur est presque mon compatriote. Après échange de cordialités, il me donne deux religieux pour m'accompagner.

Le site d'Astorga ne manque pas de pittoresque. Le haut mamelon, du côté du Portugal, tombe presque à pic. Les Monts Lusitaniens mettent à l'horizon un fort barrage violet. Des murailles, plus formidables que celles de Léon et plus anciennes, peut-être, font à la cité une colossale ceinture. Les fossés comblés depuis peu sont devenus un boulevard planté d'arbres, sous lesquels déambule une foule considérable. Les groupes circulent avec une rapidité qui tient du galop ; jamais on ne vit pareille frénésie dans la promenade. Et puis, quel babillage infernal ! Nous l'entendions de loin ; il me fit songer — qu'on me pardonne cette réminiscence — à la page où Dante décrit le vol rapide des âmes qui, en expiation de leurs crimes, sont emportées d'une extrémité à l'autre de leur cercle, avec une vitesse vertigineuse, sans pouvoir s'arrêter jamais : « Leurs plaintes, dit-il, formaient dans cette enceinte muette un mugissement semblable à celui de la mer battue par la tempête. » Ce que je voyais, ce que j'entendais était le vivant commentaire de ces lignes.

*
* *

Au Grand Séminaire, se trouve la salle des concours, où l'évêque préside les examens des candidats aux stalles laissées vacantes par les chanoines et les bénéficiers morts ou démissionnaires. Ces stalles sont avidement recherchées par la partie la plus instruite et la plus aristocratique du clergé. Ce sont généralement de grasses prébendes. Un doyen de Chapitre a un traitement de 8.000 pesetas. Un simple chanoine touche 4.000 francs. Astorga, qui n'est plus qu'une bicoque, compte seize chanoines et quatorze bénéficiers, trente prêtres perdus pour la vie active et laborieuse, puisque leurs seules fonctions consistent à chanter l'office. C'est en dehors de cette élite que se recrute le clergé paroissial. L'éducation cléricale des prêtres ruraux, bâclée en quelques années, ne les prédispose pas aux fortes études ; elle les laisse, par suite, sans grande influence sur les paroissiens. La plupart font valoir par eux-mêmes ou par des parents qui vivent au presbytère les quelques terres appartenant au domaine curial. Le Gouvernement leur alloue 400 francs.

Les paroisses urbaines sont divisées en trois classes. Il y a les cures *de entrada* ou de début, celles *de ascenso*, par lesquelles on passe pour arriver aux cures *de termino*, qui donnent considération, rentes et loisirs. Les curés de ville s'occupent généralement très peu de la direction des âmes ; ils laissent ce soin à certains chanoines et surtout aux membres du clergé régulier.

Pauvre Eglise d'Espagne ! A mesure que j'avance, je m'aperçois qu'il faut modifier sensiblement l'idée que je m'étais faite du catholicisme dans la Péninsule. La foi y est toujours robuste, quoiqu'on ait fait du chemin depuis cette déclaration de la Junte, pourtant révolutionnaire, de 1812. « La religion de la nation espagnole est et sera à tout jamais la religion catholique, apostolique et romaine, la seule véritable. La nation la protège par des lois sages et justes et prohibe l'existence de toute autre. » Aujourd'hui encore le Gouvernement lui rend hommage et tous les fonctionnaires participent aux manifestations grandioses où se complait la piété nationale. Mais on aurait tort de donner à ce mot de « piété » la signification qu'il comporte en France. En Espagne on est pieux sans faire ses pâques ; on se croit bon catholique parce qu'on fait de fréquents signes de croix, qu'on porte des médailles ou un rosaire et qu'on a coutume de baiser la main d'un prêtre ; mais l'accomplissement des commandements de Dieu est un devoir bien négligé. « Dans les provinces méridionales, me disait il n'y a qu'un instant le Père Recteur, nous sommes obligés d'accommoder les principes de saint Alphonse à la sauce andalouse. Des paroisses de 20.000 âmes où je donnais une mission ont fourni seize communions d'hommes, et le curé me félicitait de mon succès. »

*
* *

La foi résiste malgré tout, par une permission divine, sans doute : ce peuple l'a reconquise et maintenue au prix de tant d'efforts et de sacrifices ! Mais elle est peu éclairée.

L'exposition familière de la doctrine et le catéchisme sont choses à peu près inconnues. Dans les villes, à l'occasion des fêtes qui entraînent d'interminables neuvaines, les orateurs en vogue débitent de ronflants discours qui n'instruisent personne. D'ailleurs, l'auditoire est passablement inattentif : on se retourne constamment, et c'est dans l'église un bruit agaçant d'éventails qui s'ouvrent, s'agitent, se ferment et s'ouvrent encore avec une dextérité prodigieuse.

Ni sonnerie d'angelus ni premières communions. Le travail du dimanche est à peu près général ; il est vrai que, sous ce rapport, l'autorité ecclésiastique se montre très coulante. D'habitude, dans la saison des récoltes, la messe est dite avant l'aube ; l'office des vêpres n'est jamais célébré. En vertu de la Bulle dite « de la Croisade », toujours en vigueur depuis l'époque lointaine où les privilèges qu'elle confère avaient leur raison d'être, les fidèles, pour une somme minime, acquièrent le droit de faire gras toute l'année.

En France, sous un régime pareil, nous serions depuis longtemps des incrédules fieffés. L'Espagne vit toujours de ses vieilles traditions : le culte de la Vierge, la fête du Saint-Sacrement, la Semaine Sainte, les cortèges processionnels, les sanctuaires qui attirent constamment des flots de pèlerins, les cathédrales superbes, les inestimables trésors pieux accumulés dans les sacristies et les salles capitulaires, tout cela maintient les habitants dans une orientation essentiellement catholique. Ce peuple s'est comme écoulé dans l'Eglise; Dieu lui a donné des saints de premier ordre, qui l'ont enthousiasmé par leur héroïsme et leurs miracles; une innombrable légion de moines, sortie de ses entrailles, continuant à vivre de sa vie, partageant ses privations, le charmant par ses légendes et lui apprenant à porter gaiement le fardeau de l'existence, a fortifié et resserré sans cesse le lien religieux.

Tout le monde, jadis, s'enrôlait avec empressement dans les confréries : la Castille, à elle seule, en comptait plus de 20.000. On comprend dès lors que le clergé eût une situation exceptionnelle et prépondérante : il était, de beau reste, le premier Ordre de l'Etat. Sur 10 millions d'habitants, il y avait, au siècle dernier, en Espagne 70.000 ecclésiastiques appartenant au clergé séculier, parmi lesquels la moitié à peine avait charge d'âmes, 62.000 moines et 33.000 religieuses. Le chiffre des monastères passait 3.000. Burgos, je l'ai dit, en comptait quarante-deux avec quatorze paroisses, pour 9.000 habitants; Valladolid s'enorgueillissait de ses quarante-six couvents et de ses quatorze églises paroissiales; les religieux y étaient au nombre de treize cents.

Les revenus de l'Eglise, tirés de ses biens territoriaux, des dîmes et prémices, des droits casuels et des dons volontaires s'élevaient à plus d'un milliard de réaux (1). Cet argent, duquel il convient de défalquer les prélèvements faits par le Roi et les patrons laïques, était assez mal réparti. Tandis qu'une foule de prêtres étaient réduits à la portion congrue, les évêques les plus pauvres touchaient encore 100.000 réaux de revenu annuel; les archevêques de Valence et de Séville allaient jusqu'à 3 millions; le primat de Tolède atteignait 12 millions : c'était le prélat le plus riche de la chrétienté. Il est juste

(1) Il faut quatre réaux pour faire un franc.

d'ajouter que ces dignitaires comprenaient généralement leurs devoirs et faisaient de leurs richesses un édifiant emploi. Sans parler des Universités et des collèges qu'ils fondent ou des chefs-d'œuvre dont ils enrichissent leurs cathédrales, deux exemples entre mille: Antonio Galvan, archevêque de Grenade, entretient 300 orphelins; Juan de la Guerra, évêque de Sigüenza, rebâtit à ses frais un village détruit par un incendie et dote toutes les filles pauvres de son diocèse.

*
* *

Les révolutions ont fait main basse sur les propriétés ecclésiastiques et, de nos jours, c'est l'Etat qui paie le clergé. Le siège primatial ne rapporte plus que 50.000 pesetas, auxquelles s'en ajoutent 10.000 pour frais de tournées pastorales. Les archevêques de la seconde classe ont 40.000 francs; ceux de la dernière n'arrivent qu'à 20.000. Tous les archevêques sont sénateurs de droit; en outre, chaque province ecclésiastique envoie à la haute assemblée un évêque élu par ses collègues. L'évêque, à sa mort, reçoit les honneurs réservés au général commandant un corps d'armée.

Les prêtres espagnols sont des causeurs intarissables ; d'ailleurs, dignes et corrects. Leur esprit est ouvert et curieux ; leur piété m'a paru un peu leste; ils se montrent très familiers avec le bon Dieu et ses saints. Ils parlent assez mal le latin; mais, en revanche, ont un goût prononcé pour la cigarette. En Espagne, du reste, tout le monde fume, même les femmes : *cigaretos*, éventails et castagnettes font partie de la vie nationale. Les prêtres fument sans désemparer à la sacristie, avant comme après l'office ; si la *função* est un peu longue, on ne se fait aucun scrupule de quitter le chœur pour se livrer au plaisir favori. J'ai vu des sacristains fumer en traversant l'église, l'organiste et le chantre fumer à la tribune, pendant la bénédiction du très saint Sacrement. Nul n'y voit de mal ; personne ne se scandalise ; mais n'aurait-on pas, en vérité, le droit de se montrer plus exigeant ?

Mes compagnons me font admirer le nouvel évêché, construit en granit bleu. Le bâtiment, enveloppé de tourelles du plus bel effet, a coûté jusqu'ici deux millions ; depuis dix ans, par suite de la pénurie du Trésor, les travaux sont interrompus. Dieu sait quand on les reprendra. L'ancien palais épiscopal a été détruit par un incendie. A l'occasion des réceptions du Nouvel an, la cheminée du grand salon communiqua le feu aux poutrelles de la toiture. C'est par cette cheminée qu'un moine avait formé le projet de s'introduire dans la chambre où Napoléon devait passer la nuit, afin de l'égorger pendant son sommeil. Mais l'Empereur, ce soir-là, avait trop de besogne pour dormir; le moine fanatique ne put donner suite à son dessein.

Le Trésor de la cathédrale renferme une croix processionnelle du XVIe siècle, avec filigrane d'un travail exquis et une Vierge byzantine du Ve siècle, pour laquelle le Chapitre vient de refuser 40.000 francs. Les chanoines d'Astorga, quand ils officient solennellement, portent à la main un grand crucifix d'or. Ce privilège se rapporte à la tradition qui veut que l'apôtre saint Jacques ait été le fondateur de la chrétienté de cette ville.

Les archives ont, malheureusement, été brûlées par les Anglais en 1808. Ils consacrèrent huit jours à cette intelligente opération et démolirent du même coup le joli cloître attenant à l'édifice. La même semaine, Napoléon bombardait la sacristie gothique et la réduisait en miettes. La cathédrale, par un bonheur exceptionnel, ne fut nullement endommagée.

CHAPITRE VIII

SALAMANQUE

Lundi 7 septembre.

Je laisse la ligne de la Corogne pour obliquer vers Salamanque. Rien, dans ce steppe, qui butte parfois contre les collines lépreuses, trouées de cavernes, où vit une population de troglodytes. La terre, vierge d'engrais, se refait tous les deux ans par le simple repos. On trouve encore, dans ce coin d'Espagne, de ces *pueblos de señorio*, où tout appartient au même maître : champs, église, mairie et maisons particulières ; mais cela devient rare. Ce sont des gens de Galice qui, d'ordinaire, viennent offrir leurs services au temps des récoltes ; ils s'installent dans des baraquements en terre appelés *casas de campos*. A l'entrée de Benavente se dresse un magnifique palais-forteresse en pierres de taille jaunâtres, flanqué de grosses tours en surplomb : c'est l'ancienne résidence des Pimentel, qui tenaient le quinzième rang parmi les familles appartenant à la « grandesse » d'Espagne.

Puis, le beau ciel de Castille se bombe à nouveau sur

la lande désolée. Point de routes : les mulets suivent des pistes que des ornières seules rendent, çà et là, perceptibles au voyageur.

Nous joignons le Duero. Le long du fleuve, un rocher réverbère dans les eaux la grande cité qui le recouvre : c'est l'antique et intéressante Zamora. Tout à l'extrémité, le *castillo*, l'évêché et la cathédrale romane, reconnaissable à sa tour carrée et à son élégant *cimborio*. Chrétiens et Maures se disputèrent chaudement la ville, l'espace de trois siècles ; le Cid s'y rendit célèbre par ses exploits ; le roi don Sanche fut traîtreusement assassiné sous ses murs ; Charles-Quint, plus tard, eut maille à partir avec l'évêque Acuña, grand batailleur et clerc médiocre, qui s'installa dans sa cathédrale la lance au poing et devint, en 1520, un des chefs les plus redoutables des *Comuneros*. Cette révolte, où sombrèrent les *fueros* (libertés) de plusieurs villes et que l'empereur finit par noyer dans le sang à Villalar, fut une sorte de Fronde, où se jeta, tête baissée, la noblesse castillane. Elle en voulait au monarque des faveurs dont il entourait ses amis de Bourgogne et des Pays-Bas. Tandis que le comte de Chièvres devenait premier ministre, que son neveu était pourvu de l'archevêché de Tolède et que les décavés exotiques redoraient leur blason sur les bords du Tage, les fiers et fidèles Castillans se voyaient complètement mis à l'écart. Le fils de Jeanne la Folle était, du reste, plus flamand qu'espagnol ; son éducation avait fait de lui un bourgeois de Gand ; à la mort de l'empereur Maximilien, son aïeul, il avait modifié, sans souci des convenances, le chiffre de son nom royal : Charles Ier de Castille s'était transformé en Charles-Quint d'Allemagne ; sa lourde mâchoire et son parler pâteux accentuaient encore ce que ce changement avait de pénible pour la délicatesse ibérique ; ses appétits gloutons, enfin, faisaient constraste avec la sobriété proverbiale des compatriotes de sa mère.

Eh bien ! Malgré tout cela, ce n'était pas à lui personnellement qu'en voulait l'*hidalguia* castillane : il était le Roi, le petit-fils de la grande Isabelle ; on ne lui demandait que de renvoyer aux rives de l'Escaut les favoris nés sur ses bords.

Charles fut sévère dans la répression ; le sang de ses féaux eût été réservé avantageusement pour une meilleure cause. « Peut-être, me dit un Espagnol à qui je parlais dans ce sens ; mais cette levée d'armes, c'était au fond la Révolution qui cherchait à se rendre maîtresse et qui nous eût, soyez-en sûr, amené l'hérésie ».

* * *

Des heures s'écoulent. Par delà les champs de sable, des dômes surgissent, couvrant une grande masse posée sur un mamelon. Bientôt, d'autres coupoles accostées de pinacles viennent encadrer cette sorte de Kremlin, et tandis que l'on s'approche, tous ces édifices se profilent dans une atmosphère extraordinairement translucide, enveloppés d'un flamboiement rose qu'on croirait provenir d'un feu de Bengale allumé pour une fête. Mais non : c'est la teinte naturelle de la pierre qui doit au soleil ces vibrations ardentes.

Devant la gare, les conducteurs de quelques omnibus rustiques me font leurs offres de service ; mais je viens d'apercevoir le boulevard qui s'étend à perte de vue vers la ville. Un pied de poussière le recouvre ; les pauvres mules vont en avoir jusqu'au ventre ; il est aisé de se figurer l'atroce tourbillon qu'elles soulèveront tout à l'heure.

« — *Gracias señores, iré a pié* ».

Mais c'est en vain que je me hâte ; les omnibus passent à côté de moi comme une trombe, et je suis blanc comme plâtre, lorsque j'arrive à la *Puerta de Zamora* qui donne entrée dans Salamanque. . . . .

« — *A qué ora la comida?* »

« — *A las ocho* » (1)

Il me reste donc une heure pour rédiger mes impressions. Je suis ébloui, fasciné par tout ce que je viens de contempler dans ma course à travers la « petite Rome ». Pas une rue qui n'étale avec orgueil ses magnificences ; partout des façades ornées de grands cartouches armoriés, ou timbrées de couronnes comtales ; des palais comme on n'en trouve ni à Florence ni à Gênes ; de vieux donjons à mâchicoulis ; de vrais bijoux d'églises ; des couvents qui renferment des chefs-d'œuvre ; des collèges splendides comme des palais ; des tours antiques et des statues modernes ; deux cathédrales voisines qui rivalisent de majesté ; un pont romain qui depuis deux mille ans relie les rives du mélancolique Tormès ; l'Université, royalement embellie par Ferdinand et Isabelle, l'Université à laquelle les papes daignaient notifier leur élection ; qui, à la requête des rois d'Espagne, consentait à enregistrer leur avènement et dont les maîtres recevaient les souverains, assis et la tête couverte ; que sais-je encore ?... Tous ces édifices sont dans la jolie teinte d'ambre rose qui m'a frappé dès l'abord et s'incrustent dans ce merveilleux azur qui fait si heureusement contraste avec la laideur du paysage espagnol.

* * *

A côté de la *Plaza Mayor*, superbe, bordée d'hôtels à arcades qui m'ont rappelé les « Procuraties » de la Place

(1) A quelle heure le dîner ? — A huit heures.

Saint-Marc à Venise, s'étend la *Plaza de la Verdura*, pittoresque marché aux fleurs et aux légumes, où les ânes trottinent, montés par les *charros* parés de boutons d'argent et sanglés dans une ceinture de cuir. Tout auprès, une charmante église du XIIe siècle ; un peu plus loin, un monument dont la sévérité architecturale est égayée par des fenêtres gothiques à baldaquins et par d'innombrables coquilles sculptées en ronde-bosse dans les murs. Cette fantaisie d'un pèlerin de Terre-Sainte a fait donner à cette demeure seigneuriale, bâtie en 1514, le nom de *Casa de las Conchas*.

L'ancien collège des Jésuites est en face. L'église a un vaste dôme comme celui de Loyola et, à l'intérieur, de richissimes retables. Les bâtiments, qui recouvrent deux hectares, ont coûté 27 millions de réaux ; on y compte cinq cents portes et près de mille fenêtres. Pour les construire, on a démoli deux rues entières et deux églises. On se proposait même d'abattre la ravissante *Casa;* les Pères en offraient autant d'onces d'or qu'elle a de coquilles ; les héritiers du marquis de Valdecarzaña eurent le bon goût de résister à la tentation.

La Compagnie possédait vingt collèges et quatre séminaires de jeunes nobles ; à Valence, à Séville, à Alcalá, à Madrid, elle avait déjà battu en brèche l'enseignement universitaire, devenu, je le confesse, bien peu recommandable ; la nouvelle fondation allait donner le coup de grâce à celui de Salamanque déjà compromis par le déplacement de la Cour sous Philippe II, par l'érection d'un évêché à Valladolid et surtout par la création de l'Université d'Alcalá. Les choses, toutefois, n'allèrent pas toutes seules. Pour triompher de la formidable opposition faite par le Recteur, le Cloître des Docteurs, le Chapitre, les couvents, le Corps municipal et la noblesse, il fallut l'intervention tenace de Marguerite d'Autriche, femme de Philippe III. C'est peut-être à ces empiètements dont elle était coutumière, que l'illustre Société dut de trouver si peu de sympathies lorsque, un siècle plus tard, Charles III décréta son expulsion.

Quelques pas encore, et voici la *Plaza del Colegio Viejo*. Elle fut créée en 1811 par cet invraisemblable général Thiébault, brave et frondeur tout ensemble, lettré et original. A Burgos, il avait imaginé de faire rendre les honneurs militaires aux cendres du Cid et de Chimène et rêvait de reposer un jour dans leur tombeau. Salamanque le vit organisateur de premier ordre ; il sut y faire régner le bien-être, une exacte discipline, la vie intellectuelle, alors que tout le reste de l'Espagne était à feu et à sang. Il restaure l'Université, traduit « Don Quichotte » et se montre l'hôte assidu de la duchesse d'Abrantès, dont le mari — le malheureux Junot, qui devait avoir une fin si tragique — se morfondait devant les lignes de Torrès Vedras, en compagnie de Masséna. Pour elle, inconsciente et légère, elle avait ouvert à Salamanque un salon où fréquentaient les Espagnols de distinction. Sa prétention était de continuer celui de Pauline de Beaumont et de faire concurrence aux réunions de l'hôtel Necker, présidées par Mme Récamier.

C'est ici le cœur de la cité. On y passerait sa vie, qu'on y trouverait chaque jour de nouveaux sujets d'étonnement.

La *Catedral Nueva* domine tout de sa masse triomphante. Dieu ! Quel poème et quelle opulente fierté ! Comme elle chante en accords harmonieux la gloire du Très-Haut ! On regrette pourtant que, par frayeur d'un nouveau tremblement de terre, on ait enveloppé la base de la grosse tour d'un disgracieux massif de maçonnerie. L'intérieur est robuste sans être lourd ; les proportions sont grandioses, mais nullement démesurées ; l'éclatante couleur fait valoir la décoration. L'artiste a su donner de la grâce à cette architecture colossale par une double galerie à triforium, courant autour du transept et du déambulatoire. Les fûts élancés de la grande nef se ceignent, en guise de chapiteaux, de simples guirlandes de fleurs, qui ont l'avantage de ne pas interrompre leur jaillissement superbe.

Je suis arrivé en plein office solennel. L'évêque — un grand et beau vieillard — tenait chapelle ; des bedeaux en dalmatiques de velours rouge, portant bérets à panaches, cuissards et masses d'argent, faisaient le service d'ordre ; au haut de la nef étaient agenouillés l'alcade et ses régidors. C'est dans ce vaste espace qu'on procédait autrefois à la réception solennelle des docteurs.

* * *

La vieille cathédrale est attenante à la nouvelle. C'est un des plus riches spécimens de la période de transition. Des piliers, aux rinceaux fantastiques, supportent les délicates nervures des voûtes ogivales; le *retablo* du fond renferme toute une série de petites scènes dues au pinceau habile d'un élève de Giotto. Mais c'est du *patio chico* (petit cloître) qu'il faut admirer le riche détail de l'extérieur : absides en hémicycle, clochetons festonnés, galeries et arcatures du plus beau dessin, tympans ajourés et saillants qui masquent la lourdeur des dômes, coupoles appuyées sur des tourelles légères qui figurent les contreforts. Est-il possible qu'un tel édifice ne serve plus qu'à intéresser les touristes ?

Le long du cloître s'alignent quatre chapelles. Celle de Talavera renferme la bannière rouge des Maldonado qui ralliait les affidés du *Bando de Santo Tomé*, dans les combats fratricides qu'ils livraient au *Bando* rival de *Santo Benito*. Dans celle de Sainte-Barbe se passaient les examens de licence. La troisième, dit *del Canto*, voyait se réunir les conciles *compostellanos*. Celle de *San Bartolomé* a pour parure le magnifique mausolée en marbre de l'évêque Diego de Anaya.

J'ai vainement cherché dans la *Catedral Vieja* le tombeau de son fondateur, le capitaine-évêque Jérôme Visquio, l'inséparable ami du Cid, gascon d'origine, terreur des Maures sur les champs de bataille, doux, humble et dévoué à son peuple entre deux chevauchées. On le voyait, au retour de ses hauts faits d'armes, quitter la cuirasse et le haubert pour recevoir en chape et en mitre son cher Cid à la porte de l'église et chanter avec lui le *Te Deum* de leurs communes actions de grâces. Il assista le héros au temps du grand passage, vint l'inhumer à Cardeña et, après avoir consolé sa veuve, rapporta à Salamanque le petit crucifix que don Rodrigue tenait suspendu à son cou et le célèbre *Cristo de las Batallas* qu'il avait coutume de faire porter devant lui dans ses expéditions. L'un est conservé dans le *relicario* de la nouvelle cathédrale; l'autre domine l'autel de la *Capilla del Carmen*, où le pauvre évêque Jérôme se repose de ses luttes dans un sépulcre baroque que le Cid n'eût certainement pas rêvé pour son ami.

Avec quelle ferveur je l'ai prié, ce « Christ des Batailles ! » Le visage est fier et triste; les bras s'allongent démesurément sur la traverse; un cône d'ivoire figurant une jupe retombe sur ses genoux.

Le « Vieux Collège » ou *Colegio de San Bartolomé* fait face à la cathédrale. Il date de 1436 et doit son existence à l'évêque Anaya qui repose dans le petit cloître, en la chapelle du même nom. Cet établissement était le premier des quatre *Colegios Mayores*, fondations primitivement réservées aux étudiants pauvres. Leurs boursiers se distinguaient entre eux par la couleur différente d'une grande écharpe nommée *beca*. Les Ordres Militaires avaient aussi leurs internats richement dotés. Venaient ensuite les innombrables « Collèges Mineurs » et les écoles monastiques. L'Université, qui recevait chaque jour les flots tumultueux partis de tant de sources diverses, occupe le côté ouest de la place ; mais pour la visiter, il est préférable de gagner la *Plazuela de la Universidad*. Les « Rois Catholiques [1] » firent construire la façade actuelle sur l'emplacement de l'édifice érigé en 1230 par Alphonse IX ; ils y mirent les écussons d'Aragon et de Castille, leur chiffre et leurs portraits. Diverses scènes s'inscrivent sous la délicate frise de guipûre, dans des cloisonnements qu'on dirait d'or finement ciselé.

* * *

Devant la baie géminée du portail se dresse la statue d'une des gloires les moins contestées du célèbre *Estudio*, Fray Luis de Leon, de l'Ordre des Augustins, poète éminent, humaniste distingué, hébraïsant de grand mérite, que des hardiesses exégétiques et un goût peu dissimulé pour les thèses de Galilée signalèrent aux foudres de l'Inquisition. Il passa cinq années dans les prisons du Saint-Office à Valladolid, fut soumis à la question et relâché, faute de preuves. Sans rien perdre de sa quiétude et de son allégresse d'âme, il reparut un beau matin dans sa chaire, en employant la formule traditionnelle : « Nous disions donc hier... *Diceramos ayer...* »

(1) C'est sous ce nom qu'on désigne communément Ferdinand et Isabelle.

Je confesse qu'en pénétrant sous ces voûtes je me suis senti profondément ému. Faisons la part de l'exagération qui peut se trouver dans cette orgueilleuse devise : « Omnium Scientiarum Princeps Salmantica Docet », il reste établi que l'Espagne, grâce à ses Universités, eut du XVIe au XVIIIe siècle une période d'admirable activité intellectuelle et que sa gloire littéraire précéda celle de la France. Or, aucun autre centre scientifique de la Péninsule ne peut se hausser au niveau de Salamanque, « Reine du Tormès », « Métropole du Monde ». Elle vit jusqu'à sept mille étudiants se presser à la fois dans son enceinte; dix-huit mille ouvriers et marchands vivaient à l'ombre de l'*Estudio* qui avait à son service, dans le même quartier, cinquante-deux imprimeurs et quatre-vingt-quatre libraires. Dans les rues, en ce temps-là, le bruit des conversations ne s'éteignait jamais.

Les soixante-dix chaires étaient occupées par des savants de premier ordre. Isabelle en avait fait venir plusieurs d'Italie et d'Allemagne; d'autres furent appelés de Grèce et de France. Beaucoup resteront à jamais illustres : tels, les théologiens Carvajal, Soto, Bañez, Cano, Losada, Louis de Grenade, auxquels il convient de joindre les Pères Carmes si connus sous le nom de *Salmanticences*, les juristes Lopez, Covarruvias, Torrès et, plus qu'eux tous, Nébrija, encyclopédiste remarquable, qui se faisait volontiers suppléer à ses cours par sa fille. Il faudrait citer encore Marineo Siculo, Sanchez, Siliceo, Luis Vivès et Fray Luis de Leon. On conserve dans une *aula* du rez-de-chaussée la chaire de ce dernier et les vieilles tables cironées et tailladées où s'asseyaient les auditeurs. Le cours durait une heure; mais les étudiants avaient le droit de retenir le maître après la classe et de le questionner à loisir. Bien peu poussaient l'amour du savoir jusque-là; la masse attendait avec impatience la fin de la leçon. On allait, on venait, on sortait sous le moindre prétexte, et, pour peu que le professeur dépassât l'heure, on organisait le *chahut*.

Que valait au juste la science distribuée en ce lieu? La théologie y fit certainement bonne figure : à la fin du Moyen âge et au commencement des temps modernes, c'est l'Espagne qui tient en Europe le sceptre de la science sacrée. Pour le reste, ses Universités, en dépit de la valeur de ses maîtres, eurent le tort de figer les connaissances dans des formules immuables et, par là, d'émousser le sens critique, l'esprit d'invention et le goût des recherches. L'enseignement devint vite une routine et la décadence fut rapide. D'autre part, on eût vainement cherché parmi les étudiants le feu sacré. « Impulsif et passionné, d'un individualisme intransigeant, l'Espagnol érige volontiers son caprice en raison, ses désirs en droits... Pourquoi donc irait-il se mettre au joug de l'étude, se condamner à l'ingrat et rebutant labeur, alors que toutes ces vaines sciences qu'on lui prône ne tendraient qu'à restreindre son indépendance, à gêner son initiative, à couper les ailes de son imagination?... On apprend à jongler avec les idées; on lance un argument comme la boule d'un bilboquet et, quand on est passé maître à ce jeu, on obtient les grades et, par les grades, les places, les traitements, les honneurs... Quelle philosophie vaut celle-là? » (1)

***

L'organisation était déplorable : il eût fallu trente-deux ans à un écolier pour parcourir le cycle complet des études. Au début du XVIIIe siècle, le baccalauréat

(1) Voir C. Reynier : *Vie universitaire dans l'ancienne Espagne* et Desdevises du Dézert : *L'Espagne de l'ancien Régime*, t. III.

seul était un examen sérieux. Le doctorat était devenu moins un grade qu'un honneur. En tout temps, du reste, il avait obligé à des dépenses telles que les étudiants riches pouvaient seuls les affronter. La veille de l'examen, grande cavalcade à travers les rues de Salamanque; le lendemain, les docteurs questionnaient le candidat dans la salle du *Paranimfo;* puis on le livrait à ses camarades qui le soumettaient à une brimade stupide appelée *vejamen;* après quoi, on se rendait en grande pompe à la cathédrale, où se faisait la cérémonie de la remise des insignes, et la fête se terminait par l'offrande de riches présents, suivie de l'inévitable *corrida.*

L'existence n'était pas uniforme pour tous. Le riche gentilhomme n'avait qu'à se laisser vivre : la maison de don Gaspar de Guzman, le futur comte-duc d'Olivarès, se composait d'un gouverneur, d'un précepteur, de huit pages, de trois valets de chambre, de quatre laquais, d'un chef de cuisine, sans compter les servantes et les valets d'écurie.

Les boursiers des grands collèges avaient, bien qu'à un degré beaucoup moindre, un sort très enviable. Malheureusement, peu à peu, les fondations, cessant d'être attribuées à des jeunes gens pauvres et travailleurs, servirent à pensionner des fainéants riches. Dans les *Colegios Menores*, les revenus plus modestes obligeaient à une vie plus dure. Le grand nombre était logé chez les « bacheliers de pupilles », marchands de soupe au rabais, qui servaient à leurs pensionnaires « un bouillon plus clair que le jour, des portions si adroitement découpées qu'elles étaient transparentes et du vin, mesuré dans un dé à coudre, baptisé et rebaptisé par le marchand, l'hôte et le dépensier. »

D'autres, plus misérables encore, se faisaient les valets d'étudiants plus riches. L'hiver, ils grelottaient dans leurs galetas ouverts à la bise et, souvent, leurs entrailles « chantaient la faim. » Au plus bas degré de l'échelle universitaire se tenaient des dépenaillés vagabonds qui, le matin, venaient manger la soupe à la porte des cloîtres et vivaient ensuite de rapine et d'aventures.

Les mœurs de tous ces jeunes messieurs laissaient, on le devine, singulièrement à désirer. Joueurs, tricheurs, querelleurs, voleurs, grossiers, insolents, amis du plaisir, entre eux les duels étaient monnaie courante; ils se mêlaient volontiers aux rixes des deux factions ennemies qui se disputaient l'influence. Un de leurs plaisirs favoris était de couvrir de crachats ignobles tout *novato* qui franchissait pour la première fois le seuil de l'Université : c'est ce qu'on appelait « passer un bleu à la neige. »

L'Université formait une véritable république dont le territoire était soustrait à l'autorité séculière. Les étudiants élisaient leur Recteur, souvent étudiant lui-même. Il ne restait qu'une année en charge ; sa mission était de gouverner les biens et d'administrer les revenus. Les fonctions du Chancelier-écolâtre avaient plus d'importance : nommé à vie par le pape, il faisait respecter les statuts, dirigeait les études, jugeait même au criminel et en matière capitale maîtres et élèves. Tout ce ce qui servait à l'entretien des membres de l'*Estudio* se trouvait exempt de droits; les malades étaient soignés gratuitement au grand Hôpital des Ecoles.

*
* *

Le cadre est demeuré à peu près intact ; le grand escalier aux riches sculptures conduit toujours à la

Bibliothèque, dont les in-folios énormes sont retenus par des chaînes de fer et, par delà, à l'horloge monumentale, où l'on voit un nègre frapper les heures, tandis que les anges et les Mages viennent se prosterner aux pieds de la Vierge. Les vieux cloîtres ont gardé leurs remarquables plafonds. « Les murs sont couverts de bas-reliefs d'une fantaisie délicieuse, de fleurs, de feuilles, d'oiseaux et aussi de chimères poursuivant des Amours, comme si ça n'était pas le contraire dans la vie. La lumière entre par les larges baies. Du fond de la cour intérieure des arbres poussent librement ; leurs pointes vertes tremblent sur les vitres ; une vieille poussière savante danse dans les rayons du soleil ». (1)

C'est à peine si cinq cents étudiants fréquentent aujourd'hui les cours de l'Alma Mater. Des quatre facultés qui subsistent le Gouvernement subventionne le Droit et les Lettres ; les Sciences et la Médecine sont à la charge de la province. Il y a toujours bien à reprendre, paraît-il, dans la méthode suivie par les professeurs : ils se traînent dans les anciennes ornières et se contentent de paraphraser le texte d'un manuel qu'ils font réciter ensuite.

***

Repassant devant la cathédrale, je me suis rendu au couvent des Dominicains. Le portail de marbre de l'église dédiée à *san Esteban* (saint Etienne) mérite indiscutablement « la palme de la splendeur ». Sous l'archivolte qui s'appuie contre de somptueux pilastres, trois zones superposées sont revêtues d'une ornementation historiée ; les contreforts des murs latéraux reproduisent l'élégance des pilastres du portail.

(1) René Bazin.

Sous les arcades extérieures du couvent, une inscription rappelle l'appui que le Dominicain Diégo de Deza, plus tard archevêque de Séville et grand Inquisiteur, prêta en ce lieu à Christophe Colomb. Fils d'un commerçant de Gênes, de goûts aventureux, connaissant la relation que Marco Polo avait dictée, à Gênes même, de son voyage, séduit par cette description du « pays de l'or, des pierreries et des épices », Colomb s'était dit qu'en naviguant vers l'ouest, on devait nécessairement joindre cette région fortunée. Pendant vingt-trois ans il voyage sur mer et cette idée le poursuit ; mais c'est en Portugal, après son mariage, que sa pensée se précise. Sans doute, il se trompe, d'abord, dans ses calculs, en supposant notre planète beaucoup plus petite qu'elle n'est en réalité ; ensuite, sur le vrai nom des terres qu'il avait découvertes et qu'il confondit jusqu'à sa mort avec les Indes ; mais sa gloire est d'avoir fait faire un pas de géant à la géographie, à la navigation, à l'astronomie, au commerce, à la philologie et à toutes les sciences physiques. Grâce à lui « furent révélées l'étendue et la forme de la terre. En rencontrant le second hémisphère on se rendit compte du premier ; les deux moitiés du globe se connurent et se rejoignirent ; la famille humaine complétée entra en possession de sa planète entière ; la dignité de l'homme s'accrut et son ambition prit des ailes (1) ». Son mérite est d'avoir voué sa longue vie à cette grande idée et de ne s'être laissé décourager ni par les déboires, ni par les objections, ni par les refus. C'est dans une salle de ce couvent de San Esteban, nommée *Sala del De Profundis*, que fut discuté à fond son projet.

En 1485, ayant eu à se plaindre du roi de Portugal, Colomb avait abordé en Espagne. Son petit garçon,

(1) E. Deschanel.

presque mourant de fatigue, est recueilli dans un couvent de Franciscains ; pour lui, il continue son voyage. Le grand cardinal Mendoza le prend en affection et le présente aux « Rois Catholiques » qui l'envoient exposer ses vues aux docteurs de Salamanque. On lui oppose des raisons ridicules : les uns nient les antipodes ; les autres prétendent qu'après avoir descendu l'hémisphère de la mer Ténébreuse, il ne lui sera plus possible de le remonter ; d'autres divaguent même davantage. Seul, Fray Diégo, professeur de philosophie, soutient chaleureusement sa cause, — ce qui prouve que les moines espagnols n'étaient pas précisément des sots — et l'accompagne à la Cour. Malheureusement, les souverains sont occupés à ce moment-là au siège de Grenade, et ce n'est qu'après la prise de cette ville qu'ils se décident à signer avec le grand homme le traité qui devait leur donner le Nouveau-Monde. Et encore, les prétentions de Colomb paraissent tellement exagérées que Ferdinand refuse de les accepter. Le Génois se retire, lorsqu'Isabelle mieux inspirée le rappelle et persuade à son mari de ratifier la convention. Mais si cette convention fut datée de Santa-Fé, c'est bien dans le couvent des Frères Prêcheurs de Salamanque qu'en furent tracés les préliminaires.

De San Esteban il m'a fallu revenir sur mes pas pour gagner la *Puerta del Rio* qui s'ouvre sur le Tormès. Le quartier extérieur a été presque entièrement démoli par les Français en 1812. Marmont, en se retirant vers les Arapiles, avait fait transformer en forteresses trois des plus importants couvents de la ville. Wellington, pour s'en emparer, fit détruire à coups de boulets les alentours. Toutes ces ruines sont là. Dans des ruelles infectes traînent des ordures de toute sorte ; des taudis s'y délabrent ; une marmaille en guenilles se jette dans les jambes des passants ; on y est pris à la gorge plus qu'ailleurs par cette odeur écœurante d'huile rancie et de marée pourrie, commune à l'Orient et à l'Espagne. Singulier mais réel rapprochement que j'ai fait à ce moment-là entre ces deux contrées et qui devait s'imposer davantage dans la suite : mêmes types ; même physionomie des rues et des villes, où les perles s'enchassent souvent dans le fumier ; alimentation semblable ; costume des pauvres femmes à peu près pareil ; mêmes outres servant à transporter le vin ; mêmes cruches utilisées pour puiser l'eau ; ici comme là, des mules et des ânes servant aux mêmes besognes ; même aspect désolé de la nature ; même saleté surtout. Tout se ressemble, jusqu'à ces modulations étranges, exécutées d'une voix dolente et nasillarde, en ton mineur, sur un rhythme qui déconcerte et dégringolant par saccades.

Que le voyageur venu là fasse quelques pas encore et franchisse le pont aux vieilles arches. « Dans la plaine nue qu'entoure un cercle de pâles collines, Salamanque, teinte de fines couleurs qui vont du rose tendre au jaune d'or, lumineuse sous ce ciel clair et dans cet air léger, s'épanouit comme une fleur. »

Il est impossible en quelques heures de visiter tant de richesses ; il serait fastidieux de décrire toutes celles que j'ai eu le temps de voir. Quelle poésie dans ces merveilleuses façades de *las Dueñas* et de l'*Espiritu Santo*, dans la *Casa de Salina* et dans la « Maison des Mortes », jadis, l'une et l'autre, propriété de l'illustre famille des Fonseca ! Et cette ravissante église des Ursulines, dont la tour, malheureusement, se termine par une affreuse toiture posée à contre-sens sur une dentelle exquise ! Non loin, on rencontre la *Vera Cruz*, ancienne synagogue devenue église à la suite d'un miracle opéré par saint Vincent Ferrier. Tout près encore, le « Collège de l'Archevêque » qui doit son existence à un Fonseca, archevêque de Santiago puis de Tolède et qui formait le quatrième fleuron de la couronne des *Colegios Mayores* : San Bartolomé, Oviédo, Cuenca et del Arzobispo. L'église est une imitation de la cathédrale ; le *patio* à double galerie est de très grand style. Aux environs, sainte Térèse vint installer son Carmel dans une ancienne maison d'étudiants. Elle raconte avec sa grâce habituelle comment elle passa sa première nuit à purifier, vaille que vaille, la maison de la malpropreté qu'y avaient laissée, en se retirant, les précédents locataires et la seconde, à rassurer sa compagne qui s'obstinait, dans sa peur, à ne pas la laisser dormir. Elle ne dit rien d'un miracle que Dieu fit là, en sa faveur. Plus tard il fallut abandonner la pauvre maison à cause de l'humidité qu'y entretenait le voisinage de la rivière, et, aujourd'hui, on ignore la place qu'elle occupait.

*
* *

Aux « Augustines Déchaussées », après avoir traversé des corridors et des parloirs d'une pauvreté lamentable, je suis tombé sans m'y attendre dans une église très riche et de proportions monumentales. Elle renferme deux tableaux de Ribéra. L'un d'eux, qui représente l'*Immaculée Conception*, « éclipse par l'éclat des couleurs et de la lumière, la noblesse des formes et de l'invention, tout ce que Murillo, Le Guide et Rubens ont obtenu dans leurs interprétations de ce sujet ».

Je ne sais rien de plus grandiose que cet immense palais des comtes de Monterrey, plus connus sous le nom de ducs d'Albe. L'architecte a prodigué les plus riches fantaisies de son art dans l'étage supérieur, dans le cordon de balustres qui remplace les chéneaux et dans les trois superbes tours qui paraissent soulever la façade. Le bas est d'une simplicité qui étonne.

Moins riche, assurément, mais combien gracieux toujours, est le célèbre *Colegio de Calatrava*. Et qu'elle est charmante, enfin, cette *Torre del clavero*, bâtie au XVe siècle par un Sotomayor, porte-clefs de l'Ordre d'Alcantara ! Carrée dans sa partie inférieure, elle se dédouble ensuite et s'agrémente de huit tourelles en encorbellement qui reposent sur des consoles gracieusement enjolivées. Les deux Ordres Militaires, dont ces monuments forment ici les riches épaves, sont nés au cours de la « Reconquête ». Plus important que les deux précédents fut celui de Saint-Jacques. C'étaient là les trois Ordres castillans. En Aragon florissait celui de Montesa. L'Ordre de Saint-Jean-de-Jérusalem ou de Malte avait aussi son Collège à Salamanque et demeura longtemps prospère dans le Royaume. Les membres de ces Ordres avaient de nombreux privilèges : ils ressortissaient directement à la justice royale ; il n'y avait pas d'honneur plus envié que de pouvoir broder sur son manteau l'épée de Saint-Jacques, la croix rouge de Calatrava ou la croix verte d'Alcantara. La noblesse y trouvait encore une source importante d'avantages pécuniaires. Saint-Jacques avait quatre-vingt-sept commanderies, 700.000 vassaux et 600.000 ducats de revenu. Calatrava comptait 200.000 sujets et Alcantara, 100.000. Lorsque les rois se furent emparés de la maîtrise de ces Ordres, ils eurent un fonds considérable à leur disposition pour récompenser leurs serviteurs : ils donnaient les prieurés et les commanderies des Ordres Militaires comme les rois de France donnaient les abbayes. Après avoir formé l'aristocratie guerrière, les Ordres nourrirent la noblesse de Cour. Les Ordres comprenaient deux organisations distinctes, l'une toute ecclésiastique, l'autre toute séculière. L'autorité spirituelle appartenait, pour les Ordres castillans, aux prieurs d'Uclès et de San-Marcos de Léon; les conseils des différents Ordres avaient à nommer près de huit cents prêtres de paroisses ; un certain nombre de couvents dépendaient d'eux. Primitivement, les chevaliers étaient astreints au vœu de chasteté ; cette prescription avait été abolie en fait dès le xve siècle [1].

Tels sont les souvenirs qu'évoquèrent en moi ce Collège et cette tour dont les ombres de la nuit, en descendant, éteignaient progressivement les charmes et dégradaient la couleur.

(1) Cf. Desdevises du Dézert.

CHAPITRE IX

ALBA DE TORMÈS

Mardi 8 septembre.

Il y a près d'une heure que je me morfonds dans le train qui doit me conduire à Alba de Tormès. Six fois le signal *de salida* a été donné, et ce n'est qu'à la septième invitation que le mécanicien se décide enfin à lancer son jet de vapeur. Visiblement, les choses se passent en famille en Espagne ; les voyageurs seraient désolés qu'il en fût autrement : ils ne sont jamais pressés. Pour eux, le chemin de fer sert, non pas à raccourcir les distances, mais à les parcourir sans fatigue. Afin d'éviter à un ami l'ennui de se lever trop matin, le chef de gare retarderait, je crois, indéfiniment le départ. Déjà, des trois heures que je comptais donner à sainte Térèse, le tiers est sacrifié. Que sera-ce donc si là-bas, comme c'est l'habitude, la station est éloignée de la ville ?

Point d'horizon... De la terre labourée que les ornières accoutumées, par endroits, dépriment. Enfin, voici deux buttes qu'une vallée assez profonde divise : on dirait de vieilles tentures vivement ramenées en l'air par des fiches. Leurs pentes sont parsemées d'éboulis de rochers ; elles sont célèbres sous le nom d'Arapiles. Le 22 juillet 1812, Marmont qui venait de quitter Salamanque résolut d'occuper le plus élevé des deux mamelons ; Wellington s'établit sur l'autre. Ce n'était pas le cas pour le maréchal d'engager la bataille : son adversaire amenait des troupes solides, excitées par la prise récente de Badajoz et de Ciudad-Rodrigo ; il eût dû se contenter de tenir les Anglais en échec, en attendant des renforts. Mais, par ses imprudentes manœuvres, il obligea Wellington à engager la lutte. Dès le début, grièvement blessé, il dut céder le commandement au général Bonnet, bientôt mis hors de combat lui-même. Les divisions, livrées à leur propre initiative, combattirent sans ensemble ni méthode, et les Anglais, constatant ce désordre, poussèrent à fond l'offensive. Sans le sang-froid du général Clausel, notre armée subissait un affreux désastre ; grâce aux intelligentes dispositions prises par ce chef, on en fut quitte pour repasser le Tormès. Il y eut des conséquences plus fâcheuses : loin de songer désormais à rejeter l'ennemi en Portugal, il nous fallut rétrograder nous-mêmes, et Joseph dut se résigner, comme après Baylen, à quitter Madrid.

La scène change un peu ; la vie paraît. Nous côtoyons un versant emplanté d'oliviers et l'on aperçoit la colline boisée derrière laquelle Marmont avait fait filer son aile gauche, pour tourner la droite des Anglais.

Puis, des champs nus et du sable jusqu'à Alba.

Elle dort mollement dans un encadrement de roches grises, la petite ville où sainte Térèse, appelée par les vœux de la duchesse d'Albe, est venue mourir. De Médina ici, chacune de ses haltes avait été marquée par quelque crise nouvelle d'épuisement ; dans la plupart des pauvres villages qui jalonnent la route, on avait trouvé à peine de quoi la nourrir ; plusieurs fois elle s'évanouit ; dès qu'elle eut franchi les portes de son couvent, son état fut jugé désespéré. Aussi bien, son pauvre corps, malade depuis quarante-neuf ans, était usé par les travaux, les pénitences, les infirmités, les veilles et plus encore par l'amour.

* * *

Mes prévisions se réalisent. Le train, au lieu de s'arrêter à l'entrée d'Albe, s'engouffre dans un tunnel et me dépose, trois quarts de lieue plus loin, en rase campagne. Le Tormès, très large, s'écoule avec mélancolie le long de berges sablonneuses qu'il ne réussit pas à rendre fertiles. Vers le sud, la plaine est cernée par la Sierra de Gredos où le Tormès prend sa source.

Une boîte, perchée sur des façons de ressorts, fait le service entre la gare et la ville. Son origine trahit un siècle qui ne fut pas celui du progrès ; depuis lors, elle a subi des ans un outrage réparé par de simples ficelles. La route doit être le prolongement de celle que j'ai suivie hier à Salamanque. Dieu ! Quels flots de poussière ! Si mes lecteurs m'avaient vu passer dans cet épais nuage, ils auraient été tentés de confondre ma carriole avec le char d'Elie pénétrant dans la gloire.

Comme Zamora, Albe est bâtie en amphithéâtre. On franchit la rivière sur un beau vieux pont et on se heurte aux restes des anciens murs. A droite, sur un rocher gigantesque, un donjon majestueux rappelle l'antique splendeur de l'illustre famille d'Albe. Cet éclat, pourtant, est voilé de quelques ombres : don Ferdinand Alvarez de Tolède, l'homme de confiance de Charles-Quint et de Philippe II, a laissé dans les Pays-Bas le souvenir d'une sévérité inexorable et un nom aujourd'hui encore abhorré. Peut-être nous conviendra-t-il de le juger moins sévèrement. A gauche, sur une petite hauteur, entièrement recouverte de constructions, apparaît le nouveau sanctuaire que l'évêque de Salamanque a projeté de dédier à sainte Térèse ; mais les murailles et les colonnes surgissent du sol comme à regret, et Dieu sait quand cette basilique sera sous toit !

Et voici que je monte par des rues tortueuses et raboteuses qui ont en bordure de longues façades mornes, percées de loin en loin de lucarnes et de portes, et entrecoupées d'églises conventuelles. De petites cloches tintent en sourdine dans leurs fragiles beffrois. Ainsi, il y a quelques années, je cherchais par des chemins semblables, l'atelier de saint Joseph à Nazareth. Entre Alba et la bourgade de l'humble charpentier la ressemblance est frappante... On m'indique le monastère *de las Carmelitas Discalzas*. En apparence, rien d'extraordinaire dans cette église... Mais, quel est ce saisissement — indéfinissable mélange de respect, de joie, de curiosité sainte et, je crois aussi, de tendresse filiale — qui m'envahit malgré moi et me retient immobile ? L'autel majeur où brillent quelques cierges supporte les restes bénis de celle qui fut pour son Dieu une Amie héroïquement constante et si vraie. N'a-t-elle pas consumé à son service le corps, l'âme et jusqu'à son merveilleux génie ? « Elle est grande de la tête aux pieds, a dit son contemporain et son directeur, le Père Bañez ; mais de la tête au delà elle est incomparablement plus grande encore ».

J'ai éprouvé dans cette église une émotion que je ne saurais décrire ; mon désespoir fut de m'arracher si vite à la douceur de prier devant ces chères et vénérables dépouilles. Mais les trois heures sur lesquelles j'avais compté s'étaient fondues en une quarantaine de minutes et il me fallait, hélas ! célébrer une messe hâtive dans un sanctuaire pareil ! Et encore, peu s'en fallut que cette faveur ne me fût interdite. Sûrement, la Sainte me prit en pitié : la Mère Prieure ayant su qu'un prêtre français était là et n'avait que peu d'instants à demeurer, fit brèche à la règle, en retardant la messe conventuelle. De la sorte, je pus offrir le saint sacrifice à l'autel *del Sepolcro ;* après quoi un Père Carme, revêtu du surplis et de l'étole, et portant une petite flèche en or, me fit vénérer les insignes reliques. Il ouvrit, du côté de l'épître, une porte en vermeil. Dans un reliquaire très riche, articulé sur pivot, j'aperçus le cœur desséché de sainte Térèse ; de la pointe de sa flèche, le Père m'indiqua la marque très visible de la « transverbération ».

* * *

La Sainte a décrit elle-même ce prodige qui eut lieu en 1559 au couvent de *la Incarnaçion* d'Avila. « Je découvris près de moi du côté gauche, dit-elle, un ange sous une forme corporelle. A son visage enflammé je compris qu'il appartenait à l'une de ces hautes hiérarchies qui ne sont que flammes et amour... Je lui voyais entre les mains un long dard qui était d'or et dont la pointe, à son extrémité, semblait de feu. De temps en temps, l'ange le plongeait au travers de mon cœur et, en le retirant, il me laissait tout embrasée d'amour de Dieu ». Comment sainte Térèse a-t-elle vécu vingt ans avec cette blessure ? Je laisse aux savants incrédules le soin de nous le dire. Le fait est que l'autopsie révéla incontinent cette plaie béante et que l'organe perforé demeure, aujourd'hui encore, le témoin du miracle.

La custode tourne lentement sur elle-même ; elle renferme dans son autre compartiment le squelette du bras droit et le bras gauche, revêtu d'une chair un peu brunie, mais où les veines bleues sont très visibles : on dirait un membre fraîchement amputé.

« — *Caro incorrupta* », murmure le Père.

A huit reprises différentes, de 1583 à 1760, le tombeau de la Sainte fut ouvert, et chaque fois on constata l'état de parfaite intégrité du corps. Deux siècles après le décès, alors que le cercueil était demeuré dans une humidité qui avait consumé presque entièrement les habits, la chair persistait à demeurer souple, tendre et flexible. Plusieurs fois, on eut la barbarie de pratiquer des mutilations, pour se procurer des reliques ; de la section découlait toujours un sang vermeil. Détail plus singulier : bien que le corps fût de proportions assez grandes, il était devenu aussi léger que celui d'un petit enfant. Autre prodige : à chaque exhumation, il se dégageait du cercueil un parfum exquis et pénétrant. Le Père Recteur d'Astorga m'en avait parlé en qualité de témoin direct. Ayant pénétré dans la clôture avec l'évêque de Salamanque venu pour la visite canonique, il avait perçu un arôme délicieux lorsque, selon l'usage, le reliquaire renfermant le bras et le cœur avait été apporté dans la salle du Chapitre. Lors de la dernière récognition du corps qui eut lieu en 1760, en présence du cardinal de Solis, archevêque de Séville, les chairs furent trouvées dans le même état de parfaite conservation. On les déposa dans une châsse en argent que protégeait une urne de jaspe. Placée à même le chœur des religieuses, cette châsse s'aperçoit fort bien de la nef.

***

Trois ans après la mort de sainte Térèse, le Chapitre général des Carmes décida qu'on transporterait ses restes sacrés à Avila. Bien à regret, les religieuses d'Alba livrèrent le précieux dépôt. C'est à ce moment-là qu'on détacha le bras que j'ai vu tout à l'heure. Mais la duchesse Marie Henriquez, veuve du célèbre duc d'Albe, exigea la restitution du trésor. Elle fit tant et si bien que Sixte-Quint et Philippe II lui donnèrent gain de cause : sainte Térèse revint définitivement à Alba.

Par l'ouverture percée dans le mur, je puis contempler la cellule mortuaire. Une statue habillée représente la Sainte sur sa pauvre couchette : les Espagnols ont un goût déplorable pour ces sortes de *fac-simile.*

Peu d'heures avant sa mort, l'agonie s'était tranformée par degrés en ravissement ; le visage accusait une contemplation profonde, paisible et radieuse. « Il était cinq heures du soir, le soleil baissait à l'horizon ; ses rayons affaiblis ne jetaient plus dans la cellule qu'une demi-clarté. On revêtit la mourante de son manteau et de son voile. Les religieuses apportèrent des flambeaux, des fleurs, les dernières de l'automne... La cloche annonça l'entrée du Père Antoine qui apportait le Très Saint Sacrement... Malgré l'épuisement où elle est réduite, et qui l'empêche depuis deux jours de faire un mouvement, elle s'agenouille ; son regard s'enflamme ; son visage se couvre d'une céleste rougeur, il resplendit ; tout son être se transfigure ». Et c'est alors qu'elle pousse ce cri sublime : « O mon Seigneur, elle est venue, enfin, l'heure tant désirée. Vraiment, il est temps de nous voir ! » Mais aussitôt, son humilité reprend le dessus : elle tremble, en songeant au compte qu'il lui faudra rendre d'une vie pourtant si pleine d'œuvres admirables et de souffrances cruelles, et elle ne trouve qu'un seul titre pour se concilier la miséricorde divine : « Je suis fille de l'Eglise ; je meurs fille de l'Eglise ! » Puis elle demeure immobile... « Le même doux sourire resta sur ses lèvres ; seulement, de temps en temps, ce sourire s'accentuait davantage et ses traits exprimaient une émotion plus vive, un ravissement plus profond, comme si le Seigneur lui eût dévoilé quelque nouveau mystère ou que, brisant peu à peu ses liens par l'ardeur de ses désirs et l'intensité de son amour, elle se fût élevée graduellement des ombres de cette vie à la lumière éternelle ».

Elle expira le jeudi 4 octobre. A cette date, précisément, se fit la réforme du calendrier grégorien ; les dix jours qui suivaient furent supprimés, si bien que la fête de la Sainte se trouva reportée au 15 du même mois.

Beaucoup déplorent que les restes de sainte Térèse ne soient pas demeurés à Avila. Sans doute, sur la grande ligne d'Irún à Madrid ils seraient plus à portée du pèlerin et surtout du touriste. Mais c'est la raison pour laquelle j'ai préféré les chercher à Alba ; ce pays est si calme, si grave, si retiré, si recueilli ! La voie ferrée qui, de Salamanque à Placensia, court entre les sierras sauvages de Gata et de Gredos, semble n'avoir d'autre objet que de desservir le pèlerinage. Pour avoir le bonheur de voir sainte Térèse, il faut réellement ne venir que pour elle : on la trouve avec plus de joie, on la prie avec plus de charme. L'horreur même de ces lieux disgraciés de la nature, où la curiosité sensible, ne trouvant rien qui l'alimente, est incapable de vous distraire, prépare l'âme aux saintes et suaves émotions.

Au retour, j'eus encore quelques heures à consacrer à Salamanque... Que n'ai-je pu les réserver pour Alba !

Il me faut maintenant revenir vers le centre de l'Espagne ; mon objectif est Médina del Campo. Je ne ferai qu'y coucher ce soir, me proposant demain de rebrousser chemin jusqu'à Valladolid.

CHAPITRE X

VALLADOLID

Mercredi 9 septembre.

La ville est secouée de long en large par une activité fiévreuse : elle s'apprête, aujourd'hui même, à recevoir son petit Roi. La gare est décorée de tentures, de fleurs, d'écussons, de tapis ; les rues sont noyées sous les jets des tuyaux d'arrosage ; on fait disparaître avec soin toute trace d'immondices ; les magasins revêtent une élégante parure ; partout, des arbustes, des guirlandes, des arcs-de-triomphe, des oriflammes, des banderolles, des drapeaux. Entre les hautes cheminées d'usines, débarrassées de leur odieux panache, montent de bizarres campaniles et d'élégants beffrois ; ils rayonnent d'une joie ensoleillée et semblent sourire au petit-fils de ces « Rois Catholiques », pour qui Valladolid fut la résidence préférée. Les petits soldats passent, alertes, dans leurs uniformes tout flambants neufs ; les sonneries de clairons s'élèvent de toutes parts ; sur les murs, d'immenses affiches annoncent quatre jours de *corridas*, et on acclame les noms des premiers *toreros* d'Espagne, — de ce Guerrita surtout, qui tue jusqu'à deux cent vingt-cinq taureaux par an et se fait 300.000 francs par saison, — accourus ou convoqués en prévision des fêtes.

L'antique *Balad-Valed* (terre du vali) des Arabes, dont le nom se retrouve assez bien dans la prononciation espagnole : *Bayadolid*, s'est relevée de sa déchéance. Ravagée par un incendie en 1561, délaissée une première fois en 1559 par Philippe II, puis définitivement par Philippe IV en 1621, elle avait connu de beaux jours, du XIIIe au XVIIe siècle, lorsqu'elle figurait dans la nomenclature des capitales flottantes que le caprice royal fixait alternativement ou concurremment à Burgos, à Séville, à Madrid et ici. Pendant longtemps aussi, elle fut avec Tolède le centre de la puissance juive ; la bannière de l'Inquisition y était conservée.

* * *

Les Juifs s'étaient introduits en Espagne environ un siècle après-Christ. En peu de temps, ils s'y trouvèrent très nombreux et très riches ; dans aucun autre pays leur propagande ne fut aussi active, et il fallut les sévères prescriptions des conciles d'Elvire et de Tolède pour en enrayer le succès. Lors de l'invasion arabe, ils prirent parti pour les Maures contre les Wisigoths, livrèrent Tolède et, depuis ce jour, ne cessèrent de conspirer. Mais leur souplesse était telle qu'ils réussirent, malgré leur mauvais renom, à imposer leurs services. Presque toutes les pharmacies se trouvaient entre leurs mains ; beaucoup parmi eux étaient médecins et se voyaient par leurs fonctions initiés aux secrets des familles chrétiennes. Un grand nombre se convertirent, mais souvent avec l'arrière-pensée de trahir plus sûrement. Ils se glissaient jusqu'aux plus hautes charges civiles et ecclésiastiques, devenant conseillers des Rois ou évêques, s'alliant par des mariages aux familles nobles, se servant de tous ces moyens et surtout de leurs richesses pour détruire la religion et la nationalité espagnoles.

Ces richesses étaient immenses : le commerce, les finances même du Royaume avaient été accaparés par eux ; l'usure et les testaments extorqués aux chrétiens faisaient progresser constamment leur fortune.

Leur audace s'en accrut : ils en vinrent à disposer de la justice et à profaner le dimanche par mépris de la religion catholique ; en même temps, ils mutilaient les crucifix, couvraient d'outrages les hosties consacrées, assassinaient les témoins qui déposaient contre eux ou les juges qui les condamnaient, et se livraient périodiquement à ces effroyables crimes rituels, juridiquement constatés, à la Guardia, à Saragosse, à Valence, à Tolède, sans parler des autres. On conçoit que la patience des chrétiens ait eu une limite ; on comprend que les Rois se soient crus autorisés à prendre contre cette race perfide des moyens efficaces de protection, comme de les confiner dans des *barrios* séparés, de leur imposer des signes distinctifs, de leur interdire certains métiers; on s'explique, hélas ! les rigueurs de l'Inquisition et l'indignation populaire qui de temps à autre se traduisait par des massacres, comme celui qui eut lieu à Valence en 1390, et cela d'autant plus que ces traîtres-nés ne perdaient aucune occasion de faire le jeu des ennemis de l'Espagne. N'avaient-ils pas essayé de livrer une seconde fois Tolède en 1485 et de s'emparer de Gibraltar en 1473 ? Lorsque les « Rois catholiques » eurent conquis Grenade, ils voulurent couper le mal par sa racine, en promulguant un décret d'expulsion contre tous les Juifs qui refusèrent de recevoir le baptême. N'est-ce pas, après tout, un droit strict pour une nation chrétienne de rejeter de son sein une race sans patrie, à laquelle son Code permet de se parjurer, de voler, de tuer même, pour domimer le peuple au milieu duquel elle s'installe? L'histoire est là pour dire que partout et toujours, cette race maudite a abusé contre les chrétiens de la liberté qui lui fut imprudemment laissée. La Passion de l'Eglise, grâce à elle, succède à la Passion du Christ, ourdie par les mêmes desseins, accomplie par les mêmes forfaits, sous lesquels se retrouve la main du scribe, du pharisien, du traître ou du vulgaire bourreau.

* * *

En quittant la gare, je longe le *Campo Grande*, vaste parc triangulaire bordé par treize églises ou chapelles; c'est là que se donnaient autrefois les fêtes royales, les autodafés et les tournois.

Je vais dire ma messe, un peu plus loin, à *Santa Ana*. J'y trouve deux beaux tableaux de Goya : un *Saint Bernard* où l'art du peintre s'idéalise et la *Mort de saint Joseph* où la brutalité du réaliste se retrouve pleinement.

Une petite visite, en passant, à *San Benito*. Le porche est lourd et informe; l'intérieur, d'un gothique bâtard, gracieux néanmoins, a une très élégante tribune filigranée. L'immense monastère attenant à l'église et bâti sur les substructions du vieil alcazar, est devenu caserne. Nulle part, peut-être, les Révolutions de 1835 et de 1868 n'ont été plus désastreuses qu'à Valladolid. Le couvent dominicain de *San Pablo*, si riche, si plein de souvenirs, après être devenu un bagne, a été rasé jusqu'au sol ; du merveilleux « Collège de Saint-Grégoire » on a fait une officine de perception, d'abord, puis la résidence du gouverneur civil ; finalement, on y a installé les bureaux de la municipalité. « Beaucoup de ces églises, bâties pour les foules, sont étonnées de leur solitude : grands corps sans âme, elles s'effritent sous les injures du temps. Des ruines, partout des ruines. De ces monastères si vivants, si pleins d'intelligences d'élite, il reste à peine quelques vieillards, tristes débris de l'armée de Dieu. Hors de leur élément, habitués à l'air des hauteurs, ils se sont étiolés dans les rangs d'un ministère, respectable sans doute, mais pour lequel ils n'étaient point faits. Et ils s'éteignent peu à peu ».

Je m'égare dans les quartiers déserts qui avoisinent le *Pisuerga* et, n'y trouvant rien qui mérite l'attention, j'oblique vers *San Pablo*. Le portail a une splendide décoration plateresque due à la munificence du cardinal duc de Lerma, d'abord marquis de Denia et premier ministre de Philippe III, disgracié ensuite par Philippe IV. Cette façade, en gothique flamand de la Renaissance, est ciselée avec la perfection qu'on mettrait à décorer le châton d'une bague. Après avoir parcouru la ville, je me suis senti attiré à nouveau vers ce délicieux feuillet d'architecture et je suis venu le relire, persuadé que je n'en retrouverais jamais le verso. L'intérieur est nu ; il y fait froid et triste ; rien ne rappelle les grandes gloires disparues. C'est là qu'on recevait les ambassadeurs et que se donnaient les fêtes officielles, religieuses et civiles. Après la prise d'Antequera, l'Infant don Ferdinand, plus tard roi d'Aragon, y fut acclamé avec enthousiasme ; son fils don Sanche y fut élu Grand Maître de l'Ordre d'Alcantara ; en 1469, Ferdinand et Isabelle y reçurent la bénédiction nuptiale ; en 1537 on y baptisa Philippe II.

Le Palais Royal n'est séparé de *San Pablo* que par une très petite place. Pour frustrer le curé de ses droits et profiter du privilège qui autorise les rois à faire conférer le baptême à leurs enfants à domicile, on imagina de relier le palais à l'église par un pont volant; ainsi, l'une pouvait passer pour la dépendance de l'autre; le droit canon sortait victorieux de l'aventure et Charles-Quint avait remporté un avantage décisif sur son curé.

* * *

Dans la même rue, les Dominicains avaient leur maison d'études. Elle se nomme *Colegio de San Gregorio*. Eglise et cloître sont deux perles. La façade rivalise de richesse avec celle de *San Pablo*. Les galeries de marbre du *patio* combinent harmonieusement les séductions de l'art plateresque avec la grâce un peu mièvre mais étincelante de l'architecture arabe. Ah! Quel délicieux bijou! Mais j'imagine que les jeunes novices devaient être bien souvent distraits de leurs graves occupations, en se promenant sous ces portiques dignes d'être fermés par les « Portes de bronze » de Ghiberti. Qui sait pourtant? Les sublimités de l'art n'ont-elles pas pour résultat de nous faire monter plus facilement vers Dieu? Les vrais architectes sont, à la fois, de grands logiciens et de grands poètes : leurs œuvres rendent si bien l'idée de grandeur, de puissance, d'immensité et de durée! Mais elles peuvent exprimer aussi la grâce, et c'est en distribuant les pleins et les vides, la lumière et les ombres, que l'artiste détermine le caractère de sa poésie. Sûrement, les merveilles de l'architecture nous inspirent. N'est-ce pas la vue de Notre-Dame de Paris qui a suggéré à saint Thomas d'Aquin le plan de sa Somme? La seconde partie, qui répond au transept, se divise en deux sections qui rappellent précisément les deux bras de la nef transversale.

Le *Palacio Real*, où Alphonse XIII va procéder ce soir aux réceptions solennelles, disparaît sous une déco-

VALLADOLID

Couvent des Dominicains

Cloître de l'*Estudio*

(XVe Siècle)

ration qui dissimule mal la lourdeur de ses formes. Philippe III, en 1610, pour prévenir un soulèvement des Maures, y signa l'ordonnance qui expulsait ces infidèles de l'Espagne ; il en partit deux cent mille. Philippe IV y vint au monde ; Napoléon y prit ses quartiers. Longtemps avant cette époque, Charles-Quint y avait contracté les fièvres ; Philippe II, son fils, y était né, et Marie de Portugal, la jeune épouse de ce prince, y mourut en 1545, quatre jours après la naissance de don Carlos. Ce malheureux Infant se trouvait être le descendant de deux folles : Jeanne, la mère de Charles-Quint et Isabelle de Portugal, aïeule de cette dernière. Dès son enfance, il s'était montré sombre, farouche, impétueux et cruel. A dix-sept ans, il fait une chute qui détermine des troubles cérébraux ; ses colères deviennent terribles ; il cherche à tuer ceux qui l'approchent : le cardinal Espinosa, grand Inquisiteur, le duc d'Albe et son oncle don Juan d'Autriche. En même temps, il prête l'oreille aux propositions venues de Flandre et accepte de conspirer contre son père. Interné, il tente de s'évader ; mais Philippe II fait clouer les portes et les fenêtres de son appartement et le soumet à une réclusion rigoureuse. Craignant pour la foi et l'avenir politique de l'Espagne, si un tel fils était jamais admis à régner, le Roi charge le président du Conseil de Castille de le juger et de prononcer sa déchéance ; mais Dieu lui épargne la honte et la douleur d'avoir à ratifier cette sentence. Livré à des fureurs et à des extravagances extrêmes, don Carlos meurt à vingt-huit ans, après avoir, dans un intervalle lucide et d'assez mauvaise grâce, demandé pardon à son père et reçu les sacrements. On dit que Philippe hésitait à bénir le moribond ; il s'y décida pourtant la dernière nuit. Dissimulant sa présence, il avança une main tremblante entre l'épaule du prince d'Eboli et celle du prieur de *San Juan* ; puis il se retira en fondant en larmes.

*
* *

La cathédrale, due à Herrera, l'architecte de l'Escorial, est un monument trapu, incomplet d'ailleurs. Les tours, la façade, le chevet sont hérissés de corbeaux qui paraissent supplier qu'on l'achève. J'admire, à l'intérieur, les stalles de la *Sala Capitular* et la splendide *custodia* en argent massif, haute de deux mètres, chef-d'œuvre de Juan de Arfé. Aux murs du transept, deux beaux tableaux de Luca Giordano ; l'un d'eux représente la Transfiguration d'une façon originale : le Christ, Elie et Moïse sont réunis sur le même plan et devisent en marchant sur les nuages.

Non loin de là est une petite place d'aspect sinistre, appelée *Plaza del Ochavo*. Le connétable Alvaro de Luna y eut la tête tranchée en 1453, payant pour les autres favoris de Jean II, aussi coupables que lui des assassinats et des malversations qui lui étaient reprochés. Il est vrai qu'on l'accusait en outre d'avoir trahi son pays en se laissant acheter par les Maures.

Santa Maria de las Angustias possède une « Mater Dolorosa » où la souffrance rayonne dans une intensité de vie effrayante. On me l'avait signalée hier à Médina ; mais je n'aurais pas pensé que le Hollandais Juan de Juni, maniériste souvent exagéré, eût réussi à idéaliser d'une façon si terrifiante une douleur qu'il ne sera jamais donné à l'homme de comprendre.

Le haut campanile de *Santa Maria la Antigua*, couvert en tuiles de couleur, me sert de point de repère dans le dédale où je me trouve engagé. Cette création romane est belle et simple ; on regrette que ce charmant édifice du XIe siècle soit négligé au point de menacer ruine et qu'il ait été défiguré par des toitures et des adjonctions postérieures.

L'Université est un monument rachitique relevé par un assez riche portail : la statue de Cervantès y occupe la place d'honneur. L'origine de l'*Estudio* remonte à Ferdinand le Saint (XIIIe siècle) ; il atteignit l'apogée de sa gloire après la décadence de l'Université de Salamanque. Royalement doté, il s'appuyait sur le *Colegio de San Gregorio* et sur celui de *Santa Cruz*, transformé aujourd'hui en musée et demeuré un des plus remarquables ornements de la ville. Ce splendide Collège est une fondation du grand cardinal Pedro Gonzalez Mendoza, prédécesseur de Jimenez sur le siège de Tolède. Ce prélat professait une grande dévotion envers la sainte Croix ; de là le nom donné au *Colegio*. Il avait assisté au concile de Trente en qualité d'évêque de Salamanque : à ce dernier titre, Valladolid se trouvait dans le ressort de sa juridiction. Sa statue agenouillée est au milieu du tympan semi-circulaire, environné d'arabesques, qui surmonte l'entrée. Une corniche fait le tour de l'aile principale ; avec ses frises, ses modillons, ses clochetons et sa balustrade aérienne, cette corniche a tout l'air d'un diadème posé sur le front du palais. Les salles forment le plus riche musée de sculpture de l'Espagne. Je me trompe : l'Espagne entière est un immense et très riche musée. L'Italie aime à vanter son Michel-Ange, auquel il convient de joindre Donatello, Sansovino et Ghiberti ; mais ces maîtres ont, en somme, peu produit. Les grands artistes espagnols, au contraire, forment une pléiade dont la fécondité fut inépuisable. Il faut dire que le clergé leur faisait la partie belle. Sacristies et salles capitulaires, souvent plus luxueuses que nos plus belles cathédrales ; retables immenses où revivent toutes les scènes de la Bible et les principaux épisodes de la vie des saints; *sillerias* garnies de milliers de statues en ronde-bosse ou en bas-relief; *coro* extérieur et *trascoro* de marbre ou d'albâtre, surchargés de panneaux et de figurines ; tombeaux semés à profusion dans les chapelles latérales et absidales ; tout cela était fait pour stimuler le génie et entretenir l'étincelle sacrée des Vigarni, des Gil de Siloé, des Francelli, des Torregiani, des Gregorio Hernandez, des Martinez Montañès, des Alonso Cano, des Pedro de Mena, des Diégo de Siloé, des Alonso Berruguete, des Gaspar Becerra. Ces trois derniers furent élèves de Michel-Ange.

***

C'est au xve siècle que l'art espagnol se fixa dans le réalisme, demeuré depuis lors la note de son diapason. La Renaissance italienne qui, ensuite, déteignit sur lui respecta toujours son originalité. Ainsi le Rhône, en se déversant dans le Léman, garde longtemps la nuance particulière de ses eaux. Ce réalisme a été souvent porté à l'excès. J'ai parlé déjà des cheveux et de la barbe postiches qu'on adapte aux visages, des vêtements précieux dont on affuble les statues. Pour renforcer l'imitation du réel, on a peint le bois et donné aux personnages des yeux en émail. « Les scènes du Calvaire, de la Flagellation, du martyre, de l'extase dans la souffrance sont sculptées littéralement ; le sang, la boue mêlée de sang, les plaies profondes et tuméfiées, les lambeaux de peau qui pendent à demi arrachés, les meurtrissures violacées, tout est représenté au naturel ; tous ces corps saignent comme dans un amphithéâtre de médecine ; la souffrance se révèle dans les contorsions de la face et les statues des morts sont de vrais cadavres ». (1) J'ai constaté que les artistes avaient une prédilection pour les sujets douloureux ou mystiques : ils aiment à représenter le Christ angoissé ou mourant, la Vierge au cœur transpercé, un saint qu'on écorche ou qu'on tenaille, la tête du Baptiste grimaçant dans un plat. C'est que tout est violent chez ce peuple ; il y a rapport entre l'art et l'état d'âme ; comment ses chefs-d'œuvre pourraient-ils ne pas s'harmoniser avec sa belliqueuse histoire, ses luttes contre les Maures, ses guerres civiles, ses courses de taureaux, les rigueurs de son Inquisition et les affreuses cruautés exercées contre les Incas du Nouveau Monde ?

Et pourtant, si l'art est d'un réalisme palpitant, il n'est pas matérialiste comme chez les peintres modernes, comme il le devint en Italie avec le Caravage ; il frappe les sens mais il retient l'âme et la fait reluire sur les lèvres, dans l'attitude, dans le regard. Ainsi, « la face de saint Barthélemy se contorsionne sous le couteau de l'écorcheur, mais son regard ardemment tendu vers le ciel prouve de la manière la plus saisissante que le martyr a l'âme fixée sur la palme éternelle, sur Dieu qui lui envoie la force, la résignation et l'amour. Là, selon moi, est le secret, là est la grandeur de l'art espagnol dans ses plus puissantes manifestations ; elle est dans l'étroite alliance — qu'on jugerait impossible — de la nature rigoureusement copiée et de la sensation élevée à son paroxysme, avec le surnaturel porté à son comble, avec le mysticisme élevé jusqu'à l'extase ». (2)

N'était-il pas pleinement fidèle aux traditions de sa race, ce Vincent Ferrier qui se faisait précéder d'une

(1) Godard : *L'Espagne.*
(2) id.

troupe nombreuse de pénitents se cinglant le dos et la poitrine de coups de discipline vigoureux, pour préparer les foules à la prédication qui allait suivre ?

Il y a au *Colegio de Santa Cruz* un « Judas » si vivant, si bassement féroce, qu'il a fallu renoncer à l'exhiber en public : le peuple entrait en fureur à sa vue et le voulait mettre en pièces. Cela, c'est de l'art. Mais voici, dans une niche, une Vierge étrange : « le visage est encadré d'un capuchon de mousseline tuyautée ; le corps est caché par une ample robe d'étoffe blanche brodée d'or ; la jupe ballonnée, sans pli, ressemble à une cloche... L'Enfant Jésus est debout sur la hanche de sa Mère ; il porte des bas rouges, des culottes courtes, un pourpoint serré à la taille, un long manteau, ouvert par devant ; il a la couronne en tête et le sceptre en main : on dirait un roi de pique ou de carreau ». Je devais voir dans la suite, à Tolède notamment, un certain nombre de ces *poupées saintes* qu'on a coutume de promener en procession. Ici, évidemment, nous versons dans le grotesque. La foi, même chez les personnes instruites, se teinte de superstitions puériles ; je n'irai pourtant pas jusqu'à dire, avec un auteur sérieux, que la religion en Espagne a dégénéré en fétichisme et qu'elle tend à devenir une insignifiante rhapsodie de mots. Pareille calomnie est à cent lieues de ma pensée.

Comment pourrais-je quitter ce palais des Mendoza, sans me souvenir que la duchesse dona Maria reçut chez elle sainte Térèse et ses filles, en attendant que la construction de leur Carmel fût achevée, et que c'est là aussi que l'incomparable Mère donna les exercices du noviciat à celui qui devait devenir un mystique de si haute envergure, sous le nom de saint Jean de la Croix ?

* * *

Je suis la *calle del Duque :* le remous de l'agitation valléolitaine ne se transmet pas jusqu'ici ; je ne rencontre pas âme qui vive. De longues maisons basses, de physionomie modeste, flambent sous les rayons du soleil. L'une d'elles a des fenêtres grillées ; dans un médaillon de pierre un profil grave et, au-dessous, ces mots : *Aqui morio Colon.* « Ici mourut Colomb » (1).

J'aime cette simplicité qui a quelque chose de grand et de noble et ne va pas sans tristesse.

Le révélateur du Nouveau Monde mourut ici un jour d'Ascension, le 20 mai 1506, à l'âge de soixante-dix ans, accablé d'infirmités, délaissé de tous, le cœur meurtri par les affronts, les basses calomnies, les traitements indignes par lesquels l'Espagne avait payé ses services. A diverses reprises, de son lit d'agonie, il avait écrit à Ferdinand pour lui exposer sa misère, lui rappeler d'anciennes promesses, lui recommander ses fils ; il n'avait reçu aucune réponse.

Sous son regard, à la muraille, pendaient les chaînes dont Bobadilla, le délégué du roi, l'avait chargé en le renvoyant en Europe. Il avait ordonné qu'elles fussent placées à côté de lui dans son cercueil : c'est la seule récompense qu'il voulût emporter d'ici-bas ; peut-être, aussi, appréhendait-il de laisser à ses enfants ce palpable témoignage de l'ingratitude royale, car c'est de grand cœur que Colomb avait pardonné à son souverain.

Elle se révèle là sous un jour peu glorieux, l'âme de l'époux d'Isabelle. Ce n'est pas que ce prince fût dépourvu de qualités : il était prudent, adroit, habile ; on

(1) En espagnol Christophe Colomb se dit Cristobal Colon.

lui prête du sens politique, de vraies capacités militaires, une maîtrise de soi peu commune. Mais il était hautain, très jaloux de ses droits et de ses prérogatives, d'un laxisme de conscience qui allait de pair avec une grande dévotion extérieure. La fourberie faisait le fond de son caractère. Louis XII s'étant plaint d'avoir été deux fois trompé par lui : « Il ment, le coquin, s'écria Ferdinand ; je l'ai trompé plus de dix fois ». Il trompe son gendre Philippe le Beau qui, par exemple, le lui rend avec usure. Chose plus grave : il trompe sa fiancée qui était en même temps sa parente, en lui présentant une Bulle de dispense papale qu'il avait fait fabriquer, et il faut qu'Isabelle, mise un peu tard au courant de la supercherie, s'adresse au Saint-Siège pour faire revalider son mariage et légitimer ses enfants. Il la trompe d'une façon plus odieuse encore, puisque ses biographes lui reconnaissent quatre enfants naturels. N'eut-il pas la scandaleuse audace de proposer l'un d'eux pour le siège primatial de Tolède? La reine, de qui dépendait la nomination, haussa les épaules et choisit Jimenez.

En lui donnant une telle femme, Dieu lui avait fait un honneur immérité ; il ne sut même pas rester fidèle à son souvenir. Un an à peine après la mort d'Isabelle, on le vit épouser, à cinquante-trois ans, Germaine de Foix, nièce du roi de France, personne frivole qui en avait dix-huit. Il se défiait de toute supériorité, récompensant les plus signalés services par la plus honteuse ingratitude. L'illustre Gonzalve de Cordoue qui lui avait conservé le royaume de Naples, Colomb qui lui avait offert le Nouveau Monde furent, tour à tour, les victimes de sa basse jalousie.

Pauvre Christophe Colomb ! Quelles réflexions amères ne dut-il pas faire dans cette chambre d'auberge où il était venu échouer pour mourir ! Le comte de Lorges doit exagérer, quand il nous le présente comme un saint et un apôtre qui ne rêvait dans la conquête des Indes que d'étendre le règne de l'Evangile. En tous cas, le grand Génois mourant avait lieu de redouter les pires conséquences pour son œuvre. L'orgueil castillan qui ne lui avait jamais pardonné sa nationalité étrangère et qui se vengeait par le dédain, de son entrée triomphale à Séville et à Barcelone, cet orgueil, dis-je, s'était transformé là-bas en cupidité insatiable et en sauvagerie atroce. Par ce qui s'était passé sous ses yeux dans ses derniers voyages, il pouvait juger du joug cruel que les Espagnols feraient peser sur ces populations qui l'avaient accueilli avec une si naïve confiance, et il pressentait la haine qui remplacerait dans leurs cœurs l'amour du christianisme qu'il avait souhaité d'y répandre.

* * *

Je m'engage maintenant dans un dédale de petites ruelles habitées, semble-t-il, par une population ouvrière. Sur une maison de chétive apparence je lis cette inscription burinée sur une petite plaque de marbre : *Aqui vivio Cervantès.* « Ici vécut Cervantès ». Ce souvenir valait la peine d'être conservé.

Qui ne connait sinon l'auteur, du moins le nom de « Don Quichotte »? Les Espagnols ne goûtent pas le « monstrueux » Shakespeare ; ils admirent Dante et le Tasse, reconnaissent quelque mérite à Racine et à Corneille ; mais leur Cervantès les prime tous et son poème est le chef-d'œuvre de la littérature nationale.

Né à Alcalá en 1547, Cervantès, jeune homme, suivit le cardinal Aquaviva à Rome, en qualité de valet de chambre. Il était évidemment de meilleure étoffe ; aussi prit-il bien vite du service dans la flotte de don Juan.

Il se couvrit de gloire et de blessures à Lépante, d'où il ne rapporta, en définitive, qu'une main fracassée.

Esclave à Alger, il prépare cinq évasions qui échouent, mais qui ont mis en relief les merveilleuses ressources dont il dispose ; finalement, sa famille vend tout ce qu'elle a pour payer sa rançon. Il revient, fait des comédies et un mariage, sans plus réussir dans l'un que dans les autres et passe une vingtaine d'années à Séville, dans une place de maltôtier qu'il a dû accepter pour vivre. Mais tout en vivant, il observe et le voilà, sur le tard, qui se révèle homme de génie, comme d'autres l'ont été par une inspiration primesautière.

Pour apprécier les beautés littéraires de « Don Quichotte », il faudrait les lire dans l'original : elles passent malaisément dans une traduction. Les descriptions qui émaillent le livre peuvent soutenir la comparaison avec celles de l'Iliade, en tenant compte de la différence du burlesque au grave ; les scènes, toujours pleines de charme, variées à l'infini, sont d'une originalité puissante et d'une verve intarissable ; avec cela, d'une vigueur d'illusion que ne démentent pas les quelques invraisemblances échappées à l'auteur : c'est du Vélazquez transposé en prose. Le style, disent les connaisseurs, est plein d'action et de feu, si bien que Cervantès aurait fait rendre à la belle langue castillane sa sonorité maximum. Sans doute, il s'y trouve des longueurs, des imperfections, des trivialités, des négligences. Défaut plus regrettable : des indécences viennent déflorer çà et là le récit et ne permettent pas de le mettre entre toutes les mains.

Mais où le génie du maître éclate, c'est dans la peinture des caractères et dans la fidélité avec laquelle ils se soutiennent jusqu'à la fin.

Il ne faudrait pas se méprendre, du reste : le but de

Cervantès n'a pas été de faire un conte saugrenu ; son œuvre est à la fois morale et patriotique.

Le petit employé de Séville voyait la vogue acquise à une littérature où l'absence de bon goût n'avait d'égale que l'absence de sens commun ; je veux dire ces romans de chevalerie, faux, exagérés, absurdes, coupables de ridiculiser les hauts faits des héros de la reconquête et d'entretenir leurs lecteurs dans l'esprit de chimère. Partout régnait l'extravagance, et il importait de la faire crouler sous des coups vigoureux.

* * *

A un autre point de vue, *hidalgos* et paysans avaient leurs torts : les premiers, trop souvent, vivaient dans les nuages ; les autres étaient attachés plus que de juste aux basses réalités de la vie. Ne pourrait-on pas les guérir les uns et les autres, en dégageant ce que la nature a mis en eux de bon et d'utile ? Les voilà en action dans les deux personnages connus : don Quichotte et Sancho Pança. « Jamais la droiture du cœur, jamais l'élévation de l'esprit, jamais la supériorité de la raison ne se sont montrées à un plus haut degré que dans les éloquentes paroles de ce pauvre fou, si sage dans sa folie ». Le gentilhomme imitera la sagesse et laissera la folie. « Jamais le bon sens du peuple, jamais ses appétits grossiers et ses instincts vulgaires ne se sont manifestés avec plus de vérité que dans ce rustre, dont les proverbes sont toute la science et l'obéissance toute la vertu ». Avis au vilain de dégager, pour sa gouverne, le bon sens des instincts et des appétits.

Notons que les types si vigoureusement accusés n'appartiennent pas exclusivement à l'Espagne du XVIe siècle et qu'au fond, c'est la nature humaine elle-même qui s'y trouve représentée. « La vie de don Quichotte, son histoire, sa folie, n'est-ce pas un peu notre vie, notre histoire, notre folie à tous ? Ne connaissons-nous pas ses songes, ses illusions, ses aberrations, ses désenchantements ? N'avons-nous jamais pris des moulins à vent pour des géants, quand un flambeau d'enthousiasme nous a emportés bien haut et qu'un éclat de rire moqueur nous a soudain rejetés violemment à terre ? »

Sur ce terrain des commentaires, on peut aller loin. « Ne semble-t-il pas, dit un autre critique, que dans la création de ces deux caractères, Cervantès ait voulu nous peindre l'âme et le corps ? Nous trouvons dans don Quichotte tous les sentiments les plus nobles, les plus élevés, les plus généreux de notre nature, la connaissance et l'amour du beau, du bon, du vrai, du grand ; et, cependant, le personnage fait mille sottises, mille extravagances, parce qu'une passion, ou, si l'on veut, une folie, est venue se mêler à ces hautes qualités et les rendre inutiles : c'est trop souvent l'histoire de l'âme humaine. Au contraire, que voyons-nous dans Sancho ? La sensualité, la gourmandise, la poltronnerie, la paresse et l'égoïsme, vices que vient tempérer une sorte de bonté, de sensibilité même et surtout l'instinct de la conservation et l'amour du bien-être : n'est-ce pas là encore le portrait du corps humain ? Don Quichotte et Sancho sont donc en quelque sorte l'âme et le corps, l'une prétendant conduire l'autre vers le bien, qu'elle lui montre en perspective et presque toujours ne le menant qu'à mal ; l'autre, luttant contre cette volonté qui l'entraîne et lui obéissant toutefois, parce qu'il ne peut faire autrement ; l'une s'élevant par la pensée vers les choses d'en-haut et retenue par l'autre qui se cramponne aux choses inférieures ». (1)

(1) Citations empruntées à Mennechet : *Matinées littéraires* et à J. de Beauregard : *Le circulaire 33*.

Ce ne fut qu'après sa mort, arrivée en 1616, que Cervantès devint célèbre. Rien de plus triste que sa vie. Après ses avatars de jeunesse, il fut jeté à deux reprises en prison : à Argamasilla, puis, à Valladolid. Pendant le séjour qu'il fit ici, il gisait sans force sur un mauvais grabat, dans un coin poudreux de ce galetas obscur, luttant avec peine contre les horreurs de l'indigence.

Il quitta Valladolid pour Madrid, mais sans pouvoir se tirer de son cruel dénûment. Avant de mourir, il s'était fait recevoir tertiaire de saint François; l'Espagne qui a fait sienne sa gloire, après l'avoir si odieusement abandonné pendant sa vie, ignore en quel endroit reposent ses restes.

Remarquable disposition de la Providence qui a rapproché dans cette ville la demeure de ces deux hommes — Colomb et Cervantès — tous deux grands, tous deux aux prises avec les difficultés de l'existence, tous deux méconnus, délaissés, et que la mort seule devait faire pénétrer dans l'immortalité glorieuse.

CHAPITRE XI

MÉDINA DEL CAMPO

Me voici d'assez bonne heure de retour à Médina. Ce nom, qui rappelle la ville sainte de l'Islam, trahit une origine arabe. Beaucoup d'assemblées nationales se tinrent dans la cité devenue chrétienne. En 1380, Jean Ier de Castille y posa la question d'obédience entre Rome et Avignon. Pierre de Lune, cardinal d'Aragon, « le plus retors et le plus madré des hommes », et saint Vincent Ferrier, trompé par lui, entraînèrent l'Espagne dans le sillage de Clément VII.

La ville, appelée autrefois *la grande y la rica* (1), déchut vite lorsque Valladolid, puis Madrid, conquirent les faveurs de la royauté. Ses rues étaient encore opulentes quand sainte Térèse, au mois d'août 1567, vint y faire la première fondation qu'elle eût entreprise hors d'Avila. Nul roman, je crois, ne présente un intérêt plus fort et un charme plus épique que le récit de cette installation. Moulues aux trois quarts par les horribles saccades que les pierres avaient imprimées à leurs misérables véhicules, grillées par un soleil affreux, les pau-

(1) La grande et la riche.

vres religieuses pénétrèrent dans Médina, au milieu de la nuit, en compagnie des taureaux qu'on amenait pour les courses du lendemain. Il fallut réveiller le gardien de l'immeuble où l'on comptait descendre, les Pères Carmes qui avaient promis le nécessaire pour orner la chapelle, le vicaire général et le notaire qui devaient signer la prise de possession ; on travailla jusqu'au jour dans l'obscurité et les décombres, et on s'aperçut, au matin, que les murs s'écroulaient, que la toiture faisait défaut, que le saint Sacrement, enfin, était si peu protégé qu'il faudrait veiller sans cesse pour éviter quelque accident fâcheux.

En guise de logement, Térèse et ses filles ont un mauvais corridor, étroit réduit situé sous un escalier presque entièrement démoli. Mais tout le monde s'empresse ; riches et pauvres viennent au secours de cette extraordinaire communauté qui avait surgi comme par enchantement et à l'insu de tous, du soir au matin. C'est ici que la fondatrice fit la connaissance des premiers religieux de sa réforme : le P. Antoine, homme d'une prestance avantageuse, et le P. Jean de la Croix, tout jeune et de très petite taille, ce qui faisait dire à la Sainte qu'elle n'avait eu, pour entreprendre son œuvre, qu'un religieux et demi. « Seulement, ajoutait-elle, ce demi-religieux valait toute une province. »

* * *

De ma fenêtre j'aperçois, au sommet d'une colline, le château de *La Mota*, la résidence aimée d'Isabelle la Catholique. Elle vint l'habiter avec Ferdinand après leur couronnement qui avait eu lieu à Ségovie, et c'est là qu'elle voulut mourir.

Le trajet est court ; comment résister au désir de faire

cette ascension? Au haut du monticule, le colossal et magnifique castel se découvre dans toute son ampleur et me frappe de surprise. Les murs formidables en grès rouge s'appuient à des tours d'angle, vraies forteresses, qui sont accostées de tourillons posés sur culs-de-lampe. Le donjon monte très haut dans le ciel ; aux coins supérieurs s'accrochent des échauguettes accouplées servant à caler une lanterne qui devait être monumentale, si j'en juge par la magnificence des hautes ogives rompues.

L'escarpe, jalonnée de *cubos*, forme comme la façade des galeries intérieures qui font le tour de l'édifice. L'entrée principale, sorte de barbacane nommée « Tour de l'Hommage », s'ouvre dans la contrescarpe, au milieu de deux rotondes. Au-dessus du linteau, les armes d'Aragon et celles de Castille sont demeurées intactes : on y voit le faisceau de lances symbolisant l'union des deux royaumes et le nœud gordien qui la proclame indestructible.

Le jour agonise ; le soleil à son déclin se réverbère sur cette désolation grandiose, qui porte un caractère si frappant de majesté royale. Ces ruines, fières, énormes, dominent tout. Médina paraît à peine, dans le bas, le long d'un affluent du Duero qui lui procure un peu de fraîcheur. De part et d'autre, le regard se perd sur des champs monotones : on dirait l'immensité de la mer. Au sud-est, la vue se bute à la Sierra de Guadarrama, drapée dans son manteau bleu sous un ciel qui déjà se plombe. C'est la direction de Somo Sierra, le col rendu célèbre par la charge des chevau-légers polonais, lancés par Napoléon à l'assaut des batteries espagnoles.

Le pont-levis est détruit. Au fond du fossé, un vieillard en guenilles, appuyé à la porte d'un souterrain, me fait signe d'avancer. Me laissant glisser, je le rejoins.

Nous entrons : il me montre le tas de feuilles sèches qui lui sert de lit et les pierres noircies sur lesquelles il fait cuire les *garbanzos*, quand on lui en donne. Il n'a pas l'air brigand du tout et, comme je souhaite grandement visiter le vieux château, je le suis sans hésiter dans les sombres chemins où il me précède. Il va lentement, racontant ce qu'il sait de l'histoire légendaire qui a poussé autour de ces ruines. C'est intéressant, je le laisse dire ; le bruit de nos pas sur le sol affermi éveille sous les voûtes ténébreuses des échos étranges. Enfin, nous sortons de ce long boyau pour monter à ce qui reste des appartements princiers.

* * *

Il me semblait que je gravissais les étapes d'un calvaire. Qu'elles furent douloureuses, ces étapes, pour la noble Isabelle ! Elle avait connu de beaux triomphes et réalisé de fiers desseins. Mais, comme la main de Dieu s'appesantissait donc cruellement sur elle au déclin de sa vie ! Son unique fils avait été emporté à la fleur de l'âge et sa jeune veuve n'avait mis au monde qu'un enfant mort. La tige castillane lui avait paru refleurir avec le petit prince Miguel, fils de sa fille Isabelle, mariée au roi de Portugal ; mais l'impitoyable mort venait de frapper coup sur coup la mère et l'enfant. Une autre de ses filles, Catherine, fiancée à l'héritier de la couronne d'Angleterre, lui laissait entrevoir dans ses messages combien triste serait sa destinée. Son gendre Philippe le Beau avait fourni sa mesure de prince frivole et léger. Il détestait l'Espagne et s'y déplaisait à mourir. Il venait de repartir pour les Flandres, plantant là sa femme et, en traversant la France, il avait signé avec Louis XII un traité préjudiciable aux intérêts de ses beaux-parents.

Jeanne de Castille, son épouse, avait déjà donné des signes assez peu équivoques de folie. Aimant beaucoup son mari, elle n'avait pu surmonter le chagrin que lui causaient ses infidélités. Très attachée à lui malgré tout, elle suppliait avec larmes sa mère d'équiper une flotte pour qu'elle pût le rejoindre. Sa raison affaiblie ne pouvait admettre les motifs qu'on avait de différer son voyage ; aussi, dans son désespoir, persistait-elle à demeurer dans la cour du château, au cœur de l'hiver, en refusant les vêtements qu'on lui apportait pour la couvrir. Elle partit enfin, et Isabelle attendait anxieusement de ses nouvelles... Elles furent si attristantes que la reine, déjà malade, vit son état empirer. Bientôt, tout espoir fut perdu.

Jeanne, peu après son arrivée à Gand, ayant remarqué les assiduités de Philippe auprès d'une de ses dames d'honneur, entra dans une fureur indescriptible ; se précipitant sur sa rivale, elle lui arracha les cheveux et lui défigura le visage. Ce fut au tour de l'archiduc de s'indigner. Plein de colère, il accabla sa femme de paroles outrageantes et lui défendit de reparaître devant lui.

Sur son lit de douleur, quelles tristes appréhensions venaient donc s'offrir à Isabelle ! Qu'allait devenir l'œuvre à laquelle avaient été consacrées les trente années de son règne ? Toutefois, sa grande âme ne fléchit pas sous l'épreuve. Remplie de sollicitude pour l'avenir du royaume, elle fit ses dernières dispositions avec une prudence consommée ; puis elle attendit la mort en s'abandonnant avec confiance à la miséricorde d'un Dieu qu'elle avait constamment servi. Elle mourut le 26 novembre 1504, âgée de cinquante-trois ans. Lorsque le cardinal Jimenez reçut la lettre par laquelle Ferdinand l'avisait de son malheur, il fit de la défunte ce bel éloge funèbre : « Jamais le monde ne verra une reine d'une telle grandeur d'âme, d'une telle pureté de cœur, d'une piété aussi fervente et d'une équité aussi scrupuleuse ». A ce compte, que de traits de ressemblance entre Isabelle et Blanche de Castille, son illustre parente !

Sept heures sonnent sourdement aux beffrois des quatre églises ; je redescends à travers les tronçons géants des murs de l'antique *ciudad*.

* * *

En suivant le cours de la rivière — c'est, je crois, l'Adaja — j'arriverais, après trois heures de marche, à la petite ville de Tordesillas, où Jeanne la Folle passa les quarante dernières années de sa vie. Rien ne subsiste du palais où elle tenait sa triste cour, et où Blanche de Bourbon, femme de Pierre le Cruel, avait été, avant elle, soumise à une dure captivité.

Après la mort de sa mère, Jeanne était revenue en Castille, accompagnée de son mari ; mais pendant un court séjour qu'ils firent à Burgos, Philippe, à la suite d'un bal, prit froid et mourut d'une fluxion de poitrine. La raison de Jeanne sombra tout à fait. En quittant Burgos, elle fit déterrer le corps de son époux, afin de l'avoir constamment avec elle, et inaugura la procession la plus macabre qu'il soit possible d'imaginer. La princesse traversa toute l'Espagne, traînant derrière elle la chère dépouille, que les grands personnages de la cour accompagnaient en portant des flambeaux allumés. De temps en temps, elle faisait ouvrir la bière, mais ne permettait à aucune femme de s'en approcher, tant était demeurée vive sa jalousie. On ne voyageait que la nuit, « car, disait la pauvre reine, une veuve doit fuir la lumière du jour, puisqu'elle a perdu son époux, vrai soleil de sa vie ». On s'arrêtait de préférence dans les couvents et, à défaut de couvents, dans les églises de village ; on y séjournait plus ou moins et chaque matin se renouvelaient les services funèbres. Cela dura longtemps, jusqu'au jour où l'on atteignit Grenade. Philippe y fut inhumé à côté de sa belle-mère. Ce n'est qu'au bout d'un demi-siècle que Jeanne vint le rejoindre dans la crypte sépulcrale. En attendant, elle vécut à Tordesillas, en compagnie de sa petite Catherine, fille posthume de Philippe, que Charles-Quint finit par marier à Jean III de Portugal. L'Infante avait eu pour page le jeune duc de Gandie, qui devait devenir, dans la suite, saint François de Borgia. Le départ de sa fille plongea la malheureuse reine dans une mélancolie désormais sans remède. En 1554, saint François, appelé par Philippe II, revint l'assister pour mourir. C'est peut-être aux prières de l'homme de Dieu qu'elle dut de recouvrer sa raison à ses dernières heures ; le théologien Soto, mandé de Salamanque, ne jugea pourtant pas qu'elle pût communier ; mais elle reçut l'extrême-onction avec une grande foi, demanda pardon des péchés que lui avait fait commettre sa démence et mourut en disant : « Jésus crucifié, soyez avec moi ! » Elle ne précéda que de trois ans son fils Charles-Quint dans la tombe.

Tout près de Tordesillas se trouve le château de granit de Simancas, vieille bastille, d'abord prison d'Etat, et depuis Philippe II dépôt des archives nationales. Trente-trois millions de documents y sont répartis en 80.000 liasses. Les archivistes d'Espagne ne sont pas à la veille d'avoir achevé le dépouillement de ces papiers qui renferment, avec d'autres pièces certainement très importantes, les secrets de la Maison d'Autriche.

CHAPITRE XII

AVILA

Jeudi, 10 septembre.

Deux lignes de chemin de fer vont de Médina à Madrid : l'une par Ségovie, l'autre par Avila. Ségovie, vieille ville ibérique assise sur une falaise abrupte, se recommande par son site étonnamment sauvage, son alcazar mauresque qui se dresse au bord d'un vertigineux précipice, ses palais fortifiés, son aqueduc romain, sa rayonnante cathédrale, son couvent de Sainte-Croix, célèbre par le long séjour qu'y fit saint Dominique et par les extases qu'y connut sainte Térèse. Avila m'attire davantage.

A trois heures, je monte dans le « Sud-Express ». Bientôt l'aube se lève : une belle église à coupole détache sa silhouette sombre dans la vive clarté d'or ; à l'arrière-plan, les fines dentelures bleues du Guadarrama frémissent dans le splendide rayonnement de ce beau matin.

On traverse une contrée aride, coupée de renflements rocheux ; des blocs erratiques gisent à l'aventure sur le sable ou la cendre. Par endroits, l'étendue maussade s'égaie d'un timide sourire : l'œil se repose avec complaisance sur quelques bouquets de chênes verts. Graduellement, le spectacle devient plus varié : au sud, les avant-monts de la Sierra de Gredos s'étagent en un attrayant désordre, enveloppant une colline ceinte de verdure, défendue par une merveilleuse muraille crénelée, entrecoupée de tours. D'imposants édifices dominent l'amas serré des toitures et des terrasses, entre lesquelles se faufilent des pointes d'arbres et des pointes d'églises ; en bas, l'Adaja roule la fraîcheur et la vie dans ses eaux transparentes.

« Avila ! Avila ! »

Sur le quai de la gare, quelques Pères Dominicains entourent l'évêque, dont la physionomie souriante et paternelle me fait songer à ce bon Mgr Alvaro de Mendoza, son pieux prédécesseur, si bienveillant pour sainte Térèse et si dévoué aux intérêts du Carmel... L'évêque et ses compagnons montent en voiture, à l'exception d'un religieux qui s'en revient avec moi et m'indique la direction du monastère de Saint-Joseph de la Réforme.

Il est presque à l'entrée de la ville, en un quartier très peu bruyant. Ses vastes dépendances actuelles contrastent fort avec la pauvre petite maison que sainte Térèse fit acheter par Jean de Ovalle, son beau-frère, pour y commencer son nouveau genre de vie. Comment n'aurait-elle pas mis sa première fondation sous le patronage du saint qui l'avait guérie, puis encouragée, qu'elle aimait à nommer *señor y padre mio,* et sous la protection duquel Notre-Seigneur et la Sainte Vierge l'avaient eux-mêmes placée ? Quelles contradictions, quelles calomnies, quelles angoisses, quelles injures la vaillante femme n'eut-elle pas à essuyer à propos de cette fondation ! A un certain moment, n'en pouvant plus, elle en vient à dire : « Ah ! mon divin Maître, pourquoi me commandez-vous des choses qui semblent impossibles ? Oubliez-vous que je ne suis qu'une faible femme? » Et Notre-Seigneur de répondre : « Entre comme tu pourras ; tu verras ensuite ce que je ferai ». Puis, c'est la Sainte Vierge qui se manifeste à elle pour prendre cet engagement : « Ce monastère ne perdra jamais sa première ferveur ; la Sainte-Famille y sera toujours pieusement honorée et fidèlement servie ». Et comme gage de sa promesse, Marie, en présence de saint Joseph, lui passe au cou une croix de pierreries attachée à un collier d'or.

Avec quelle vénération je pénètre dans une aussi sainte demeure ! J'y célèbre la messe ; puis on m'apporte à la sacristie les précieuses reliques : une clavicule de la Sainte, un linge teint de sang, sa ceinture de cuir, une lettre écrite et signée par elle, le vase en grès qui lui servait au réfectoire, les deux flûtes et le tambourin dont elle aimait à jouer, en récréation, les jours de grande solennité et spécialement en la fête de la Nativité, son bréviaire, enfin, et les commentaires de saint Grégoire sur Job, enrichis de notes écrites par elle dans les marges et sur les blancs des feuillets.

* * *

On me conduit ensuite à la chapelle primitive où Térèse de Ahumada, devenue Térèse de Jésus, revêtit les quatre pauvres orphelines que Dieu lui avait envoyées pour compagnes, de la robe de bure, du scapulaire, de la coiffe de grosse toile (dont Notre-Seigneur n'avait pas encore fourni le modèle) et du manteau de laine blanche qui sont les livrées du Carmel. Il y avait là Julien d'Avila, humble prêtre qui rendit dans la suite mille précieux services à la Mère, le P. Ibañez, son confesseur, et cet admirable Pierre d'Alcantara, réformateur de l'Ordre franciscain, dont les effroyables pénitences, au dire de la Sainte, étaient humainement incompréhensibles. C'était le 24 août 1562 ; le cœur de la fondatrice débordait d'amour et de reconnaissance. « Jésus possédait donc un nouveau tabernacle ; des âmes pures et ferventes, arrachées aux dangers du monde, n'auraient plus d'autre occupation que de l'adorer et de le servir ! »

Combien j'ai regretté de n'avoir pas connu plus tôt l'existence de ce sanctuaire qui m'a paru trop délaissé : c'est ici que j'aurais demandé la permission d'offrir le saint sacrifice. Le sacristain qui m'accompagne est un peu trop pressé de refermer la porte et, comme je ne puis pénétrer dans la clôture, je reviens à l'église pour méditer à l'aise sur les grands événements qui se sont passés là. Ici, Dieu éleva l'âme de Térèse à une contemplation si haute et lui révéla des voies si parfaites que les écrits où elle les rapporte l'ont fait placer parmi les docteurs de l'Eglise. Le Seigneur la dirigeait officiellement par le P. Bañez, un des plus illustres théologiens de l'époque ; mais il se plaisait à l'instruire lui-même en des entretiens plus intimes qui allaient maintes fois jusqu'aux ravissements ; ici, elle écrivit ses deux chefs-d'œuvre : *le Chemin de la Perfection* et *les Constitutions du Carmel*. Et ses religieuses profitaient si bien sous sa direction, que Notre-Seigneur, dans une de ces apparitions qui étaient devenues le pain quotidien de Térèse, daignait lui faire cet aveu : « Ma fille, c'est ici mon paradis de délices ».

Au fond du chœur, on voit un crucifix dont la richesse tranche sur les pauvres objets qui l'entourent ; il est contemporain de la Sainte. Mgr de Mendoza le lui présenta peu d'heures après qu'on lui en eut fait cadeau.

Le visage du Christ était si expressif que Térèse demanda à l'évêque la permission de le faire admirer à ses filles ; puis elle revint au parloir. Tout à coup, des chants se font entendre... L'évêque ouvre la porte et aperçoit les religieuses formées en procession, La plus jeune marchait en tête, portant le crucifix ; les autres suivaient en chantant les litanies du saint Nom de Jésus. Mais, au lieu de répondre : « Ayez pitié de nous », elles disaient : « *Quedaos con nos*... Restez avec nous ! » Térèse rougit, l'évêque sourit et se rendit de bonne grâce à un désir si naïvement formulé.

*
* *

Malheureusement, le temps dont je dispose est très court. Je quitte à regret ce lieu béni et je me rends au couvent des Dominicains, situé à quelque distance de la ville. Le chemin descend jusqu'au fond du vallon, en traversant une lande parsemée de genêts et de quartiers de granit roulés là par je ne sais quelle force mystérieuse. Le bruit de la cité s'éteint insensiblement ; à quelques pas d'Avila, derrière leurs sombres et mélancoliques murailles, protégés par un épais rideau de feuillage, les habitants de *Santo Tomas* sont ensevelis dans le silence et la paix.

C'est ici une fondation de Ferdinand et d'Isabelle : les bâtiments devaient servir à la fois de monastère et de palais. L'idée fut reprise plus tard, à l'Escorial, par Philippe II. Des grenades semées à profusion dans le portail et sur les piliers de l'église rappellent la grande victoire des « Rois Catholiques ». (1) Deux *patios* d'inégale opulence étaient réservés aux délassements des religieux et des souverains. Partout, le chiffre de ces der-

(1) La prise de Grenade.

niers : *F. Y.*, avec le faisceau et le nœud déjà aperçus hier à Médina.

L'église, sobre d'ornements, porte sa très simple parure avec une dignité toute royale : c'est austère et c'est grand. Au-dessus d'un arc surbaissé apparaît l'autel, enrichi d'un retable doré, sous les pinacles duquel Pedro Berruguete a buriné l'histoire de saint Thomas en épisodes qui ravissent. Mon souvenir les rapproche des fresques délicates du Ghirlandajo à Saint-Marc et à *Santa Maria Novella* de Florence ; mais ici, le dessin est plus ferme et le coloris plus savant.

Dans le tabernacle d'un autel voisin, on conserve une hostie qu'un juif avait dérobée et qu'il lacérait à coups de stylet, quand une clarté très vive, enveloppant la maison maudite, donna l'éveil aux chrétiens. Dans les chapelles, quelques tombeaux de chevaliers de Saint-Jacques ; dans le bras droit du transept, le lieu où Notre-Seigneur se manifesta à sainte Térèse ; au fond de la nef, le chœur des religieux avec la riche *silleria* où les « Rois Catholiques » s'étaient réservé le droit de s'associer à l'office conventuel. Visitant un jour cette église, Isabelle II fut invitée à s'asseoir à la place occupée par son illustre homonyme. « Oh ! non, dit la reine, je n'en suis pas digne ». La stalle du milieu, régulièrement réservée au prieur, demeure vide depuis le jour où la Sainte Vierge y apparut en personne, pendant que les moines chantaient matines.

Un peu en avant de l'arcade qui soutient le chœur, une tache blanche s'allonge dans la grande obscurité vide : c'est le sarcophage qui renferme les restes de don Juan de Castille. Sa mort prématurée donna, peut-être, le coup de grâce à l'Espagne. Doué des plus belles qualités, instruit à l'école de précepteurs distingués, le jeune prince promettait de continuer le règne glorieux de sa mère. Lui disparu, la royauté échut à cette Maison d'Autriche, si éloignée par son caractère et ses habitudes des vraies traditions espagnoles et qui, partagée entre l'Allemagne et la Péninsule, ne sut gérer les affaires ni de l'une ni de l'autre.

Du jour où leur fils reposa sous ces sombres voûtes, Ferdinand et Isabelle ne revinrent plus à Avila ; on transforma le palais en *Estudio*, dont les Dominicains firent un brillant collège. On le désignait sous le nom de « Séminaire des prélats », en raison du nombre considérable d'évêques que des maîtres comme Melchior Cano, Médina et Bañez y avaient formés.

Je demande un Père sachant quelque peu le français. Au même instant se présente un religieux, appelé par deux dames qui se sont installées dans un coin de la salle vaste, basse et parcimonieusement éclairée, où j'ai été introduit. Malgré moi, je songeais que c'est ainsi que sainte Térèse, accompagnée de dona Guyomar de Ulloa, était venue en ce même parloir, il y a près de quatre siècles, pour solliciter les lumières du P. Ibañez.

***

Lorsque le Père eut congédié les deux visiteuses, il se mit à ma disposition.

« — Venez, me dit-il, je vous ferai voir ce qui reste du confessionnal où la Sainte venait proposer ses doutes ».

Et il me montre, sous les ogives du cloître, quelques planches vermoulues posées dans une large embrasure.

« — C'était ici la place du confesseur ; la pénitente se tenait agenouillée dans l'église et s'exprimait à travers cette fenêtre grillée ».

Nous montons à l'étage et nous pénétrons dans une très grande pièce blanchie à la chaux.

« — Ne ressentez-vous pas un frisson? me dit le moine. C'est actuellement la bibliothèque ; jadis frère Thomas de Torquemada y présida de bien redoutables séances... les séances du tribunal de l'Inquisition... Ici fut jugé le juif sacrilège, voleur de l'hostie miraculeuse que nous gardons précieusement. Ici encore, quelques-uns de ses coreligionnaires eurent à répondre du meurtre rituel du petit Juan de Pasamontès. Ce pauvre enfant avait été enlevé par eux à Tolède et crucifié dans une grotte à la Guardia. Quatre accusés sur sept furent livrés au bras séculier et brûlés vifs sur la place du Marché... Voyez-vous, continue le Père, quand on va au fond de presque toutes les condamnations prononcées par la « Suprême (1) », on trouve soit des traîtres, soit des homicides, soit des sacrilèges, soit des sorciers, soit d'infâmes impudiques. Il y avait un peu de tout cela et beaucoup de certaines de ces choses dans le cas de la fameuse *Beata* qui clôtura, le 24 août 1781, à Séville, la série des autodafés ordonnés par l'Inquisition. »

« — Oui, je me souviens d'avoir lu cet épisode dans l'*Espagne religieuse et littéraire* de Latour. »

« — Il faudrait pourtant en finir avec ces sympathies absurdes que les ennemis de l'Eglise, pour lui faire pièce, ne cessent de témoigner aux coquins dont la « Suprême » a débarrassé notre pays. L'Espagne, qui avait versé son sang pour refaire sa nationalité et préserver sa foi, entendait se dépêtrer de la pourriture juive et mauresque qui s'attachait à ses flancs comme la teigne; nation éminemment catholique, elle avait le droit de se débarrasser de cette autre peste qu'on appelle l'hérésie ».

(1) On nomme ainsi, en Espagne, le tribunal de l'Inquisition.

La conversation prenait bonne tournure; je n'avais qu'à maintenir le Père dans la voie où il venait de s'engager.

« — Voulez-vous me permettre, lui dis-je, de vous lire quelques lignes d'une lettre qu'un universitaire distingué, auteur de travaux appréciés sur l'Espagne, m'écrivait peu de jours avant mon départ? Les voici :

« L'Inquisition mérite tout le mal qu'on en peut dire, « parce qu'elle poursuivait des délits d'opinion, parce « qu'elle admettait la dénonciation anonyme, parce « qu'elle n'accordait aucune garantie sérieuse à l'accusé, « parce qu'elle employait la torture et parce que la « science et la philosophie ont trouvé en elle une enne- « mie implacable. Cela n'empêche pas qu'il n'y ait eu de « véritables saints parmi les Inquisiteurs de la foi et que « le tribunal n'ait montré souvent une admirable indé- « pendance. C'est une effrayante machine, qui n'a pu « fonctionner qu'avec le concours d'hommes héroïques, « profondément politiques et animés de cette foi qui « transporte les montagnes. Il semble que Dieu ait per- « mis cette monstruosité pour confondre notre raison... « tuer au nom du Christ !... »

« J'avais demandé à mon honorable correspondant ce qu'il pensait de l'*Histoire de l'Inquisition* du protestant Léa, traduite par le juif Salomon Reinach et chaudement approuvée par la *Revue historique* où pontifient les protestants Molinier et Monod. Il me répondit : « Je « n'ai pas lu cet ouvrage; mais il est extrêmement dif- « ficile de faire quelque chose de vraiment impartial en « pareille matière. L'Inquisition est une de ces choses « dont il est presque impossible de parler sans passion. « Je crois pouvoir dire que je suis le seul Français qui « en ait étudié *sur pièces* un petit coin. J'ai consulté aux « *Archives historiques nationales* de Madrid les archives

« des tribunaux de Tolède et de Valence, seuls débris « actuellement existants des archives du Saint-Office ».

« — On sent dans ces lignes, dit le religieux, un accent de sincérité qui n'est pas habituel aux détracteurs de l'Inquisition. Il n'y a rien là de la perfidie ou des mensonges d'un Llorente. Sans doute, l'auteur tient ses renseignements de bonne source ; il a étudié sur pièces ; mais, pour apprécier sainement une institution, même en dehors du parti pris, la matérialité des faits n'est pas un élément adéquat ; il faut tenir compte du temps, des circonstances, des intentions, je dirai même des résultats... Avez-vous répondu à cette lettre ? »

« — Aussi bien qu'il m'a été possible. J'ai été surpris, je l'avoue, qu'un esprit de cette envergure se soit arrêté à d'aussi minces objections... Délit d'opinion... Sans doute ; mais n'y a-t-il pas une voie logique et fatale qui conduit de l'idée au crime ? N'est-ce pas l'office de la société de veiller à la sécurité de ses membres ? L'expérience n'avait-elle pas renseigné les rois sur le danger politique de laisser des idées aussi subversives que celles de Luther pénétrer dans les masses ? L'Eglise ignorait-elle que la libre-pensée, une fois maîtresse, persécute nécessairement tous ceux qui ne pensent pas comme elle ?

« Ennemie implacable de la science et de la philosophie... Il est vrai que l'Inquisition a défendu pendant longtemps de toucher à la *Physique* d'Aristote. Par crainte de lui déplaire, les Universités se sont montrées réfractaires plus que de juste aux progrès des sciences expérimentales. Mais il ne faut pas oublier que ces progrès, au XVIIIe siècle, servirent couramment de véhicule aux impiétés des encyclopédistes. Au-dessus des sciences humaines, les Inquisiteurs n'avaient-ils pas raison de placer la science des sciences, la science de Dieu et de nos destinées immortelles, la *Foi*, en un mot? N'avaient-ils pas raison, surtout, de se défier de la méthode que venait d'inaugurer Bacon et qui allait à consacrer le divorce des sciences avec la théologie qui les unit, les éclaire, les explique et les rattache à leur Créateur? Bacon n'a-t-il pas, d'ailleurs, condamné lui-même son système, lorsqu'il a fait cet aveu : « La reli- « gion est l'aromate qui empêche la science de se cor- « rompre? » La science sans Dieu peut faire illusion un instant; on parlera avec enthousiasme du pas qu'elle a fait faire à la civilisation; on admirera ses découvertes... Il n'en reste pas moins vrai que cette science-là, si elle demeure longtemps maîtresse, finira par éteindre la raison de l'homme, par ruiner la morale, par ravaler la politique, par dissoudre le lien social...»

« — Oui, interrompt le religieux, car la science ainsi comprise servira singulièrement aux anarchistes pour préparer leurs bombes, ou aux légataires trop pressés d'hériter, pour inoculer à des testateurs trop peu pressés de mourir ce poison nouveau, qu'on nomme *curare* et qui foudroie, sans laisser de traces dans l'organisme...»

« — Et ainsi se trouve vérifiée la prédiction faite par Joseph de Maistre, il y a un siècle : « Nous serons « abrutis par la science, et c'est le dernier degré de l'abru- « tissement... » Quant à la philosophie, on ne peut que féliciter l'Inquisition d'avoir maintenu avec fermeté l'enseignement traditionnel. Aristote sera éternellement, selon la belle expression de Dante, « le maître de « ceux qui aiment la sagesse ». Sa logique et sa psychologie vivront aux siècles des siècles. Quiconque s'écartera de ces lumineuses données ne fera que se perdre. Après les brillants sophismes de Descartes et de Malebranche, la raison humaine s'est enveloppée de brumes avec Kant, Hégel et Fichte ; aujourd'hui, le désarroi le plus complet règne dans le camp des penseurs. »

« — Les autres raisons données par votre universitaire, poursuit le moine, ne sont pas plus sérieuses... Dénonciation anonyme... A qui la faute ? Il n'y a plus de condamnation possible s'il n'y a plus de témoins, et il n'y a plus de témoins, dès qu'on sait qu'en témoignant on s'expose à la mort. Or, c'est à des menaces de mort que recouraient les clients de l'Inquisition, et ils ne s'en tenaient pas qu'aux menaces. C'est donc pour protéger la vie des témoins que la « Suprême » décida que leurs noms ne seraient plus livrés aux prévenus.

« Aucune garantie n'était accordée à l'accusé... C'est faux. Des garanties, il en trouvait d'abord dans la qualité des juges qui, d'après le rescrit de Sixte IV, devaient être âgés d'au moins quarante ans, de mœurs pures, bacheliers en théologie ou licenciés en droit canonique ; il en trouvait dans les statuts du tribunal qui furent rédigés par les plus grands prélats et les plus illustres docteurs de l'Eglise d'Espagne, assemblés en *junte* à Séville ; il en trouvait dans la devise même de l'Inquisition : *Misericordia et Justitia*, et dans ses attributs symboliques : la croix et l'olivier mêlés à l'épée ; il en trouvait enfin dans le droit d'appel que s'était réservé le Saint-Siège et dont il fit un usage qu'on pourrait dire journalier. Elle est vraie, au pied de la lettre, cette parole de Sixte IV consacrant ce droit d'appel, en nommant la Chaire apostolique : *Oppressorum ubique tutissimum refugium* (1).

« Quant à la torture, faut-il rappeler qu'elle était d'un usage courant dans les prétoires et que l'Inquisition ne pouvait y recourir que lorsque ces deux conditions se

(1) Le Saint-Siège est le plus sûr refuge des opprimés, en quelque lieu qu'ils soient.

trouvaient réunies : le consentement unanime des juges et l'existence de preuves semi-pleines ? »

* * *

« — Le reproche fait à l'Eglise de tuer au nom du Christ, dis-je, ne saurait non plus être retenu. L'Inquisition n'avait pas le droit de porter des sentences de mort. Elle prononçait que l'accusé était coupable et le livrait ensuite à la justice laïque, qui décrétait contre lui la peine de strangulation ou la peine du feu, réservées par la législation de tous les Etats chrétiens aux sacrilèges, aux hérétiques obstinés ou relaps et aux impudiques contre nature. Il est bien certain que l'Eglise remettait le coupable aux juges séculiers pour qu'ils lui appliquassent la peine de mort ; il est incontestable encore qu'elle ne se faisait aucune illusion sur le compte qui serait tenu par la justice du roi de la formule par laquelle elle lui recommandait de traiter le délinquant avec indulgence. Il y a donc là pour l'Eglise une connivence, une responsabilité qu'il serait puéril de vouloir éluder. Mais toute la question, dès lors, se réduit à ceci : l'Eglise, qui doit mettre dans ses procédés la mansuétude du Christ, n'a-t-elle pas failli à sa mission, en se faisant complice de l'Etat dans l'exécution des hérétiques, des sodomites et des sacrilèges ? »

« — Question qui peut se convertir en cette autre de même sens et de même valeur : la société civile avait-elle le droit de décréter une peine aussi grave contre ce genre de criminels ? En effet, si l'Etat jouissait de ce droit, pourquoi l'Eglise le lui eût-elle contesté ? »

« — Peut-être, mon Révérend Père, pourrait-on répondre que, tout en reconnaissant la légitimité de ce droit, l'Eglise n'était pas obligée d'y recourir. »

« — Oui, c'est la dernière échappatoire qui demeure possible ; mais le trait s'émousse lorsqu'on songe au terrible danger couru par l'Espagne, dont la sécurité se trouvait gravement compromise par les agissements perfides des juifs et des Maures, par les trahisons encore plus funestes des *marranos* et des Morisques, qui conspiraient à l'aise sous le voile de leur conversion hypocrite. Il faut ensuite replacer la discussion dans le milieu social du XVIe siècle ; se souvenir de l'horreur qu'inspiraient aux âmes chrétiennes les péchés de sorcellerie, de sacrilège et d'hérésie ; se rappeler la haute idée qu'on se faisait des droits de Dieu, outragés et violés par ces sortes de fautes, les révolutions sanglantes que la scission religieuse entraînait constamment avec elle. Si l'on tient compte de tout cela, la phrase de votre lettre : « tuer au nom du Christ, » n'est plus qu'un épouvantail capable d'effrayer les moineaux. »

« — D'autant plus qu'au livre de l'Exode, Dieu lui-même prononce la peine de mort contre les Israélites, coupables de sorcellerie et de certaines fautes contre le sixième commandement. »

« — Par exemple, où votre correspondant a vu juste, c'est quand il venge l'Inquisition du reproche d'avoir été l'instrument de l'absolutisme royal. Elle l'était si peu, que non seulement les rois n'avaient aucun pouvoir pour soustraire à la juridiction du Saint-Office les criminels poursuivis par son *fiscal*, mais que plusieurs d'entre eux — Philippe II notamment, — faillirent être cités à sa barre. Charles III ne put triompher des instances faites par les Inquisiteurs pour réclamer les conseillers de la couronne, soupçonnés d'avoir coopéré au bannissement des Jésuites, qu'en jetant les Inquisiteurs en exil. Charles-Quint, de son côté, se heurta à une fin de non-recevoir, quand il voulut contraindre la « Suprême » à mettre en jugement les nobles et les évêques qui s'étaient alliés aux *comuneros :* « Ce n'est pas notre « affaire », lui répondit-on. »

« — Et cependant, le roi était partie prenante dans le célèbre tribunal. »

« — Oui ; les « Rois catholiques » en avaient sollicité la création ; plusieurs fois les papes leur permirent de désigner les Inquisiteurs ; le monarque leur conférait une réelle juridiction, mais sur le temporel seulement ; c'est-à-dire qu'il leur donnait le pouvoir de mettre en mouvement la force armée pour rechercher et saisir les coupables, pour faire exécuter les sentences ; il mettait encore à la charge de l'Etat les frais nécessités par la procédure. Mais la juridiction proprement dite, j'entends le droit de juger, venait de l'Eglise.

« Votre lettre dit avec raison que la machine inquisitoriale n'a pu fonctionner qu'avec le concours d'hommes héroïques. C'est vrai, mais il faut ajouter : avec le concours héroïque de tout un peuple. L'Inquisition est née de la volonté populaire plus encore que de la politique des souverains. Les trois Ordres de la nation tenaient à leur foi comme à leur meilleur trésor, et pour le garder intact, ils avaient fait avec générosité le sacrifice de leur vie. Si le Saint-Office s'était rendu coupable des excès qu'on lui reproche, s'il n'avait pas répondu à une nécessité sociale, croyez-vous qu'il eût trouvé, dans le clergé, la noblesse et le peuple, les ardentes sympathies qui le suivirent jusqu'à la fin et qui, seules, lui rendirent sa tâche possible ? Lorsque les révoltés assassinent le premier Inquisiteur d'Aragon, Pedro Arbuès d'Epila, pour qui la ville de Saragosse va-t-elle prendre fait et cause ? Pour le juge ou pour les soi-disant justiciers qui s'opposent à l'installation du Saint-Office en Aragon ? La foule se précipite, réclamant les meurtriers de l'Inquisiteur, et l'archevêque qui tente de les sauver est sur le point d'être égorgé à leur place... Mon Dieu ! Qu'il y ait eu des petitesses, des tracasseries, des erreurs, mettez des excès et des injustices (1), dans l'exercice d'une juridiction pareille, qui donc le conteste ? Mais tout cela est peu, même quand on le condense ; tout cela n'est rien, en raison des immenses services rendus. D'ailleurs, remarquez que nos saints — et des saints très bons, très pacifiques, très doux, très charitables — n'ont jamais dit de mal de l'Inquisition ; au contraire.... Venez... »

* * *

Mon guide, arrivé au bout du large corridor, ouvre une porte fermant à clef. De l'autre côté, l'aspect est plus imposant.

« — Nous nous trouvons dans le quartier royal. Entrons dans cette salle... Elle est vide : les meubles de luxe et les riches tentures ont disparu. Ici, un jour, Torquemada vint trouver la grande Isabelle. Il avait appris que les adversaires de l'Inquisition étaient venus offrir aux « Rois catholiques » 30.000 ducats d'or, s'ils voulaient abolir certaines prescriptions du tribunal. Ferdinand, besoigneux et avare, acquiesce ; la reine hésite. Frère Thomas, à peine introduit, tire de dessous son scapulaire le crucifix qu'il tenait caché : « Voici, « dit-il, l'image de Notre-Seigneur crucifié, que cet abominable Judas vendit trente pièces d'argent à ses ennemis « et livra à ses persécuteurs. Si ce genre de trafic vous

(1) C'est ainsi que le cardinal Carranzas, archevêque de Tolède, fut tenu dix-sept ans en prison par le grand Inquisiteur Valdès, qui lui en voulait de lui avoir ravi le siège primatial.

« agrée, renouvelez-le et vendez plus cher. Moi, je donne « ma démission ; je ne veux aucune responsabilité dans « un marché pareil. Vous seuls en rendrez compte au ju- « gement dernier ». Puis, il jette le crucifix sur la table et s'en va. Isabelle, effrayée, se ravise et refuse l'argent... Descendons...»

« — Ne trouvez-vous pas, mon Père, que c'était tout de même un homme bien terrible, ce *fray* Tomas qui faisait trembler les rois et envoyait aussi délibérément les hérétiques à la mort ? »

« — *Fray* Tomas était prieur de Sainte-Croix de Ségovie quand Isabelle, qui se connaissait en supériorités, le proposa, en 1483, pour la charge d'Inquisiteur général d'Aragon et de Castille. Il était et il demeura digne de ce choix. Par son indomptable énergie, il a épargné à son pays les horreurs de la guerre civile, et le patriotisme espagnol lui doit une reconnaissance immortelle ».

Nous avions pénétré dans la sacristie. Au fond, une grande crédence en chêne ; aux murs, quelques tableaux ; le parvis est complètement recouvert d'un plancher uniforme. La figure du moine avait pris un air plus grave ; il était devenu silencieux et recueilli ; il paraissait ému. Il personnifiait à mes yeux tous ces grands Dominicains, ses frères, qui avaient, pendant des siècles, gouverné la « Suprême » ; il semblait être la forme vivante de l'Inquisition ; j'étais tellement saisi que je me demandais si je n'avais pas devant moi Torquemada ou son ombre...

« — Vous voyez ces humbles planches... C'est là-dessous que *fray* Tomas repose, après s'être paisiblement endormi dans le Seigneur. Sur le point de paraître devant un tribunal autrement redoutable que le sien, il ne manifesta ni regret ni frayeur ; son âme était calme, heureuse : il avait conscience d'avoir bien servi l'Espagne, l'Eglise et son Dieu. Le voilà, aussi simple, aussi modeste dans sa tombe qu'il le fut de son vivant. Pas une inscription ne rappelle son souvenir. C'est parce que vous m'avez paru prendre un vif intérêt aux choses de l'Inquisition que je vous ai dit qu'il était là... »

Je m'agenouillai, offrant à Dieu une prière pour le repos de l'âme de Frère Thomas.

« — Je ne vous imiterai pas, car j'ai la confiance très ferme que ce grand homme jouit depuis longtemps de la gloire céleste. Il fut plus qu'un justicier intègre, il fut un saint. Ses mortifications étaient excessives : il portait une bure rude et grossière sous les insignes de sa dignité. Jamais il n'usa de linge ; son abstinence était perpétuelle et, bien qu'il fût malade, on ne put le décider à reposer dans un lit. Tous admiraient son discernement, sa mansuétude, son abnégation, son humilité. Quelques instances qu'on lui fît, il récusa constamment l'archevêché de Séville qui lui était offert, mais il accepta la charge d'Inquisiteur, à cause du péril où elle engageait... Vous voyez que Torquemada ne fut pas du tout l'homme farouche et barbare que des auteurs même catholiques se plaisent à représenter. Il est assurément très regrettable qu'on ait été amené à instituer un pareil tribunal ; le sang versé et les bûchers où flambent des êtres humains excitent en nous une légitime horreur ; mais si la société n'a pas d'autre moyen de se défendre ; mais si ces exécutions sont nécessitées par les crimes des condamnés et par l'état politique de la nation ?... »

* * *

Deux heures s'étaient écoulées dans cet instructif entretien. Je pris congé de l'éminent Dominicain et je m'acheminai vers la maison paternelle de sainte Térèse, en suivant le chemin qu'elle avait dû parcourir bien souvent. Au haut de la montée, on jouit d'un beau coup d'œil sur les montagnes. Au delà de la *Puerta de Santa Teresa*, sur une insignifiante petite place, s'élèvent l'église et le couvent des Carmes Réformés. On regrette la démolition de la *casa solar* (1) : on y aurait glané tant de précieux souvenirs ! Le comte d'Olivarès, qui bâtit cette église en 1630, n'aurait-il pas pu se montrer plus conservateur ? Au frontispice, le blason des Ahumada, ancêtres maternels de la Sainte, rappelle le haut fait d'armes qui leur valut leur nom. Alphonse de Cepeda, son père, comptait parmi ses ascendants un roi de Léon. C'est donc un sang chevaleresque et royal qui coulait dans les veines de Térèse, et il ne faut rien moins qu'une telle origine pour expliquer ce caractère si grand, si noble, si décidé, si ferme, que paraît avoir admiré le Roi des rois lui-même. Elle résume et transfigure en sa personne toute la fierté espagnole. Dieu, d'ailleurs, lui avait choisi un berceau digne d'elle, en la faisant naître dans cette Avila-des-Chevaliers, qu'en l'absence de leurs maris, les femmes avaient victorieusement défendue contre les assauts des Sarrasins. Mais elle ne se prévalait pas de tous ces titres : « La belle question, disait-elle à ses filles, que celle de la généalogie... C'est débattre sérieusement si telle sorte de terre vaut mieux pour faire des briques ou du torchis... Pour moi, il me suffit d'être enfant de l'Eglise ».

Au moment où elle naquit, le 28 mars 1515, on remarqua qu'une cloche tinta longuement et joyeusement : c'était celle des Carmélites de l' « Incarnation ».

Térèse aimait à remercier Dieu de lui avoir donné un père foncièrement pieux et une mère qui fut elle-même

(1) Maison paternelle.

une sainte. Ainsi, c'est vraiment dans le sanctuaire de toutes les vertus chrétiennes que je pénètre. Quels joyeux accents résonnaient en ce lieu, lorsque les douze enfants de don Alphonse y prenaient leurs ébats ! La respectueuse obéissance que ces enfants faisaient paraître envers leur père et leur mère était proverbiale, et on admirait la vive affection qui régnait entre eux.

De ce temps-là il reste le cabinet de travail du chef de famille, transformé en oratoire, et un coin du jardin où la petite Térèse élevait ses minuscules ermitages, « afin d'y demeurer bien paisible, unie à son Dieu qu'elle aimait tant et qu'elle voudrait connaître mieux, pour l'aimer davantage ». Sublime attrait pour la méditation chez cette petite fille de sept ans !

En sortant de ce modeste paradis, on me fait voir le crucifix que la sainte Mère plaçait sur l'autel de l'oratoire où se célébrait la première messe de chaque fondation nouvelle. Dans une armoire qu'on veut bien m'ouvrir, on conserve un doigt, enveloppé de chair, de la main qui écrivit le livre des *Moradas* ou « Demeures de l'âme », le bâton recourbé qui fit toutes les routes des fondations, une sandale et le célèbre chapelet que Notre-Seigneur prit un jour des mains de Térèse. Lorsqu'il le lui rendit, les croisillons d'ébène étaient devenus quatre diamants portant gravées les saintes plaies du Sauveur ; toutefois ces diamants n'étaient visibles que pour elle. On garde le crucifix miraculeux au Carmel de Valladolid ; mais le rosaire est ici.

Combien d'autres détails, puisés, ceux-là, dans les pages délicieuses de la première enfance, se retrouvent tandis que je prie et que je laisse mon esprit se perdre en de douces réminiscences !

* * *

Entre tous ses frères, Rodrigue était le préféré ; Térèse aimait à lire avec lui la Vie des saints, et les souffrances des martyrs transportaient leurs âmes d'un vif enthousiasme. Les voilà qui rêvent de donner, eux aussi, leur vie pour Dieu. « Nous résolûmes de partir pour le pays des Maures, afin de nous y faire trancher la tête. Il me semble que Dieu nous donnait assez de courage dans un âge si tendre pour exécuter notre dessein ». Un beau matin, ils sortent furtivement de la maison paternelle, gagnent la *Puerta del Puente*, descendent vers l'Adaja qu'ils franchissent et remontent la grande côte sur laquelle passe la route de Salamanque : « Toujours ! Toujours ! disait la petite fille au petit frère ; songes-y, Rodrigue, les martyrs voient toujours Dieu ; il faut que nous soyons martyrs ! »

Je suis leurs traces jusqu'à l'endroit où se termina leur romanesque aventure... Un de leurs oncles, qui revenait de la campagne, fut très étonné de les trouver là en équipement de voyage à cette heure matinale. Il s'informa et se hâta de ramener les fugitifs sous le toit paternel. Dona Béatrix les gronda bien fort. « C'est la *niña* qui m'a entraîné », disait, pour se justifier, Rodrigue. Tout autre fut la défense de Térèse : « Je suis partie parce qu'il me tardait de voir le bon Dieu et que, pour le voir, il fallait bien mourir ! »

Une croix en pierre rappelle la rencontre de l'oncle avec les enfants ; elle est entourée de quatre colonnes reliées par un entablement rudimentaire. De ce faîte de la route le panorama a une poésie saisissante. Sur le versant opposé, la vieille cité égrène son rosaire de murailles dont les 486 tours forment les grains... Elles sont là, inviolées depuis le temps des Arabes, couronnées de créneaux à fleurons, percées de huit portes monumentales, dont quelques-unes sont de vrais joyaux. Avila m'apparaît telle que le XIIe siècle l'a faite, telle que sainte Térèse l'a laissée : vision infiniment émouvante des temps qui voyaient éclore des héros et des saints.

A mes pieds, l'Adaja précipite contre les piles du pont ses flots bleus comme le ciel. A l'arrière-plan, les montagnes ressemblent à de monstrueux amas de cire qui paraissent fondre et s'écouler sous les rayons embrasés du soleil.

Force m'est de me replier vers la ville, pour y chercher un peu d'ombre et étancher la soif qui me dévore.

« — A quelle *fonda* voulez-vous que je vous conduise, *señor* ? » me dit l'enfant qui me guide.

« — Ah ! Il est bien question de *fonda*, pour le quart-d'heure. Il me faut visiter encore *San Juan*, *la catedral*, *San Vicente y la Incarnaçion*... Je me passerai de dîner aujourd'hui ».

Sous la *Puerta del Carmen* j'achète quelques raisins que j'égrappe en poursuivant ma route. *San Juan* était l'église paroissiale de la famille de Cepeda. On y vénère la grande cuve en forme de coquille où Térèse reçut le baptême. Ce 4 avril 1515 fut un jour de grande liesse dans les cieux... Une délégation imposante en sortit sans doute, pour venir sceller le contrat d'adoption d'une fille si tendrement aimée.

Les rues d'Avila s'allongent et se tordent, humides et tristes, entre des murs qui n'en finissent pas. Aux gentilhommières campagnardes se juxtaposent des couvents et de vieilles églises romanes s'ouvrant sur de petites places, qui forment comme des appels d'air dans cette cité d'aspect féodal et mystique.

* * *

La cathédrale, où l'ogive tend à prévaloir sur le plein-cintre, est à la fois maison de prière et forteresse. Le portail ressemble à l'entrée d'une citadelle. L'abside semi-circulaire, couronnée de créneaux et de mâchicoulis, forme un bastion saillant de la ligne d'enceinte. L'intérieur est d'un style austère et pur ; l'œil est séduit et l'âme est ravie ; ce ne sont pas les magnificences de Burgos et de Léon, mais quelque chose de plus grave, de plus impressionnant, peut-être. On ne se lasse pas de regarder ce chevet d'une noblesse toute castillane, autour duquel se développent en éventail neuf chapelles ouvertes dans la muraille fortifiée ; ces fuseaux appuyés sur leurs piliers de granit et qui montent lentement vers le ciel ; — et plus on regarde, plus on voudrait s'attarder à regarder encore, et plus on répète : « Comme tout cela est beau ! »

Le magnifique retable trahit le ciseau exercé de Pedro Berruguete ; le déambulatoire renferme un tombeau d'évêque, réel chef-d'œuvre ; au transept rayonnent deux très riches autels d'albâtre et de splendides vitraux... Voici l'image de la Vierge à laquelle sainte Térèse vint dire sa désolation lorsqu'elle eut perdu dona Béatrix. Marie assura l'enfant qu'elle lui tiendrait lieu de mère. Chaque année, le 14 octobre, les chanoines portent cette statue dans l'église des Pères Carmes et la ramènent, accompagnée de celle de la Sainte qui vient passer la fête du 15 aux pieds de sa mère adoptive. Il n'y a qu'en Espagne où puissent fleurir d'aussi naïves et d'aussi touchantes traditions.

Il faut sortir des murs et pénétrer dans la ville moderne pour trouver *San Pedro*, édifice roman de la belle époque, avec dôme et absides en rotondes. Les portails donnent l'impression de surtouts d'exquise dentelle jetés sur une armure d'acier. La rose du porche n'a rien à envier à celle de Burgos.

On grimpe un peu pour atteindre Saint-Vincent. Donnerai-je la préférence à cette basilique que le XIIe siècle, en s'écoulant, a oubliée sur ce promontoire ? De fait, ses trois tours, son haut beffroi, son portail double et sa galerie de granit sont d'une richesse qui l'emporte sur la parure sévère de la cathédrale. L'intérieur répond à ce que le dehors faisait pressentir. Le triforium, la coupole octogonale et le sarcophage monumental de saint Vincent, recouvert de son beau dais gothique, donnent de la grâce et du charme à ces nefs qui disposent naturellement l'âme au recueillement et à la prière. La crypte ne serait autre que le cachot où le diacre-martyr, si populaire en Espagne, aurait été jeté après avoir subi ses affreux tourments. Une tradition plus authentique place le lieu du supplice à Valence, et Avila n'aurait que la gloire de garder la dépouille de l'athlète, dont le martyre surpassa en horreur tout ce qu'on lit dans l'histoire des persécutions.

C'est dans cette église que sainte Térèse se déchaussa, en venant du couvent de l' « Incarnation », pour inaugurer sa Réforme à Saint-Joseph.

* * *

Elle gît devant moi, au fond du vallon, cette *Incarnaçion* célèbre où la « Vierge d'Avila » passa vingt-sept années de sa vie. Ce site était fait pour ravir une âme qui ne rêvait que méditation, solitude et union avec Dieu. Des jardins, des couvents, des rochers, du sable, quelques oratoires : *San Francisco*, *San Martin*, *San*

Andrès, Nuestra Señora de la Cabeza; tout cela dévalant pêle-mêle à la rencontre du monastère ; par delà, une colline calcaire qu'arbustes et genêts prennent à l'escalade ; de ce côté-ci, la *Puerta San Vicente*, enjolivée de ses broderies séculaires, et la radieuse basilique qui se hausse sur son majestueux piédestal pour s'enlever tout d'une pièce dans l'azur, tel est le cadre où se déploient dans leur isolement silencieux les longues et lourdes bâtisses. Au-dessus des tuiles saturées et tremblantes de chaleur, un frêle clocher pointe dans le firmament. Pas un souffle, pas un murmure, pas le moindre bruit.

C'est par cette même route qui me conduit que don Antonio vint accompagner sa sœur, lorsque l'heure de Dieu eut enfin sonné. Térèse était âgée de dix-huit ans ; elle a confessé que son départ de la maison paternelle lui coûta plus que la mort.

Le monastère est resté tel qu'il était à cette date du 2 novembre 1533. En ce temps-là, il comptait jusqu'à cent quatre-vingts religieuses ; sa fondation ne remontait pas au delà d'une vingtaine d'années ; on y suivait la règle mitigée du Carmel. Si l'existence des sœurs était relativement douce, elle était, du moins, régulière, et la Sainte nous assure que ses compagnes vivaient dans la ferveur. Plus tard, quand elle y revint en qualité de prieure, elle trouva du changement. Le grand danger de ce béguinage était la facilité laissée aux Carmélites de sortir de la clôture ou d'y laisser pénétrer n'importe qui. Ce serait là, pour Térèse, la grande pierre d'achoppement. Le charme qu'elle exerçait était tel que bientôt tout Avila, pour jouir de ses entretiens, se pressait au parloir. Dieu se chargea d'y mettre ordre.

La porterie est au fond d'une petite cour de ferme ; l'herbe pousse entre les pavés disjoints, devant un pauvre corps de logis, demeure du jardinier ; les marches sont à demi usées ; quelques arbres et du lierre dissimulent la vétusté des choses... Ah ! qu'il faut savoir gré aux Carmélites d'avoir laissé intact cet enclos, qu'emplissait jadis le joyeux babil des amies de la Sainte, que traversaient son père, ses frères et sa bienaimée sœur Jeanne, quand ils venaient recevoir ses conseils de vie parfaite !

Une paysanne qui sort de la maisonnette m'introduit.

Le double *locutorio*, inférieur et supérieur, a gardé sa pauvre physionomie, je veux dire son pavement de briques, ses boisures toutes simples, les grillages en fer placés devant les vastes soupiraux à travers lesquels on conversait ; mais aujourd'hui les grilles sont doublées d'un treillis de bois, derrière lequel s'étend une épaisse draperie noire. Les vrais parloirs sont ailleurs : ce lieu est trop saint pour qu'on puisse permettre d'y engager des conversations banales. C'est ici que Notre-Seigneur mit fin à ce que Térèse appelle sa vie mondaine. Un jour, tandis qu'elle recevait une visiteuse, elle aperçut le Christ attaché à la colonne de la flagellation : son visage était sévère, son corps couvert de plaies ; un lambeau de sa chair déchirée pendait à un de ses bras, près du coude...

Que de saints, que d'illustres personnages sont venus depuis lors en ce modeste parloir !

Quelles scènes du Paradis s'y sont déroulées ! Le dimanche de la Trinité de l'année 1572, saint Jean de la Croix, depuis peu aumônier des religieuses, s'entretenait avec la bienheureuse Mère, alors prieure ; elle était à genoux dans la clôture ; lui, assis sur un escabeau de ce côté de la grille, parlait avec un feu qui ne lui était pas habituel. Tout à coup, le ciel s'ouvre au-dessus de leurs têtes et les voilà l'un et l'autre soulevés en un saint ravissement. Térèse demeurait à genoux, en l'air ; la main de saint Jean se crispait sur le siège qu'il avait saisi instinctivement, au moment où il s'était senti enlevé...

Ainsi, par leur doctrine, continuent-ils de planer au-dessus du commun des maîtres ès spiritualité. L'un et l'autre sont les chefs de la grande école mystique espagnole qui se rattache au Flamand Ruysbroeck et à ses disciples Taulère et Suso. Térèse est plus lumineuse et plus accessible ; Jean de la Croix, plus compliqué et plus profond. Le grand mérite de ce dernier est d'avoir fait l'analyse, je pourrais dire l'anatomie des états surnaturels qu'il décrit avec une sagacité merveilleuse.

* * *

On me présente le voile de la Sainte, le tablier brodé par elle dont elle se ceignait pour laver les pieds des sœurs, le petit pot en grès qui contenait l'eau qu'elle buvait à ses repas, la charte où les premières Carmélites réformées signèrent leurs engagements, un crucifix qui se réfère à un épisode miraculeux de la vie de saint Pierre d'Alcantara qui, lui aussi, fut l'hôte de ce parloir.

L'église conventuelle rappelle bien d'autres souvenirs ; dans le chœur des religieuses, la stalle centrale demeure inoccupée comme à *Santo Tomas* et pour le même motif. On voit avec quelle touchante complaisance la très sainte Vierge venait assister à l'office en cette heureuse cité d'Avila...

Ma visite est terminée : les quelques heures qu'elle m'a prises compteront parmi les plus douces de ma vie...

Comment résumer cette figure en quelques traits? Nul n'a pénétré aussi avant que sainte Térèse dans l'intime familiarité de Dieu. Ce Dieu, elle le chercha toujours avec simplicité ; son esprit si droit et si juste avait horreur des détours : il ne connut jamais d'erreurs. L'imagination vive et l'ardente sensibilité qui se révèlent dans ses œuvres furent les auxiliaires de sa raison comme de sa piété ; elles ne les troublèrent jamais. Je ne sais si l'on trouverait un autre exemple d'une intelligence de femme élevée jusqu'à cette hauteur de génie ; en tout cas, il faut reconnaître chez elle, avec un de ses panégyristes, « le cœur le plus noble, le plus pur, le plus ardent, le plus tendre, le plus fort que femme ait eu jamais ». Elle descendait sans effort des sublimités de l'oraison aux détails de la vie pratique ; son coup d'œil était rapide et juste ; elle possédait en toute chose une exquise pondération.

Un autre de ses admirateurs a écrit : « Quoique maternelle pour ses filles spirituelles, elle apparaît comme une âpre directrice. Le Carmel était conforme à ses désirs, à sa soif de solitude, à sa fièvre d'amour. Elle assortit en perfection les statuts et le couvent d'aspect rébarbatif. Elle obéit à son instinct quand elle enferme les religieuses derrière de hautes murailles et les isole dans un monde d'inaccessible abord. Elle soumet ses novices à un dur apprentissage. A ces créatures d'innocence, à ces vierges sans désirs qui marchent vivantes dans un tombeau, elle arrache du cœur toute affection terrestre, afin de n'y faire éclore que des pensées d'éternité. Entraînante dans son ardeur, elle dédaignait, même dès le début, les atermoiements et les lentes évolutions ; elle engageait vivement ces recluses dans ses voies et parfois, pour les modeler plus sûrement selon ses vues, précipitait les événements. Cette sainte n'avait pour but que la perfection monastique, elle y tendait de tous ses efforts, sans se déclarer jamais satisfaite. Cette nature passionnée est attirée vers les extrêmes, séduite par les excès ; la tiédeur l'irrite et la déconcerte. Aussi cette éducatrice incomparable, cette institutrice de vouloir et d'abnégation captive l'âme plus qu'elle ne la détermine et l'emporte très haut plus qu'elle ne la dirige.

« Cette fondatrice jamais rassasiée d'austérités exigea de ses religieuses le renoncement suprême, comme en témoigne l'œuvre de réparation à laquelle elle se voua. L'on vit de chastes victimes racheter par d'incessantes prières des fautes qu'elles n'avaient pas commises, expier des crimes dont elles n'étaient pas souillées et devenir par là, à la suite de leur divin Maître, les rédemptrices du genre humain ». (1)

Non, Térèse n'est jamais allée aux extrêmes ; non, elle n'a pas sevré le cœur de ses filles des charmes de l'amitié, pas plus qu'elle n'a négligé avec elles les lentes évolutions, quand elles lui parurent nécessaires. Loin de ressembler à un tombeau, le Carmel, sous sa direction, reflétait les saintes joies du ciel. Le parloir était ouvert autant qu'il le fallait pour satisfaire les légitimes exigences de la nature ; elle recommandait à ses filles d'être affables et bonnes même avec les personnes importunes ; elle les exhortait à prodiguer à leurs parents, quand ils venaient les voir, toutes les consolations dont ils avaient besoin...

En remontant vers la gare, j'éprouvais une tristesse bien grande, en songeant que, de ma vie, je ne reverrais plus cette chère Avila.

(1) René de Saint-Chéron : *La Vierge d'Avila*.

CHAPITRE XIII

L'ESCORIAL

Le train gravit avec lenteur le Puerto de Avila, seuil élevé de 1.360 mètres, qui relie le Guadarrama à la Sierra de Gredos. Jolis coups d'œil à droite, à travers l'enchevêtrement des pics qui dominent des vallées lugubres.

Las Navas del Marquès possède l'intéressant château des ducs de Medina Celi. Bien qu'ils fussent rangés dans la seconde noblesse du royaume, ils étaient descendants directs des maisons royales de France et d'Espagne.

La vue s'arrête sur les croupes prochaines couvertes d'yeuses et de pins touffus ; par delà, des flots de verdure s'écoulent jusqu'à des pitons azurés qui s'espacent dans le ciel. Bientôt, de part et d'autre le paysage se colore des nuances les plus délicates ; à l'extrême couchant, les pitons se sont ramassés en une chaîne énorme.

A Robledo, la perspective devient magnifique : les mamelons recouverts de gaze violette s'enfuient à perte de vue : on dirait des vagues qu'une baguette enchanteresse aurait instantanément figées.

Et puis, tout s'éclipse — vision fugitive ; la stérilité

morne reparaît. Sur une tribune rocheuse, au sein d'un océan de cailloux, est perché un village. On se demande comment ces gens-là font pour vivre... Toujours du granit : il affleure partout ; un bouleversement monstre a roulé au loin et au large des blocs d'une grosseur démesurée. A travers des menhirs et des dolmens circulent de pauvres petits ânes, véhiculant les souquenilles de leurs cavaliers glabres.

La sierra se relève par un brusque ressaut ; une trouée lumineuse se fait dans la falaise entrelardée de végétation glauque ; on pénètre dans un vaste cirque formé par une ceinture brisée de montagnes grises, sur lesquelles tranche à peine un immense quadrilatère de même couleur, hérissé de tours et de coupoles ; par derrière se tapit une petite ville : c'est l'Escorial. « Le style, c'est l'homme » ; l'Escorial, c'est Philippe II.

Vendredi, 11 septembre.

J'entreprends la visite de ce palais étrange. Ce n'est pas de près qu'il faut le contempler : cette énorme masse de granit, fendue de petites ouvertures, à peine rompue par de rares et d'austères portiques, étayée par de fortes tours d'angle qui s'assimilent aux façades, écrase à la lettre le pauvre petit visiteur obligé de renverser la tête pour hausser son regard jusqu'aux tuiles. C'est grand, sévère, lourd, un peu triste ; ce n'est ni tout à fait sombre ni pleinement sinistre : on ne dirait pas un palais, ce serait plutôt un monastère, sûrement pas une prison. Pour juger l'Escorial, il est indispensable de prendre un peu de champ, de s'élever en se reculant : il faut le voir de haut, à peine de loin, de cette *silla del*

Rey, par exemple, d'où Philippe II surveillait les travaux. Alors, son plan général se dessine, sa physionomie s'éclaire, ses parties s'harmonisent en même temps que se réduisent ses dimensions ; l'âme royale et profondément religieuse de Philippe rayonne dans le colosse ; l'idée génératrice apparaît. Du sein de l'imposante bâtisse, le dôme puissant, les tours et le pignon de l'église palatine s'échappent vers le firmament qui les baigne dans son azur immaculé. Les murailles gigantesques de tout à l'heure ressemblent maintenant à ces balustrades ornées de stèles qui enveloppaient le Temple de Jérusalem. Vu d'en haut — et c'est bien d'en haut qu'il faut envisager le fils de Charles-Quint pour le comprendre — l'Escorial est un splendide acte de foi.

En élevant ce palais, le roi obéissait à la fois aux dernières volontés de son père et aussi, dit-on, à un vœu qu'il aurait fait le 10 août 1557, jour où Emmanuel-Philibert de Savoie, chef de son armée, infligea à l'incapable connétable de Montmorency une défaite sanglante sous les murs de Saint-Quentin. Le 10 août, l'Eglise célèbre la fête de saint Laurent ; c'est à ce martyr que sera dédié l'édifice projeté, destiné à être palais, collège et couvent, et cette dédicace demeurera empreinte à perpétuité dans le *Real Sitio de San Lorenzo* qui, dans son ensemble, affectera la forme de l'instrument de supplice sur lequel le jeune diacre fut brûlé. Les interstices du gril seront figurés par les seize *patios* qui mettent de l'air et du jour au milieu des vastes constructions ; le *Palacio de los Infantes* en représentera le manche. Les travaux ne furent achevés qu'en 1584, quatorze ans avant la mort de Philippe II ; ils avaient coûté plus de seize millions de francs.

Le vaste *patio* des Rois conduit au *templo* qui occupe

le centre de l'édifice. La façade est banale ; l'intérieur est une croix grecque et fait songer à Saint-Pierre de Rome. Les énormes pilastres cannelés du *cimborio* tombent du ciel comme de gigantesques draperies ; l'élévation du dôme qui plane à 90 mètres ajoute à l'impression d'immensité qui vous empoigne ; les formes sont simples et graves ; les belles compositions de Luca Giordano qui couvrent les voûtes, le *retablo* qui élève jusqu'à l'arceau faîtier ses encadrements de belle et noble architecture, ses compositions savantes et ses statues superbes, le maître-autel aux marbres rutilants, les tableaux des quarante-huit autels, de ces autels qui renferment onze mille reliques, le pavement précieux adoucissent l'ombre qui règne sous ces voûtes emplies de mystère.

Huit personnages en bronze doré, plus grands que nature, sont agenouillés sous les portiques latéraux du sanctuaire.

C'est ici la note vivante, et avec quel éclat elle retentit ! Du côté de l'évangile : Charles-Quint, la chape impériale jetée sur son armure, tient les mains jointes derrière un prie-Dieu ; au second plan, son épouse Isabelle et leur fille dona Maria. Du côté de l'épître : Philippe II dur, raide, hautain, impénétrable, mais regardant le tabernacle avec respect et ferveur ; il porte le manteau royal sur son vêtement d'acier et le collier de la Toison d'or en sautoir. Devant lui, un prie-Dieu épiscopal, comme celui de son père ; à sa droite sa quatrième femme, Anne, mère de Philippe III ; derrière lui, Isabelle de Valois, sa troisième femme, et Marie de Portugal, sa première épouse, mère du malheureux don Carlos, dont la silhouette apparaît un peu plus loin.

Sa seconde femme, Marie Tudor, épousée en 1554, ne figure pas dans le groupe, sans doute parce qu'elle ne mit jamais les pieds dans la Péninsule. Mais aussi, quelle bizarre union que celle qui laissait un des conjoints sur le trône d'Angleterre et l'autre sur le trône d'Espagne ! Philippe, pourtant, en retira quelque avantage : il détermina sa femme à faire alliance avec lui contre le roi de France ; mais la malheureuse reine trouva dans cette guerre le germe de sa mort, par la douleur que lui causa la perte de Calais.

*
* *

Une toute petite porte donne passage vers le caveau sépulcral. Le *Panteon de los Reyes* est directement au-dessous de la *Capilla Mayor*, Philippe ayant désiré que le saint sacrifice fût offert chaque jour sur les ossements royaux. La crypte est de forme octogonale ; entre de très riches pilastres géminés se superposent les cercueils des rois d'Espagne. Tous les sarcophages, en marbre noir avec des ornements d'or, portent un cartouche et un simple nom ; mais ces cercueils sont trop contournés, trop enjolivés ; ils ont trop l'air d'une poissonnière. Cette richesse et cette élégance détonnent ; ce n'est certainement pas Philippe II qui aurait eu l'idée de ranger les dépouilles royales sur les rayons de cette bibliothèque. On n'est pas frappé comme il faudrait qu'on le fût, en présence de ce qui reste de Charles-Quint et de son fils, et il n'y a d'impressionnant que le magnifique Christ de Pietro Tacco, qui surmonte l'autel.

Sous le transept et les nefs, s'étend le *Panteon de los Infantes*, sépulture des Infants et des princesses de sang royal. C'est extrêmement joli, et par conséquent souverainement déplacé. Don Juan d'Autriche méritait mieux.

Je monte au *coro alto*, où les religieux Augustins

viennent chanter l'office. Rien de luxueux dans ces stalles, superbes pourtant dans leur simplicité. La dernière de droite était celle de Philippe, qui pouvait y venir par une porte dérobée, placée tout près. C'est là qu'il apprit, le 8 novembre 1571, pendant les vêpres, la nouvelle de la victoire de Lépante et, dix-sept ans plus tard, le désastre de « l'invincible Armada », brisée par la tempête. Ce désastre coûtait à l'Espagne 20.000 hommes, 100 vaisseaux et 40 millions de ducats. La force d'âme du roi fut héroïque ; à ceux qui se lamentaient, il répondit : « J'avais envoyé cette flotte combattre les Anglais et non pas les vents. Que la sainte volonté de Dieu soit faite ! »

Le lutrin est colossal, il est destiné à porter les plus beaux livres de chant qui soient au monde. Il y en a deux cents, hauts d'un mètre, composés de feuilles de parchemin, écrites et enluminées à la main. L'office terminé, les livres qui ont servi sont transportés par les Frères à la bibliothèque voisine.

Dans une chapelle placée derrière la *silleria*, se trouve le célèbre crucifix de marbre de Benvenuto Cellini.

*
* *

Les « salles capitulaires » sises au rez-de-chaussée sont fermées en ce moment ; mais grâce à la complicité d'un petit frère lai, qui laisse la porte ouverte, comme par mégarde, et se retire, je puis y pénétrer. Malgré les chefs-d'œuvre qu'elles ont cédés au musée de Madrid, elles demeurent une galerie de peinture d'une richesse exceptionnelle ; elles renferment des toiles de Titien, du Tintoret, de Paul Veronèse, de Luca Giordano, de Palma, de Sébastien del Piombo, de Pantoja, de Ribéra et de Vélasquez. Une toile du Tintoret, surtout, fait l'admiration du visiteur : il s'agit du *Christ lavant les pieds de ses disciples.* « Les tons sont d'une telle puissance, la perspective d'une telle justesse, qu'il semble qu'on puisse marcher sur ces dalles multicolores dont la fuite paraît agrandir encore la pièce. On dirait que l'air circule entre les figures, qui vivent. La table, les sièges, un chien couché à terre, sont vrais et non pas peints... »

Il y a là des ornements, des vases sacrés et des objets d'orfèvrerie, tels que la Foi et la munificence que Philippe II savait mettre à son service, ont pu les souhaiter pour la célébration du culte divin dans une chapelle royale.

La sacristie est riche en tableaux de moindre valeur. Son principal trésor est une hostie miraculeuse apportée de Gorcum (Hollande). Elle fut arrachée aux hérétiques par l'empereur Rodolphe II, qui l'envoya à Charles II. Coëllo a représenté la cérémonie de réception dans un tableau placé devant le magnifique autel qui renferme la *Santa Forma.* Les jours d'exposition, un ingénieux mécanisme écarte le tableau, et l'hostie apparaît au milieu d'un éblouissant tabernacle d'or enrichi de dix mille diamants, rubis, améthystes et topazes, disposés en forme de rayons.

La sacristie donne sur le *Patio de los Evangelistas*, divisé en parterres fleuris, au centre desquels s'élève un joli temple qui porte sur ses faces les belles statues en marbre des évangélistes. Quatre figures allégoriques versent l'onde fraîche et limpide dans de superbes bassins.

L'escalier monumental est digne de conduire le visiteur aux royales splendeurs du premier étage.

* * *

C'est l'heure d'ouverture de la bibliothèque. On y voit des manuscrits précieux du xe et du xie siècle : les bréviaires de Philippe II et de Charles-Quint, le livre d'heures de l'impératrice Isabelle de Portugal. Les tables sont en porphyre et en jaspe ; aux murs, des portraits. Le fondateur de l'Escorial est représenté à l'âge de soixante et onze ans, vêtu de deuil, sans aucun insigne, coiffé d'une toque noire à côtes. Les yeux sont cernés ; les veines saillissent en bleu sur la chair sanguine rayée de blanc. Décidément, l'année avant sa mort, Philippe n'avait plus cette « physionomie pleine de majesté, de douceur et de grâces » que de Thou nous a peinte. Dans ses traits fatigués, on lit la souffrance physique qui l'afflige, la fièvre qui le consume, le chagrin et les déceptions qui ont été ses compagnons inséparables durant sa longue carrière.

Son fils est là aussi, garçon joufflu à la mine idiote. Pauvre Philippe III ! Il ne passe de grand sous son règne que cette figure de Spinola, le chef militaire que les noms d'Ostende et de Bréda rendirent illustre. Pour lui, indolent, il abandonnait la gérance du royaume à des employés qui le servaient mal. Il crut que l'intérêt national réclamait l'expulsion des Maures. Le moment était peut-être mal choisi, puisque, en ce temps-là, les Espagnols émigraient en masse vers leurs immenses colonies d'Amérique, laissant leur pays en friche et l'agriculture en ruine.

Un peu plus loin, le portrait de Charles II. C'est la fin de la Maison d'Autriche. Du puissant cerveau de Charles-Quint il n'est demeuré à ce dernier-né de sa race qu'une puissante mâchoire ; il y a quelque chose de simiesque dans ses traits.

« En voyant la série des portraits de ces rois autrichiens d'Espagne, depuis celui de Charles-Quint par Titien jusqu'à celui de Charles II par Carreno, on est frappé de la singulière dégradation des formes physiques, si bien d'accord avec la dégradation des intelligences. Dans cette dynastie de cinq rois, c'est la même tête, ce sont les mêmes traits, mais descendant par degrés de l'expression du génie à celle de la nullité stupide. Charles-Quint a le front haut et plein, l'œil pénétrant, le nez un peu aquilin et fermement dessiné, la lèvre inférieure fière et dédaigneuse, le menton large et court. Dans Charles II, tous ces traits, quoique ressemblants encore, se sont allongés, rétrécis, hébétés. Le front est étroit et bas ; l'œil morne, le nez pend comme une glande charnue du front sur la bouche, et la lèvre pend sur la mâchoire... On reconnaît dans Charles-Quint la pénétration fine, la force calme, l'activité opiniâtre ; dans Philippe II, le soupçon jaloux, la volonté puissante encore ; dans Philippe III, l'envie d'une volonté, mais incertaine, insuffisante, le vouloir sans le pouvoir ; dans Philippe IV, la faiblesse insouciante ; dans Charles II, l'imbécilité ! » (VIARDOT).

***

Les appartements royaux du premier étage doivent leur luxueux ameublement à Philippe IV ; Charles IV y mit la dernière main. Les tapisseries qu'on y admire sont en partie flamandes et en partie espagnoles : Goya et son beau-frère Bayeu en ont fourni les cartons. Certaines de ces salles — en particulier les *Piezas de maderas finas* — l'emportent sur tout ce que j'ai vu de plus riche à Versailles, à Turin et à Munich. C'est une merveille d'incrustation des bois les plus rares ; les parquets, les lambris, les portes, les fenêtres, sont des chefs-d'œuvre d'ébénisterie et de marqueterie. La serrurerie, toute en or, est à l'avenant.

Cette splendeur n'empêchait pas la demeure de Philippe IV d'être extrêmement triste. Taine nous a dit le merveilleux éclat de la Cour de France sous Louis XIV ; le sujet était digne de tenter son pinceau. C'était corrompu, hélas ! mais c'était éblouissant. A l'Escorial, tout n'est que « maussade pantomime, pavane majestueuse, dont les passes se répètent tous les jours avec une implacable régularité. Jamais un bal, jamais un banquet, jamais un spectacle. De temps à autre, c'est jour de gala et baise-main solennel : majordome, sommeliers du corps et sommeliers du rideau, écuyers, gentilshommes de la chambre, *camarera mayor* et dames d'honneur revêtent leurs habits de cérémonie et défilent devant le roi, la reine et les infants en leur baisant à chacun la main ; la cérémonie terminée, chacun retourne à son poste et le roi part pour la chasse. Aucune vie intellectuelle, aucune conversation ».

C'est ici et dans ce milieu-là, que fut élevée Marie-Thérèse d'Autriche. Orpheline de mère à six ans, elle grandit sans frères ni sœurs. Sa mère lui avait répété souvent que pour être heureuse il fallait être reine de France ; elle crut fermement qu'elle le serait et elle le devint pour son malheur. L'ambassadeur qui fut chargé de venir demander sa main nous a laissé une relation de sa visite qui peint sur le vif la raideur espagnole : « Lorsque M. le maréchal entra, le roi mit la main au chapeau. Lorsqu'il approcha de plus près, le roi ne broncha plus, et lorsque M. le maréchal ôta son chapeau et qu'il présenta sa lettre, il demeura toujours immobile et ne remit la main au chapeau que quand M. le maréchal s'en alla. Le tout dans un mutisme imposant ».

Calderon a fait un grand éloge de Philippe IV ; Olivarès, son favori, lui décerna le nom de grand : « Oui, répondit un malin, mais grand à la manière du fossé qui grandit au fur et à mesure qu'on lui ôte davantage ». De fait, il vit fondre entre ses mains l'héritage de Charles-Quint ; sa politique ne fut pas heureuse : son alliance étroite avec l'Autriche provoqua la France, qui ne pouvait pas se laisser étouffer entre les deux branches de l'étau. Une autre faute fut d'attaquer la Compagnie des Indes Occidentales, qui répondit en soumettant le littoral depuis San Salvador jusqu'au fleuve des Amazones. En même temps, les colonies portugaises se détournaient de l'Espagne ; le Portugal se rendait indépendant ; la Catalogne s'émancipait et l'insurrection éclatait à Naples et en Sicile. Après la bataille des Dunes, Olivarès dut céder la place à don Luis de Haro ; mais la paix fut achetée par la cession de l'Artois, d'une partie des Pays-Bas, du Roussillon et de la Cerdagne. Néanmoins, tout n'est pas à blâmer dans ce prince : il signa dans ces beaux appartements des mesures qui lui font le plus grand honneur.

*
* *

On descend au rez-de-chaussée. Un étroit couloir conduit aux chambres de Philippe II. Une cellule de moine, un carrelage de briques, des murs blanchis à la chaux ; deux ou trois meubles, pourtant, qui indiquent que l'hôte de cette pièce n'avait pas fait vœu de pauvreté ; une sphère céleste qui décèle l'amateur d'astronomie ; quelques sièges réservés aux visiteurs, un fauteuil pour le roi, un escabeau pour reposer la jambe du podagre, tout cela extrêmement simple, mais en cuir gaufré de Cordoue, voilà le cabinet où Sa Majesté Catholique recevait les ambassadeurs et du fond duquel elle surveillait l'Ancien et le Nouveau Monde...

Figure énigmatique, dont la franchise ne fut pas le trait dominant ; âme jalouse, comme l'âme de tous les médiocres ; politique tortueux qui préférait l'espionnage à la haute diplomatie ; tempérament passionné, derrière une façade de glace ; justicier impitoyable, tel est le mauvais aspect sous lequel certaine histoire nous présente Philippe II.

Il eut, peut-être, tous ces torts ; mais il avait hérité de sa mère une foi ardente, un amour pour Dieu et pour l'Eglise auquel il serait injuste de ne pas rendre hommage. Sans doute, il sera toujours permis de rechercher jusqu'à quel point les faiblesses de l'homme ont amoindri les mérites du croyant. Mais, en ces temps-là et pour des caractères de cette trempe, les plus grands crimes étaient ceux qui outrageaient Dieu plus directement, comme le péché d'hérésie. De nos jours, les cerveaux sont tellement anémiés et les oreilles tellement saturées de déclamations en faveur de la pensée libre, que nous ne sommes même plus capables de concevoir un tel état d'âme. Il faut tenir compte aussi de quelques autres circonstances. Le protestantisme était triomphant en Angleterre et en Allemagne ; il envahissait les Flandres ; déjà il levait la tête dans la Péninsule ; les Valois avaient fait alliance avec les Turcs, en attendant que Richelieu se liguât avec les hordes suédoises ; la France était partagée entre un prétendant calviniste et un peuple sans chef ; l'Italie, déchirée par des Républiques ou des factions rivales, se trouvait incapable de rendre le moindre service à la religion ; il ne restait pour défendre la vraie foi que l'épée de Philippe II. On se demande avec terreur ce qui serait advenu du catholicisme en Europe, si le zèle de ce monarque avait fléchi. Sans son appui au moins moral, la Ligue n'aurait pas pu tenir tête au Béarnais, et s'il n'y avait plus eu de Ligue, nous serions, en France, protestants aujourd'hui.

On lui a reproché ses cruautés : elles ne furent, en somme, que les actes d'un souverain environné de traîtres et de rebelles et qui punit ; d'ailleurs, on les a grandement exagérées. Le chancelier de l'Hôpital, partisan des huguenots, a dit ce mot qu'on s'étonne de trouver sur ses lèvres : « Philippe détruisit heureusement l'erreur en Espagne par le supplice de quarante personnes ». Peut-on blâmer Charles-Quint, qui avait vu de ses yeux les horreurs causées par la Réforme au delà du Rhin, d'avoir recommandé à son successeur de proscrire sans pitié du royaume tous les hérétiques ?

Sans tarder, Philippe ordonne donc que tous ceux qui achèteraient, vendraient ou liraient des livres contraires à la foi seraient brûlés vifs ; il assiste en personne aux exécutions qui ont lieu à Valladolid ; à Carlos de Seso qu'on mène au supplice il fait cette déclaration : « Je porterais moi-même le bois au bûcher pour brûler mon propre fils, s'il était aussi coupable que toi ». Et comme on intercédait en faveur du condamné : « Non, répondit Philippe ; il est juste que le sang noble, s'il devient impur, soit purifié par le feu, et si mon propre sang venait à se corrompre dans mon fils, je serais le premier à le jeter dans les flammes ».

La rigueur déployée par Philippe II dans les Pays-Bas a été violemment incriminée. On oublie l'intérêt que la cause catholique et la politique espagnole avaient à soustraire ces provinces à l'influence protestante qui fomentait la révolte. Riches, placées en face de l'Angleterre hérétique, serrées entre l'Allemagne luthérienne et la France hésitante dans sa foi, livrées partiellement à l'apostasie, leur soumission à l'Espagne et à l'obédience romaine devait être à tout prix maintenue. Si elles venaient à fléchir, quel appoint pour l'hérésie et quelle perte pour les finances de l'Espagne !... Philippe II avait assez de bon sens pour le comprendre ; aussi les ordres donnés au duc d'Albe furent-ils sévères.

*
* *

Don Ferdinand Alvarez de Tolède (1) n'avait pas besoin de ces ordres pour pousser la répression à outrance : il y était porté par son caractère même. Toutefois, il ne fit qu'appliquer la loi aux rebelles ; aux prévenus il donna des juges. Ceux qui lui ont reproché le supplice du comte d'Egmont oublient que ce conspirateur émérite était venu à Madrid pour engager don Carlos à s'insurger contre le roi son père. Le duc d'Albe, qui avait de très légitimes raisons de l'envoyer à la mort, pensionna ensuite sa veuve et ses enfants tant qu'il vécut. Il était inflexible, mais juste ; il n'hésita pas à faire pendre des soldats qui avaient incendié un village après une bataille. Entre le duc d'Albe et son adversaire Guillaume d'Orange, traître à son roi et à son Dieu, inondant les Provinces-Unies de troupes luthériennes qui y commirent des excès inouïs, j'avoue que mes sympathies vont au premier.

Pourquoi les ennemis de l'Eglise, qui parlent avec tant de complaisance des échafauds et des bûchers dressés par le duc d'Albe et où ne montèrent que des ré-

(1) Nom du duc d'Albe.

voltés ou des sujets perfides, cachent-ils avec tant de soin les attentats des protestants et les monstruosités d'un Sonoï, par exemple? Je viens de relire dans l'*Abrégé de l'Histoire de la Hollande*, publié par le luthérien Kerroux, le récit de ces horreurs. Partout où l'hérésie parvint à prendre pied, ce furent des procédés semblables. Est-ce que Gustave-Adolphe n'a pas propagé l'hérésie dont il s'était fait le champion, par la ruine de vingt provinces et le massacre de quatre millions d'hommes?

Et on reprocherait à Philippe II d'avoir pris résolument les moyens de préserver ses Etats !

La chambre du roi a pour appendice une pièce étroite et sombre où se trouvait sa couchette. Par les volets entr'ouverts, le monarque pouvait fixer les yeux sur le maître-autel de l'église. C'est là que Philippe II mourut le 13 septembre 1598, après plusieurs mois de souffrances très vives, admirablement supportées. D'abcès formés dans ses jambes, découlait une matière purulente où s'engendraient des vers qu'il était impossible de détruire. Les médecins jugèrent à propos de lui scier la rotule. Aujourd'hui, en vue d'une opération aussi douloureuse, on endormirait le malade; Philippe, en guise de chloroforme, écouta dévotement le récit de la Passion de Notre-Seigneur, et la scie qui mordait ses os et sa chair ne lui arracha pas un cri. Son confesseur sanglotait à ses côtés.

« — Et maintenant, mon Père, dit le souverain, que me reste-t-il à faire pour mourir en roi catholique ? »

« — Plus rien, Sire ! »

Philippe, dès les premiers jours de sa maladie, eut toujours le regard fixé sur le tabernacle.

Ce qui m'a toujours inspiré une vive sympathie pour ce roi qui mourut en héros, après avoir vécu en moine, c'est la haute estime en laquelle le tenait sainte Térèse. Eût-elle fait de lui le grand éloge que renferment ses lettres, si les mœurs de Philippe II avaient été telles que nous les dépeint M. Mignet, sur le témoignage suspect d'Antonio Pérez? Je crois que sur ce chapitre encore le monarque a été grandement calomnié.

*
* *

La vaste place qui règne devant l'Escorial fut témoin, le 7 juillet 1822, d'une sanglante échauffourée. Ferdinand VII était aux prises avec la Révolution. Les miliciens madrilènes, ayant culbuté la garde royale, vinrent assiéger le roi dans ce palais. Accueillis par une décharge de mousqueterie, ils rompirent les portes et tuèrent sans quartier. Ferdinand fut obligé de paraître à un balcon, de renvoyer son ministère et de châtier ses plus fidèles partisans. Le lendemain, on le contraignit d'assister au *Te Deum* qui célébrait sa défaite et de réunir un conseil de guerre pour juger les soldats qui avaient exposé leur vie pour sauver la sienne.

Je me rends à la gare en traversant les jardins, afin de visiter sur le parcours la charmante *Casita del Principe,* palais en miniature, fantaisie créée par Charles IV et dont les appartements rivalisent de richesse avec ceux de l'Escorial proprement dit.

CHAPITRE XIV

MADRID

Samedi, 12 septembre.

La Nouvelle Castille présente la même physionomie que sa sœur *aînée;* elle est aussi laide et plus pauvre, on dirait un décalque avec ses traits toujours ressemblants, mais forcément effacés.

Dans cette immense étendue dépeuplée qui relie l'Escorial à Madrid, sur les flancs interminables des escarpements montagneux, quelques arbustes et de maigres touffes vertes prescrivent timidement contre la mort.

La capitale a une gare de sixième classe; les abords en sont sordides. Ville bâtie sur un champ de sable qu'un mur de soutènement naturel retient sur les bords d'un torrent, Madrid doit à des irrigations bien conduites d'être dotée de *paseos* et de parcs qui sont de ravissants paradis. Elle n'a point d'histoire; son nom lui vient d'un alcazar appelé Madjrith, élevé par les Arabes pour barrer la route aux « Reconquérants ». Les premiers rois de Castille firent de l'alcazar une résidence royale; la mosquée devint une église. Le village primitif se transforma en une ville dont les convenances politiques firent une capitale.

C'est sous Philippe II que ce choix devint définitif. Le site est affreux et le climat détestable ; pour comble de disgrâce, aucun souvenir glorieux ne se rattache à l'évolution de cette capitale improvisée. Les souverains de la Maison d'Autriche firent peu pour elle ; ils ne transmirent aux Bourbons qu'une cité d'aspect misérable et sordide, mal protégée par son mur en terre glaise contre un ennemi résolu. Les rues étaient étroites, tortueuses, fangeuses et sombres, sans alignements, sans nivellement, pavées pour la plupart de petits cailloux pointus, placés la pointe en haut ; leur saleté était le sujet d'inépuisables plaisanteries. Les maisons n'avaient ni égoûts ni gouttières ; on jetait les ordures et les eaux ménagères par les fenêtres, sur la tête des passants ; au milieu des rues s'étalaient des monceaux de fumier qu'on n'enlevait que deux fois par semaine ; à la première averse, la poussière nauséabonde qui couvrait le sol se changeait en un bourbier horrible où les pourceaux du couvent de Saint-Antoine s'en donnaient à cœur joie.

En ces temps-là, les carrefours et les impasses étaient des coupe-gorge où chaque nuit quelques passants laissaient leur peau.

C'est à Charles III que revient l'honneur d'avoir fait de cette ville mal famée une cité à peu près élégante, en tout cas habitable. Depuis lors, le progrès a poursuivi sa marche et à l'heure actuelle, Madrid ne porte pas trop mal son diadème. On voit bien que cette fille n'est pas née sur les marches du trône ; néanmoins, elle tient sans gaucherie son rôle de parvenue. Si ses arcs de triomphe ne rappellent que de très loin les monuments similaires du *Forum* ou de l'Etoile, si la réputation de sa *Puerta del Sol* est sensiblement surfaite, si ses rues ne renferment guère que des monuments corrects et des églises médiocres, les places des quartiers de l'ouest ont des échappées merveilleuses; sa promenade du *Prado*, son parc du *Buen Retiro*, ses jardins du Roi, jetés en contre-bas du palais sur les rives du Manzanarès forment une féerie que les Parisiens eux-mêmes admirent volontiers.

*
* *

J'ai plaisir à me rappeler l'heure passée au belvédère du *Palacio Real*. La vue plane sur des terrasses fleuries, sur de massifs bosquets qui finissent dans le gravier et la poussière, au pied des montagnes décharnées où se cache l'Escorial. Le palais lui-même, à part quelques détails qui choquent, est une résidence magnifique, digne d'un grand souverain. L'intérieur est si riche que Napoléon dut reconnaître que son frère Joseph était mieux logé que lui. La salle du Trône, celle dite de *Girardini* et celle des Fêtes laissent loin derrière elles les splendeurs de l'Escorial; les Bourbons ont tenu à renchérir sur les Habsbourgs. Aucun Espagnol ne songe à s'en plaindre; la réflexion de Bonaparte flatte son patriotisme. D'ailleurs, dans le palais de ses Rois il se sent chez lui; il y pénètre un peu à toute heure et sans trop de formalités. Les Bourbons d'Espagne, comme ceux de France, ont toujours traité leurs sujets comme leurs enfants : leur bonhomie est demeurée proverbiale. Sous Louis XIV on entrait au Louvre comme dans un moulin. La porte était-elle fermée? Souvent, c'est le Roi en personne qui venait l'ouvrir. Alphonse XIII semble vouloir reprendre les traditions de son aïeul : il est d'une affabilité et d'une simplicité qui séduisent. A l'occasion, il fait volontiers aux gens du peuple les honneurs de sa maison.

On dit que les chants exécutés dans la chapelle royale sont fort beaux : le Roi permet aisément qu'on vienne les entendre. Malheureusement, aujourd'hui, le Roi et sa mère sont en voyage et les portes de la chapelle sont closes.

A l'extrémité de la *Plaza de Armas*, l'*Armeria* renferme quantité d'armes et d'armures du plus haut intérêt historique : les anciens rois de Castille, Charles-Quint et sa lignée, les grands capitaines espagnols ont laissé là leurs casques, leurs épées, leurs éperons et toute leur magnifique défroque : l'Espagne chevaleresque revit dans ces salles.

Toute la façade orientale donne sur la *Plaza de Oriente*, grand square ombragé ; aussi bien, le palais tout entier est-il enveloppé de verdure ; les abords en sont silencieux.

* * *

Le grand attrait de Madrid est le musée du Prado. Florence est hors de pair ; mais entre le Louvre, Dresde et Madrid, l'hésitation n'est pas permise, à mon avis. Madrid l'emporte ; si les grands maîtres italiens et flamands y sont représentés autant et aussi bien qu'ailleurs, les différentes écoles espagnoles y tiennent une place à part. J'ai consacré à ce musée une journée presque entière ; j'aurais voulu y revenir encore : la visite de collections pareilles requiert des semaines et des mois.

J'aime dans ce Mengs qui est là, presque à l'entrée, le visage illuminant de l'Enfant-Dieu. Peut-être cette *Adoration des Bergers* est-elle celle que Charles III prisait si fort. En ces temps-là, Mengs passait pour le premier peintre de son siècle ; on s'accorde aujourd'hui à trouver sa peinture « creuse et froide ». Au fond, l'inspiration manque à cet Allemand, assez héroïque pour accepter d'être enfermé sept années durant au Vatican, avec un morceau de pain et une cruche d'eau. Il y passait son temps à copier et à recopier les grands modèles ; il est demeuré un copiste.

La *Trahison de Judas*, de Van Dyck, est une scène empoignante.

Quelque éloge qu'on ait fait du *portrait de Charles-Quint* par Titien, je n'y vois qu'un très beau coloris mis au service d'une figure sans expression ; le casque du vainqueur de Mühlberg a beau lancer des éclairs ; je ne sais pourquoi il m'a l'air d'un casque à mèche.

De Ribéra, je ne veux signaler ici qu'un *Christ dans le linceul* : le Sauveur mort est reçu sur les genoux du Père céleste. Ce n'est plus le Ribéra brutal, disciple de l'extravagant Caravage, ni même le Ribéra adouci par le Corrège, mais le Ribéra *sui juris* « qui représente la gravité et la mélancolie de la dévotion espagnole et s'élève au charme d'une grâce irrésistible s'épanouissant comme une fleur exquise sur de sombres rochers ».

Sans transition, on passe à Raphaël.

La *Perla* fut ainsi baptisée, dit-on, par Philippe IV. La Vierge est d'une beauté suave, mais profane et mondaine : c'est là l'irrémédiable défaut des Madones du peintre d'Urbin.

La *Vierge au poisson* est moins étincelante, peut-être ; mais plus calme et plus digne : on dirait l'ultime expression de la noblesse et de la majesté.

Dans la *Madone de l'Agnus Dei*, Raphaël se montre plus séduisant encore ; ce qu'il y a de maniéré dans cette scène disparaît dans l'idéale fraîcheur du coloris.

Je m'oublie longuement devant le *Spasimo*. C'est du Raphaël deuxième manière ; la piété y est par conséquent plus vivante. Le pathétique n'a jamais été rendu avec une telle puissance de séduction, une telle richesse de moyens. En Marie, c'est une douleur poignante qui s'exprime dans ces bras, étendus par le désespoir et la tendresse, dans ce visage, dans ce regard d'amour indicible et dans ces vraies larmes qu'on voit couler. Chez le Christ qui fléchit sous l'étreinte de l'angoisse filiale, plus encore que sous le poids de la croix que soutient le Cyrénéen compatissant, on voit une correspondance de sentiments admirable; elle se lit particulièrement dans les yeux déjà obscurcis et dans les lèvres muettes, mais au dernier point expressives.

* * *

Paul Véronèse est représenté par une dizaine de toiles; elles n'ont pas l'ampleur des *Noces de Cana* ou du *Souper chez Lévi;* l'une d'elles, pourtant, *Jésus au milieu des Docteurs*, peut être comparée au grand tableau du Louvre. C'est la même magnificence dans le cadre architectural, la même *maëstria* dans la mise en scène. L'expression de surprise et de terreur qui se lit sur les faces des pontifes, des scribes et des pharisiens, confondus par l'éloquence de cet enfant, fait contraste avec la joie, l'admiration et, je dirai presque l'orgueil que respirent les visages de Joseph, de Marie et de leurs parents. L'école vénitienne séduit ici comme toujours par son coloris puissant et juste, par la noblesse, la variété et le vécu des portraits.

Du Tintoret je ne mentionnerai que *Judith décapitant Holopherne.* L'héroïne juive et sa servante sont superbes ; le corps de l'Assyrien a des raccourcis d'une audace telle qu'ils font songer aux tours de force de la chapelle Sixtine.

Sébastien del Piombo — un autre Vénitien — unit la couleur éclatante et l'idéale poésie du Giorgion, à la fermeté de dessin et à l'austérité vigoureuse de Michel-Ange : tous deux furent ses maîtres. Le *Christ portant sa croix* est d'un style puissant. Plus saisissant d'expression est le *Christ aux limbes*, rapporté, comme le précédent, de l'Escorial.

Avec André del Sarto, nous voici revenus aux grands Florentins. Dans cette ravissante *Sainte Famille* on reconnaît bien vite le maître de Raphaël. Ses compatriotes regardaient Andréa comme le plus parfait des peintres ; ils l'avaient nommé *Senza errori* (sans erreur) : il commit pourtant celle d'épouser une femme jolie mais coquette, qui tourmenta son cœur et abrégea sa vie. On dit que ses Madones sont la représentation de cette personne. Sûrement, il a dû idéaliser l'image, tant il y a de profondeur et de sensibilité dans le regard, de charme modeste et victorieux dans la physionomie.

*
* *

Nous entrons dans le domaine de la peinture nationale. Ici, il faut se restreindre et choisir discrètement, à moins d'écrire un volume.

La part faite à Murillo est assez exiguë ; c'est à Séville, sa patrie, que j'aurai l'occasion d'admirer cet artiste gentilhomme, « doué d'une imagination riche, brillante, intarissable, animé de sentiments délicats et tendres », mais qui eut le malheur de produire trop et trop vite, sans se donner le temps « de mûrir ses conceptions et d'achever les détails ».

Voici *Sainte Elisabeth lavant la tête des teigneux.* Les teigneux et la vieille lépreuse qui attend son tour sont bien autrement expressifs que la sainte. Quelle vigueur dans cet horrible bonhomme qui arrache l'emplâtre recouvrant les ulcères de son crâne et dont la douleur crispe les traits !

Le tableau voisin est dans une note bien différente. *Saint François de Paule en prière*, c'est vraiment la supplication instante faite homme.

Les Madones de Murillo ne me disent rien. J'y cherche vainement l'idéal de Zurbaran ou de l'Angelico. L'une d'elles me frappe pourtant par sa grâce tout humaine, la magnificence du modelé et de la couleur ; c'est celle que la gravure et la lithographie ont le plus vulgarisée. Je ne puis me défendre de trouver le dessin faible, l'exécution molle, l'ensemble vaporeux et flou.

Saint André est absolument identifié avec sa croix ; on dirait qu'il s'est fondu en elle : c'est une interprétation émouvante de la légende du bréviaire.

Et, sans désemparer, on arrive devant *Sainte Anne apprenant à lire à la Sainte Vierge* : l'enfant est vêtue comme une demoiselle noble ; ses cheveux sont poudrés et enrubannés ; Murillo, heureusement, n'a pas osé lui infliger la crinoline.

Plus digne de lui est le *Songe* qui prépara la fondation de Sainte-Marie-Majeure. La pose des deux dormeurs est pleine de charme et de naturel ; mais quelle idée saugrenue d'avoir planté ces grosses lunettes sur le nez du brave camérier chargé d'introduire les visiteurs auprès du pape !

Voilà, sans contredit, de belles scènes d'*Annonciation*. Mais c'est toujours l'humain qui l'emporte. La plus petite a moins de convenu et plus de perfection, non pas dans l'archange lui-même, mais dans la guirlande d'angelots et dans la personne de la Vierge. Et encore cette Vierge est-elle un peu vieille et a-t-elle l'air trop pincé, en prêtant l'oreille au messager céleste.

*
* *

Une absence totale de sens religieux se manifeste dans la *Vierge au petit chien*. Ici, je cède la parole à M. Louis Viardot :

« Ce n'est point l'Enfant-Dieu, ni la Vierge-Mère, ni leur commun père nourricier ; c'est un bon menuisier qui pose son rabot et sa ménagère qui laisse arrêter son rouet, pour voir jouer leur jeune fils, petit espiègle qui fait aboyer un épagneul contre l'oiseau qu'il cache dans sa main. Mais, ce défaut confessé, il faut reconnaître que l'art ne saurait atteindre à de plus merveilleuses beautés d'exécution. On ne peut voir une scène familière mieux conçue, mieux disposée pour captiver l'intérêt ; on ne peut voir plus de grâce dans les attitudes, plus de candeur dans l'expression, plus d'énergie dans la touche, un plus heureux accord dans toutes les parties. Changez son titre, et ce tableau sera un modèle achevé.

« La perfection est plus complète encore dans l'*Adoration des Bergers*. Il y règne une opposition parfaite entre le groupe tout céleste de Jésus et de sa Mère et le groupe tout humain des pâtres que l'ange amène à la crèche. Dans la représentation de ces hommes grossiers, des peaux qui les couvrent, des chiens qui les accompagnent, l'artiste déploie une vigueur et une vérité sans égales, et le seul pinceau de Murillo pouvait jeter sur le milieu de la scène l'éclatant reflet d'une lumière d'en-haut, pour arriver par la dégradation des plus fines demi-teintes, jusqu'à l'obscurité de la nuit qui enveloppe les angles du tableau ».

Mon impression finale devait être excellente : elle m'a été donnée par deux petites toiles ; *Jésus au mouton* ;

Jésus et saint Jean : « Quelle noblesse, quelle grandeur, quelle sublimité dans cet enfant qui ne joue point, mais qui pense ; dans cette pose hardie, dans ce front déjà méditatif, dans ce regard fier et profond ! Voyez aussi cet aimable groupe de *Jésus et saint Jean*. Peut-on concevoir deux enfants plus beaux, plus naïfs, plus épris d'une tendre amitié ? Comme ils marchent, quoique embrassés, avec aisance et grâce ! Quelle ravissante expression de bonté dans le Fils de Marie, approchant un coquillage plein d'eau des lèvres de son jeune ami ; et, dans le regard attendri du fils d'Elisabeth, quelle promesse de reconnaissance et de dévouement ! »

*
* *

Vélasquez est le roi du musée, comme il est le roi de la peinture espagnole : l'admiration — une admiration sympathique, profonde, enthousiaste — s'impose à quiconque parcourt ces quelques salles qui sont loin, cependant, de renfermer toute son œuvre.

Négligeant l'imitation des grands modèles, il préféra étudier longuement *sur le vif* la nature morte. Deux voyages en Italie, l'influence de Rubens, le contact des Vénitiens et de Ribéra lui apprirent à faire valoir son acquis par un coloris somptueux. Il tire de la lumière qu'il excelle à rendre et de l'air que nul n'a fait vibrer comme lui des effets prodigieux. « Dans ses compositions, on voit s'agiter la matière impalpable ; les étoffes et les dentelles, les plumes des chapeaux, les écharpes frangées, les crinières des bêtes volent, avec le frémissement dont le milieu qui les imprègne est incessamment agité ».

Je débute par les *Borrachos* (buveurs) qui furent un essai de jeunesse. Scène bouffonne, assemblée de crapules ; mais quel art se révèle dans la musculature de ces torses, dans le velouté de ces chapeaux bossués et de ces loques sordides, dans l'enchevêtrement harmonieux de ces figures ignobles, dans les effluves lumineux qui caressent ces trognes d'écumeurs de carrefours !

La *Forge de Vulcain* est dans le même style, avec un degré de virtuosité plus élevé. Seulement, les personnages n'ont rien de divin que l'auréole qui les coiffe : Apollon venant annoncer à Vulcain l'outrage que vient de lui faire le dieu Mars, ressemble à s'y méprendre à un jeune polisson ; le visage du maître forgeron est glacé par la douleur et la colère ; sa main se crispe sur son marteau immobile ; les frappeurs d'enclume se sont arrêtés pour ouïr le récit qui visiblement les captive ; mais leur enclume vibre encore. Il y a dans cette scène une vie intense, une contrariété savante entre le feu du brasier qui rougit ces membres splendides et la lumière venue du dehors qui, en les frôlant, les fronce et les assouplit.

Quelle charmante composition que ces *Hilanderas* (fileuses) ! La tapisserie que leurs mains habiles viennent de tisser, égaie, idéalise et éclaire toute la toile !

Plus vaste et plus impressionnante est la *Reddition de Bréda*. « Ce qui fait cette toile admirable, c'est qu'elle peut représenter sous ses harmonies permanentes, ses bruits d'acier, ses étincellements et son étonnante clarté, toutes les redditions de toutes les villes du monde. » Comme la tête magnifique de Spinola s'incline avec bonté vers le vaincu qui s'humilie, sans déchoir !

« Vélazquez a placé dans la plaine, comme dans le portrait d'Olivarès, une cité qui brûle, des escadrons qui se poursuivent ou se heurtent. Mais il garde cette discrétion sûre qu'il doit à son sens de la vie. Les flammes de l'incendie se perdent dans le chœur éternel des voix du paysage, et les arbres indifférents cachent presque le fourmillement des armées. Que la nature soit paisible ou que la guerre dévaste, toujours Vélazquez donne à l'homme le rang qu'il doit occuper (1). »

* * *

Les « Ménines » occupent une salle à elles toutes seules. Ce tableau d'intérieur où tout gravite autour de la petite Infante Marguerite est-il le chef-d'œuvre du maître? Beaucoup d'artistes l'affirment et l'Espagne semble souscrire à ce jugement. De fait, on retient avec peine un cri d'admiration. Mais, ne manque-t-il pas à cette toile si parfaite, l'exquis paysage où la science et l'inépuisable fécondité du peintre se donnent libre carrière? « Aux brumes bleues qui sortent des vallées, Vélazquez mêle si bien les traînées de cendre et de velours des oliviers, des chênes-lièges, et sous l'éblouissement diffus versé par les nuages, fait onduler si savamment la sierra dans le ciel! » Sous ce rapport, Vélazquez a poussé l'art à ses raffinements suprêmes dans ses portraits équestres du jeune Infant *Baltazar Carlos*, du *comte-duc d'Olivarès* et de *Philippe IV*.

Par reconnaissance pour son bienfaiteur, l'artiste a donné à Olivarès une attitude guerrière et une fierté de commandement qui cadrent mal avec les états de service de ce pitoyable ministre. Ce ravissant poupon d'Infant (2) se tient avec une adresse et une majesté intraduisibles sur son gros cheval dont ses petites jambes effleurent à peine la croupe; mais, je le répète, le talent — talent prodigieux, tellement prodigieux que ceux-là seuls peuvent le comprendre qui sont venus ici — est moins dans les portraits que dans la nature qui les enve-

(1) Elie Faure. — (2) Baltazar-Carlos.

loppe. On dirait l'infini de l'Océan, au-dessus duquel se soulèvent les vertèbres des montagnes, avec des coulées lumineuses qui les saupoudrent d'argent et d'or ; un ciel d'ambre, d'azur, de pourpre, avec des fonds opaques ; des lointains qui flambent, se reliant sans effort à des premiers plans discrètement garnis de verdure pâle... Où trouver des mots pour décrire ces horizons qui ne sont, en fait, que le sauvage horizon espagnol, mais idéalisé jusqu'au sublime ? (1).

Philippe IV est représenté en tout sens : de profil, de face, à pied, à genoux et à cheval. On sait avec quel sans-gêne il avait accaparé Vélazquez. Charmé du premier portrait qu'avait fait de lui le grand artiste, il voulut l'attacher à sa personne et le nomma son valet de chambre, aux appointements de cinquante-cinq francs par mois qu'il ne lui payait pas toujours !

Puis, il lui conféra des charges ridicules, qui prirent le temps du pauvre peintre en l'astreignant à des besognes ingrates et qui ne mirent guère de beurre sur son pain. Vélazquez, né gentilhomme, souffrit de froissements que sa nature délicate ressentait avec amertume. Philippe avait beau visiter journellement son favori et lui donner des marques bruyantes d'amitié et d'estime, le grand homme n'en était pas moins confondu avec les bouffons, les monstres, les nains, les barbiers qui formaient la *basse cour* du monarque.

Philippe, avec ses cheveux pommadés, sa moustache cirée et son visage insignifiant, a toutes les apparences d'un garçon coiffeur. Est-ce pour se venger de son maître que Vélazquez lui a donné l'aspect de ces barbiers avec lesquels il était condamné à vivre ? Non, puisque le roi déclarait que la ressemblance de l'image était prodigieuse...

(1) Cf. Elie Faure. PARIS. Laurens.

*
* *

Les voilà, suspendus aux mêmes murs que les effigies royales, les faces de ces êtres insensés ou difformes qui servaient d'amusement aux petites princesses : *Sébastien de Morra*, *el Bobo de Coria*, *don Juan*, « déformés aux traits écrasés, aux yeux méchants que tous les vices bas font luire ; idiots effrayants dont la tête roule sans fin dans le bercement monotone des bégaiements et des chansons ». Ces chefs-d'œuvre sont là comme des stigmates.

A leurs côtés, figurent *Esope* cherchant un homme — satire cruelle — et *Ménippe*, un mendiant sur le visage duquel « l'ironie comme une flamme, voltige et rôde pour se poser à peine au floconnement de la barbe, au coin des lèvres relevées, à la lueur des yeux enfouis ». Vraiment, c'est au Prado qu'il faut venir pour interpréter Calderon : on y trouve le type des décavés, des bretteurs, des coupeurs de bourse, des souteneurs et autres industriels qui pullulaient dans les ruelles et les bouges de Madrid sous le règne du très peu intéressant Philippe IV.

Les Reines et les Infantes sont mélangées avec ce monde interlope, couronnées de boucles blondes, le corps odieusement encerclé... Les figures sont molles, insignifiantes, sans caractère ; elles portent empreint sur leurs traits, comme le Roi lui-même, l'épuisement encore majestueux d'une race qui meurt. Mais comme le génie de l'artiste a su nimber ces visages, faire trembler ces mains fines et charmantes, parler ces lèvres roses ; et quelle flambée encore dans ce regard qui va s'éteindre !

Un seul sujet religieux : le *Christ en croix*. La chair

mate et jaune est celle d'un cadavre d'où le sang achève de s'égoutter par des plaies affreuses ; les doigts sont raidis par la mort ; le côté droit du visage disparaît tout entier sous les cheveux qui pendent ; l'autre est dans l'ombre et il faut s'approcher de très près pour saisir ce que Vélazquez a su mettre d'expression dans ces traits presque effacés où la mort vient de figer le caractère divin du martyre.

Ce Christ, d'un modelé puissant et d'une facture savante, vous étreint : cette tête penchée dans la nuit dit si bien la consommation suprême !

Je ne sais pourquoi on a dit tant de mal du Greco [1]. Il est bien autrement mystique que Murillo ; et je crois que sainte Térèse lui aurait volontiers donné accès dans ses cloîtres. Il eut le tort de devenir bizarre par la préoccupation d'être personnel. Son dessin est fantastique ; son coloris, grisâtre et blafard, donne à ses personnages l'aspect de revenants ; mais le gris est la couleur caractéristique des peintres espagnols. « D'argent chez Herrera et de cendre chez Zurbaran, il est chez le Greco de granit, d'argent et de fer ; il est de perle chez Goya ». Les poses sont tourmentées d'une façon impossible; tout monte et vous entraîne en l'air dans ces toiles étroites et hautes, tout : les silhouettes allongées, les visages en losange, les têtes renversées dont le regard cherche le ciel, les nez retroussés, aux crêtes qui scintillent. Mais quelle magnificence dans l'expression ! Comme on a l'illusion de l'extase ! Des trois tableaux exposés, je ne sais, en vérité, auquel décerner la palme : au *Saint Bernard* et à la *Pentecôte*, je préfère le *Crucifiement*. Le Christ penche si douloureusement la tête et le clair-obscur figure si bien les ombres du trépas ! Et quelle expression le peintre a su donner au disciple

(1) C'est là son surnom. Il s'appelait Dominique Theotocopuli

bien-aimé, à Marie-Madeleine, à la Sainte Vierge dont le visage est si divinement étrange, à ces deux anges, enfin, qui se haussent pour soutenir amoureusement les bras du Christ qui meurt !

* * *

Je termine ma visite par le « sinistre » Goya. C'est le réaliste dans toute sa crudité, qui affectionne le trait brutal, la physionomie ignoble et le détail répugnant. A ce compte-là, il ne saurait être un peintre religieux. Veut-il représenter l'arrestation du Christ ? C'est à soigner les physionomies bestiales des compagnons de Judas qu'il s'applique. Observateur sagace et infatigable, il réussit surtout dans la peinture de genre : il est comique, satirique, étincelant de verve endiablée. Quand il le veut, il finit ses toiles comme le plus scrupuleux des classiques ; il possède l'art du dessin comme pas un ; il a emprunté à Rembrandt la magie de sa lumière, à Vélazquez le sens juste du milieu national ; la nature qu'il n'a cessé de contempler a soutenu jusque dans ses dernières œuvres son inspiration première (1).

Il y a chez lui un besoin de dénigrer, une rage de ridiculiser et de flageller qui se sont exercés contre tout le monde : Roi, Reine, Infants, favoris, ministres, ambassadeurs, nobles, magistrats, moines et prêtres, tous sont impitoyablement cloués au pilori. Mais c'est contre l'Eglise qu'il s'acharne avec le plus de passion : son anticléricalisme a quelque chose de satanique. Il s'en excuse, en disant qu'il a voulu stigmatiser non les institutions, mais les personnes qui les déshonorent. Mauvais prétexte.

Qu'on examine attentivement cette *Famille royale*.

(1) Voir une belle analyse de son talent dans Desdevises du Dézert.

Les costumes précieux, les décorations, les cordons, les plaques, les broderies, les plumets et les fleurs châtoient et scintillent. Mais, Dieu ! Est-ce bien là une famille royale ? Ne dirait-on pas plutôt une odieuse caricature ? Non : Goya a été inflexiblement exact. Si Charles IV, ventripotent, laid, banal, a la figure d'un niais et la touche d'un hercule de foire, l'histoire dit qu'il le fut ; si la reine Maria-Luisa a l'air d'une tenancière de café borgne, c'est que Goya connaissait sa vie. Il a été cruel... Elle est effrayante... « Quelle femme ! Quelle mère ! » a dit Napoléon après la scène qu'elle fit à son mari et à son fils à Bayonne. Ce fils qui fut Ferdinand VII, est à peine mieux traité : le regard est faux ; c'est bien le prince incohérent, lâche et fourbe dont le règne servit de prodrome à la Révolution.

On comprend difficilement que Goya ait osé produire cette toile ; mais on ne s'explique pas du tout que le Roi et la Reine lui aient donné le laissez-passer qui éternisera leur ignominie.

Les sujets des deux derniers tableaux sont des épisodes du *Doz de Mayo* (2 mai 1808).

*
* *

Après les événements d'Aranjuez sur lesquels j'aurai l'occasion de revenir, Murat était entré à Madrid, avec l'ordre de diriger sur Bayonne les membres de la famille royale qui étaient demeurés dans la capitale. Ce fut le signal d'une insurrection formidable, où les moines et les femmes se montrèrent aussi acharnés que les soldats.

En un clin d'œil, la ville fut sur pied et en armes : tous les Français qu'on put saisir furent massacrés. Murat fit charger les manifestants par les mamelouks ;

le feu de l'infanterie acheva de les dissiper. Goya a été atroce de patriotisme : les têtes volent sous le cimeterre des terribles cavaliers dans lesquels le peuple croyait revoir les Maures d'autrefois ; on est saisi de pitié et d'horreur en présence de ces malheureuses victimes, couvertes de blessures affreuses et de cette foule qui se sauve éperdue, trébuchant sur les cadavres, pataugeant dans le sang, ou élevant des mains suppliantes vers les soldats qui visent froidement et tuent sans pitié. On dit que Goya, au lieu de pinceau, se servit d'une cuiller pour rendre ces scènes fantastiques : il est certain qu'il faut les voir à distance ; de près, ce n'est qu'un hideux empâtement !

Ce procédé, d'ailleurs, paraît avoir été familier à l'artiste : « Il puisait la couleur dans des baquets, dit Théophile Gautier, l'appliquait avec des éponges, des balais, des torchons et tout ce qui lui tombait sous la main ; il truellait et maçonnait ses tons comme du mortier et donnait des touches de sentiment à grands coups de pouce ».

Quoi qu'il en soit, l'aspect de ces deux toiles est terrifiant : il suffit aux Espagnols de venir les contempler de temps à autre pour nourrir dans leurs cœurs la haine dont la classe ignorante nous poursuit depuis la guerre de l'Indépendance.

Au demeurant, le bruit fait autour de cette répression a été exagéré à plaisir. Cent soixante-quatre madrilènes tués ou blessés, sept cents Français égorgés, tels sont les chiffres exacts : on voit de quel côté fut le carnage.

* * *

Goya, du reste, ne s'en est pas tenu là : ses *Scènes d'invasion* exploitent le même thème jusqu'à satiété.

Il est injuste à notre égard, sans doute ; mais quelles visions dignes du Dante ! « Ce ne sont que pendus, tas de morts qu'on dépouille, femmes qu'on violente, blessés qu'on emporte, prisonniers qu'on fusille, couvents qu'on dévalise, populations qui s'enfuient, familles réduites à la mendicité, patriotes qu'on étrangle... Et quelle finesse, quelle science profonde de l'anatomie dans tous ces groupes qui semblent nés du hasard et du caprice de la pointe !... C'est un mort à moitié enfoui dans la terre, qui se soulève sur le coude et, de sa main osseuse, écrit sans regarder, sur un papier posé à côté de lui : *Nada* (néant). Autour de sa tête qui a gardé juste assez de chair pour être plus horrible qu'un crâne dépouillé, tourbillonnent, à peine visibles dans l'épaisseur de la nuit, de monstrueux cauchemars, illuminés, çà et là, de livides éclairs. Une main fatidique soutient une balance dont les plateaux se renversent (1). »

Je regagne le couvent des Pères Liguoriens en remontant la promenade du Prado. Cette avenue qui a trois kilomètres de long est surtout fréquentée dans sa partie centrale nommée *Salon*. C'est le moment où les équipages élégants y débouchent par la large *Calle de Alcalá*, la plus belle rue de Madrid. Bientôt, l'affluence est énorme. Quel dommage que le beau costume national soit remplacé par les modes parisiennes ! La mantille n'avait-elle pas mille fois plus de charmes que tous ces chapeaux à fleurs ! Les *aguadores* passent en criant : « *Agua ! Quien quiere agua* ? » Tout le long des allées se dressent des étagères garnies de gargoulettes en terre poreuse qui laisse suinter l'eau ; de petites filles, vives et gracieuses, organisent des rondes, tandis qu'on promène les enfants plus jeunes dans des chars légers tirés par des agneaux blancs, ornés de rubans roses.

(1) Théophile Gautier.

CHAPITRE XV

TOLÈDE

Dimanche 13 septembre.

Madrid finit brusquement et tristement : aucune banlieue ne la prolonge ; point de villas charmantes à moitié dissimulées dans le feuillage des ormes ou des platanes ; on chercherait vainement quelque chose qui rappelât « les prés fleuris qu'arrose la Seine ». Un faubourg ouvrier, malpropre, sans jardins, sans eau et sans ombre ; une dernière maison qui fait borne, et, incontinent, le désert. Au milieu de la grande plaine nue, quelques paysans travaillent, croisés par des muletiers qui portent des provisions vers la ville, car, en Espagne, les marchés se tiennent le dimanche.

Bientôt, à l'est, se dessinent les collines de Tolède. Elles sont d'un bleu très doux, très pur, tranchant sur le bleu terne du Tage que nous finissons par joindre et qui coule lourdement à travers un terrain jaunâtre.

Le train s'arrête à une station de village, noyée dans la poussière ; au dehors, quelques masures qui ont des torchons en guise de portes : c'est lamentable.

La ville est en haut, assise avec la majesté d'une reine

un peu vieillie, mais toujours fière de son nom et de ses gloires, sur un trône de granit, autour duquel vient s'enrouler le fleuve. On dit que Tolède rappelle Constantine : elle se penche de toutes parts sur l'effrayant abîme, cassure violente, au fond de laquelle serpente le Tage. De quelque côté qu'on l'aborde, on se heurte à un site grandiose et farouche, avec des nuances dans le pittoresque qui donnent un charme infini à cette désolation idéale. Et puis, quelle poésie dans le décor fait par les Wisigoths et les Arabes à ces lieux, dont la disgrâce même forme l'incomparable magnificence ! Deux ponts seulement permettent de pénétrer dans la ville : par leurs proportions monumentales ils se soudent si bien à l'ensemble des collines, que le tout paraît être le résultat d'une même coulée. Celui d'Alcantara a gardé le nom que lui donnèrent les Maures ; il franchit le fleuve d'une enjambée hardie et se défend contre toute agression par des tours énormes dont les lourdes portes, en se refermant, isolent la ville du reste du monde. Car elle a tout l'air d'une captive, cette étonnante Tolède portée dans le soleil et dans le vent, — ville de pierre nue où ruisselle le feu du ciel — derrière le multiple rempart que lui font ses murs épais, le ravin du Tage, les hautes collines rousses qui la ceignent, l'horreur du steppe fait de cailloux, de végétation pâle et de mottes plissées, ondulant sous un ciel qui leur verse une illumination morne (1).

* * *

Vision unique qui emplit l'œil de féerie, tandis qu'une mélopée triomphale enivre l'oreille. Ces murailles qui longent la route datent du VIIe siècle et sont l'œuvre du

(1) Lire R. Bazin : *Terre d'Espagne.*

TOLÈDE

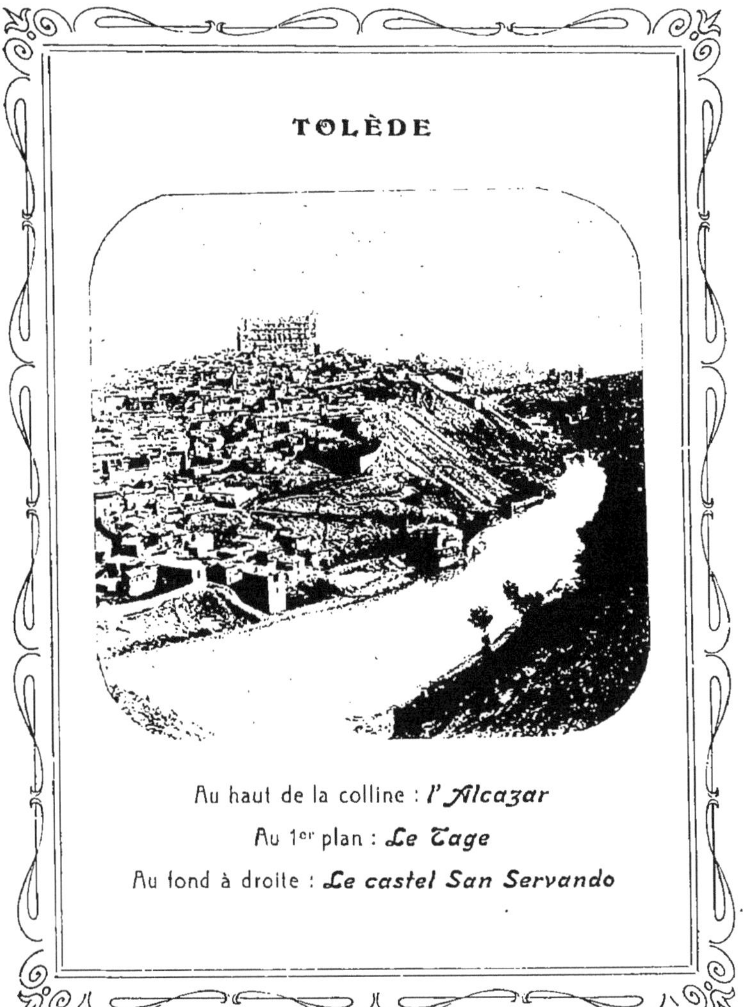

Au haut de la colline : *l'Alcazar*

Au 1er plan : *Le Tage*

Au fond à droite : *Le castel San Servando*

roi Vamba; ce vieux castel de *San Servando* jeté en poste avancé en deça du Tage et qui a conservé sa physionomie contemporaine du Cid, a été bâti par Alphonse VI aussitôt après la reprise de Tolède (1085); le Cid lui-même a pénétré dans la ville par cette *Puerta del Sol*, si gracieuse avec ses arcs en fer à cheval et les tours qui la flanquent. Derrière la porte, une ancienne église wisigothe, transformée en mosquée, puis rendue au culte catholique, est demeurée célèbre. On la dénomme *Santo Cristo de la Luz* (lumière). Arrivé là, le cheval du Cid tomba à genoux et on le vit incliner la tête. Une brèche, ouverte aussitôt dans le mur, permit d'apercevoir un crucifix et la lampe qui brûlait dans cette niche depuis quatre siècles.

Presque aussi intéressantes sont les portes dites *Visagra antigua* et *del Cambron*.

Tout au fond, à l'endroit où la boucle du Tage écarte ses anneaux, se trouve la fabrique fameuse où se préparent les « lames de Tolède ». Non loin de là, les ruines d'un amphithéâtre rappellent l'époque de la domination romaine (200 ans avant Jésus-Christ). Dans le même secteur, voici l'emplacement de l'ancienne basilique de Sainte-Léocadie, remplacée par l'église actuelle du *Cristo de la Veja*. Là était venu prier saint Herménégilde, mis à mort pour la foi par son père, le roi Leuvigilde; là, vers 589, le roi Récarède abjura l'arianisme entre les mains de saint Léandre, archevêque de Séville; là, se tinrent dix-huit conciles, célèbres dans la chrétienté entière; leurs actes constituent les sources les plus sûres de l'histoire d'Espagne. Assemblées nationales, politiques et religieuses, ces conciles furent, en réalité, les premières Cortès du Royaume.

De ce côté, la masse imposante et gracieuse de *San Juan de los Reyes*, suspendue au sommet de la déclivité rapide, raconte le triomphe des « Rois catholiques » sur les Portugais à Toro. Du côté opposé, le gigantesque alcazar, successivement citadelle romaine, forteresse arabe, puis palais royal où logea le Cid et que restaura Charles-Quint, dessine, au-dessus de la cité déjà si haute, un fronton colossal qui, de loin, écrase tout le reste.

*
* *

Le tour de la ville achevé — et ce tour, le visiteur devra se résoudre à le faire — je pénètre dans Tolède par la *Puerta del Cambron.* Bâtie par Alphonse VII en l'année 1102, elle a été restaurée par Philippe II.

Je monte vers Saint-Jean-des-Rois. L'édifice appartient au gothique fleuri, légèrement gâté par la Renaissance. Au dehors pendent les chaînes des captifs arrachés aux mains des infidèles. A l'intérieur, on dirait les arabesques de l'Alhambra traduites en style chrétien. Les tribunes à balcon où Ferdinand et Isabelle venaient entendre la messe, les baldaquins des fenêtres, les sculptures semées à profusion, les cartouches armoriés qui ornent les murs et les voûtes donnent une impression un peu pénible de surcharge; mais la nef est élégante et la coupole rayonne haut dans l'espace! Le pilier qui supporte la chaire est un palmier pétrifié. Cette église avait les préférences de sainte Térèse pendant les séjours assez considérables qu'elle fit à Tolède. L'ancien couvent franciscain, habité par Jimenez est devenu un musée; mais on a laissé libre le cloître qui le relie à l'église et qui est une création architecturale de mérite.

Un peu plus au sud se trouve l'ancien quartier des juifs. « Ville opulente et populeuse, Tolède était remplie de Maures et de juifs qui, grâce à la faiblesse des gouvernants, étalaient leur morgue et multipliaient leurs oppressions. » Pour défendre les fruits de leurs rapines, ils avaient construit un château fort. Tout à côté s'élevait la splendide synagogue, que saint Vincent Ferrier convertit en église sous le vocable de *Santa Maria la Blanca*. Elle est toute éblouissante de blancheur, en effet, sous son plafond en mélèze incrusté d'ivoire, posé sur une frise et sur un triforium d'une grâce et d'une richesse inexprimables. Trente-deux piliers octogonaux supportent la retombée des grands arcs mauresques; leur base est garnie d'*azulejos* (1) et leurs chapiteaux ont une originalité charmante. Les pendentifs sont couverts d'une ornementation délicate, rappelant celle de la frise; le pavement est en mosaïque; la lumière se glisse discrètement à travers de simples œils-de-bœuf.

A l'extérieur, tout est vulgaire; dans le jardin qui, jadis, servait d'atrium, on voit encore les bassins qu'on utilisait pour les ablutions.

A trois cents mètres de là, sur la crête de la muraille, posée à pic sur le Tage, une autre synagogue plus somptueuse que la précédente, a subi un sort pareil. Elle est d'origine un peu moins ancienne ; elle n'a qu'une nef, alors que *Santa Maria la Blanca* en compte cinq ; mais elle rachète ce désavantage par la capricieuse magnificence des arabesques et des frises. De petites fenêtres grillées sont percées dans les parois longitudinales; au lieu de plafond, elle a une charpente précieusement incrustée. Des arcatures à claire-voie s'appliquent sur le bas des murs. Sur l'emplacement autrefois occupé par la chaire des rabbins, on a élevé un splendide maître-autel. L'église porte le nom de *Sinagoga del Transito*, qui lui vient d'un vieux tableau représentant la mort (*transito*) de la Vierge.

(1) Faïence précieuse particulière à l'Espagne.

*
* *

Jamais l'étranger n'arriverait, sans le secours d'un guide, à se dépêtrer du labyrinthe que figurent les ruelles de Tolède; aucune voiture ne peut circuler dans ces boyaux qui serpentent à l'escalade de la bosse dont la cathédrale occupe le sommet. Quatre petites places sont les seuls repères qu'on ait voulu ménager dans cet indescriptible et nauséabond fouillis.

La *Plaza de Zocodover* (d'un mot arabe qui signifie marché), est le *forum* de la vieille capitale : c'est là que, vers le soir, les promeneurs se donnent rendez-vous pour causer d'affaires et plus encore de bagatelles. Là seulement, on se sent dans une ville; ailleurs, les façades rébarbatives des ruelles rappellent la prison, la forteresse, le harem, mais nullement la grande cité; les fenêtres y sont rares, les portes massives garnies de gros clous et de ferrements bizarres sont évidemment une défense plutôt qu'un passage; selon les habitudes orientales, la vie est tout entière à l'intérieur : l'habitation prend jour sur le *patio* verdoyant ménagé au centre du rectangle. Çà et là pourtant, on s'arrête devant un encadrement de portail merveilleusement ouvragé.

La plupart des églises remontent à une respectable antiquité ; plusieurs ont passé par l'étape musulmane, *Santo Tomé*, par exemple, dont la belle tour fut sûrement un minaret. J'y entre pour admirer l'*Elie endormi* d'Alonso Cano et un tableau de Domenico Théotocopuli. On y trouve l'art et l'originalité de ce pieux Greco, pour qui j'ai ressenti à Madrid une sympathie que n'amoindrit pas, certes, la belle composition que j'ai sous les yeux. Chef de l'école de Tolède, il légua à ses élèves la science de ses empâtements vigoureux et savants, mais non pas son dessin outré ni son coloris trop blême.

A une très petite distance on montre le palais du comte de Fuensalida, où Charles-Quint vit mourir l'impératrice Isabelle de Portugal.

Midi sonne : pas plus qu'à Avila je ne puis songer à dîner. La cathédrale, elle seule, me retiendra quatre ou cinq heures, le temps qui me sépare du départ. Elle borde la *Plaza del Ayuntamiento.* Les deux portes latérales qui se correspondent et qui se nomment « Porte de l'Horloge » et « Porte des Lions », donnent avec la magnifique tour du XIVe siècle la note caractéristique de l'œuvre de saint Ferdinand. L'abside, très simple, tranche sur la richesse du grand portail aux ravissantes voussures.

*
* *

Mais c'est à l'intérieur que resplendit la gloire de ce chef-d'œuvre. Le vaisseau immense est rempli d'une lumière d'or, versée par sept cent cinquante verrières. Quatre-vingts piliers géants aux moulures fuselées retiennent l'énorme voûte à quarante-cinq mètres de hauteur. Le grand vaisseau qui se développe à perte de vue a cent treize mètres de long. Quatre nefs beaucoup plus petites paraissent en adoration devant ce prodigieux élan qui symbolise l'infini. Les murs, les nervures sont ouvrés comme des coffrets d'Orient ; l'émeraude, le saphir et le rubis étincellent dans les vitraux ; les vingt-six chapelles sont chacune un musée artistique et religieux. Tombeaux des « Rois anciens » et des « Rois nouveaux » ; mausolées des primats, des connétables, des commandeurs et des Grands d'Espagne ; tableaux et statues des maîtres les plus illustres ; arcades, rinceaux, colonnettes de jaspe, grilles forgées, colossales et charmantes, tout est fait pour éblouir le malheureux visiteur qui, terrassé et ahuri, finit par aller devant lui en demandant grâce. Non, rien ne surpasse les sculptures du *coro*. « L'art gothique, sur les confins de la Renaissance, n'a rien produit de plus pur, de plus parfait ni de mieux dessiné. On attribue cette œuvre effrayante de détails aux ciseaux de Philippe de Bourgogne et de Berruguete ».

Le trône du primat est digne du roi le plus puissant et le plus riche de l'Univers. N'était-il pas roi, effectivement, cet archevêque de Tolède qui avait quinze grandes villes sous sa juridiction temporelle, nommait à une foule d'emplois séculiers et qui, généralement grand Inquisiteur, comptait les Rois d'Espagne parmi les justiciables de son tribunal? Il y a plus : le Roi et le Pape étaient membres de droit du Chapitre de Tolède ; en cette qualité, ne devaient-ils pas le respect au puissant métropolitain ?

Le *retablo* du maître-autel est à lui seul une église. « Toute cette architecture qui monte jusqu'à la voûte et qui fait le tour du sanctuaire, est peinte et dorée avec une richesse inimaginable. Les tons fauves et chauds de l'antique dorure font ressortir splendidement les filets et les paillettes de lumière accrochés au passage par les nervures et les saillies des ornements, et produisent des effets de la plus grande opulence pittoresque. Les peintures sur fond d'or qui garnissent les panneaux de cet autel valent, pour la richesse de la couleur, les plus éclatantes toiles vénitiennes... » C'est le cardinal Jimenez qui fit les frais de ce retable.

La sacristie, les vestiaires, les salles capitulaires et l'*Ochavo* renferment bon nombre de tableaux signés de Rubens, de Van Dyck, de Titien, de Luca Giordano, du Guide, du Guerchin et du Greco.

On pense bien que l'église primatiale d'Espagne ne le

cède à aucune autre en fait de vêtements et d'ornements précieux. Je dois dire, pourtant, que je n'ai trouvé ni dans l'*Ochavo* ni ailleurs la chasuble célèbre apportée du ciel à saint Ildefonse par la Sainte Vierge en personne.

Ce pontife, formé à l'école de saint Isidore de Séville, devint archevêque de Tolède vers le milieu du VIIe siècle. Sa tendre piété envers Marie le porta à composer un beau livre en son honneur : il en fut récompensé par le prodige dont je parle et qui a inspiré une foule d'artistes espagnols.

L'or et les gemmes que les rois de Castille tiraient de leurs provinces du Pérou et du Mexique ont servi à enrichir les sanctuaires de la mère-patrie. Sous ce rapport, Tolède est unique. On trouvera aisément à Trèves, à Aix-la-Chapelle et à Rome des objets sacrés plus vénérables ; je doute qu'il en existe de plus riches ou de plus artistement ciselés. C'est un nombre presque infini de reliquaires, de croix en or, en argent, en ivoire, de statues, de bustes, etc. Le manteau en brocart d'or de la Vierge miraculeuse est couvert de 85.000 perles fines, au milieu desquelles rutilent quantité d'améthystes et de diamants.

La grande custode où l'on expose le Saint Sacrement le jour de la Fête-Dieu est une pyramide en vermeil de cinq mètres et demi de hauteur, pesant près de 200 kilogrammes. Ici encore, émaux et diamants ont été prodigués sans compter. Le plan de cet immense ostensoir a été dressé par Henri de Arfé ; on y travailla pendant un siècle, et il a fallu un volume pour décrire la méthode à suivre afin de dévisser les 85.000 viroles qui en assujettissent les parties.

Dans la même sacristie on conserve une statue de l'Enfant Jésus en or massif, très vénérée des habitants.

*
* *

Je termine ma visite par l'ascension du beffroi. Il contient une cloche énorme, pesant 35.000 livres, mesurant neuf mètres de circonférence et qui, avant d'être fêlée, se faisait entendre jusqu'à Madrid.

De là haut, la vue se pose sur un chaos de toitures grises à tuiles bombées, uniformes, et de campaniles de brique; à mes pieds, le *patio* vert dont les hautes voûtes gothiques enlacent les arbres; à un angle de la ville, l'énorme alcazar, hérissé de tours, livrant de biais sa façade « ornée et fleurie des plus pures arabesques de la Renaissance. L'ardent soleil d'Espagne, qui rougit le marbre et donne à la pierre des tons de safran, l'a revêtue d'une robe de couleurs riches et vigoureuses, bien différente de la lèpre noire dont les siècles encroûtent nos vieux édifices. Selon l'expression d'un grand poète, le Temps a posé son pouce intelligent sur les arêtes du marbre, sur les contours trop rigides et donné à cette sculpture déjà si souple et si moëlleuse le suprême poli et le dernier achèvement » (1).

« Plus loin, aucune nuance, rien que des couleurs crues, juxtaposées et heurtées l'une par l'autre : une eau qui roule sur des cailloux noirs, des pentes de précipice, ternes comme la fumée qu'aucun rayon n'égaye et, sur la croupe ardente des montagnes, des coulures de terre bouleversées, d'une teinte d'ocre rouge et des plaques pierreuses, bleu d'ardoise, que tache çà et là, comme un petit point vert, la boule d'un abricotier. Le rayonnement des choses fatigue les yeux ; l'on ne voit point d'herbes fraîches, mais un parfum d'aromates s'échappe des tiges mortes et passe dans la lumière au-dessus des toits » (2).

(1) T. Gautier.
(2) R. Bazin.

J'allais oublier quelque chose et je rentre pour réparer mon omission. Au fond de la cathédrale, sous un dôme qui remplace la flèche de la seconde tour, Jimenez fit aménager une chapelle où devait se perpétuer la liturgie mozarabe. Chaque jour, l'office est célébré en ce lieu, selon le vieux rite gothique, à l'heure où le Chapitre chante la messe au *coro* selon le rite romain.

La liturgie gothique ou mozarabe [1] a été fixée au VIIe siècle par saint Isidore de Séville, qui se servit des missels apportés d'Orient par les Wisigoths encore ariens. Elle emprunte à cette origine une assez grande ressemblance avec le rite grec. Détrônée dans le cours du Moyen âge par la liturgie romaine, elle ne fut plus tolérée qu'à Tolède, à Valladolid et à Salamanque.

Regrettant beaucoup d'être arrivé après la célébration de la messe, je ne puis que parcourir avec grand intérêt le missel réimprimé par ordre de Jimenez.

Au *Gloria* est parfois substitué le cantique *Benedicite*. Le baiser de paix se donne avant la Préface. Cette Préface ou *Illatio* est précédée du verset : *Introïbo ad altare*, etc. Le *Sanctus* est immédiatement suivi de la consécration. Après une double élévation de la sainte hostie, on chante le *Credo*. L'hostie est rompue en neuf parcelles que le prêtre place dans autant de cercles figurés sur la patène. Vient ensuite le *Pater*, après quoi, le célébrant prie pour les affligés, les prisonniers, les malades et les défunts. La messe se termine par le *Salve Regina* et la bénédiction.

* * *

Malgré ses visées d'omnipotence, le Chapitre n'a pas

(1) Ce nom vient de *mostarabuma*, participe de la dixième conjugaison arabe et qui signifie *arabisés*, c'est-à-dire mélangés aux Arabes, vocable sous lequel on désignait les chrétiens demeurés au milieu des musulmans après la conquête.

réussi à détruire la fondation du grand Cisneros. Ses conflits avec nombre de cardinaux-primats sont demeurés célèbres, presque scandaleux. Philippe II lui-même eut à compter avec ses orgueilleuses prétentions. C'est à la suite d'un désaccord persistant avec les chanoines qu'il se décida, en 1561, à quitter Tolède pour fixer définitivement sa résidence à Madrid.

Le palais archiépiscopal est d'apparence modeste. Les prédécesseurs des archevêques actuels habitaient très peu Tolède; ils avaient à Alcalá de Hénarès une résidence seigneuriale. C'est la raison qui fit choisir à Jimenez cette ville pour y fonder son Université.

Que le touriste, en quittant la cathédrale pour redescendre à la gare, ne manque pas de faire un petit crochet pour visiter au passage la *Casa de Mesa;* il y trouvera un salon peu banal de vingt mètres de long sur douze mètres de hauteur, décoré avec la magnificence propre au style *mudéjar* (mauresque-chrétien). Cette merveille est dans le ton de la magnifique chapelle Villaviciosa de la mosquée de Cordoue et reproduit la décoration de l'Alhambra.

Hélas! Pas plus en ville que dans les champs, le dimanche n'est sanctifié en Espagne. Des femmes lavent leur linge dans le Tage; d'autres repassent sur le pas de leur porte ou cousent à leur fenêtre. Des forgerons frappent à coups redoublés sur l'enclume; des cordonniers tapent leurs semelles.

Une nuée de bambins pieds nus, aux pantalons bâillants, trop dépenaillés pour avoir été à la messe, polissonnent dans les ruelles, sur les places, aux bords du Tage, un peu partout.

Il est nuit lorsque, après un assez long arrêt à Castillejo, le train me dépose en gare d'Aranjuez.

CHAPITRE XVI

ARANJUEZ

Lundi 14 septembre.

La ville, dont les rues se coupent à angle droit, est à l'écart du palais, du Tage et des grands parcs; elle n'offre aucun intérêt.

Au temps d'Isabelle, le *Sitio real* était de proportions réduites et modestes; rien n'est demeuré du temps de la grande reine, sinon la magnifique terrasse emplantée de platanes qui borde un des méandres du fleuve. Charles-Quint fit d'Aranjuez un rendez-vous de chasse; Philippe II y acclimata des ormes géants tirés d'Angleterre; les Bourbons développèrent les parcs qui sont immenses et construisirent un palais nouveau sur les ruines de l'ancien, dévoré par les flammes. La façade et les deux ailes, plutôt mesquines, rappellent Compiègne.

N'étaient la chaleur un peu humide et le sol qui m'a paru à peine marécageux, Aranjuez serait, en vérité, une résidence idéale. On se perd à plaisir dans les avenues ombreuses qui rayonnent en tout sens sur les deux rives du fleuve. Comme on devait oublier les soucis de la royauté en parcourant ce « parterre » orné de massifs de roses, de fleurs odorantes, de buis taillés, de statues et de bassins ! Le jardin de *la Isla*, emprisonné dans les eaux murmurantes du Tage, est une magnifique futaie égayée par des fontaines de marbre et des jets d'eau à surprises.

L'intérieur est un monde de merveilles. Les tableaux de Bayeu et de Mengs ; les scènes de la vie du *Prodigue*, par Conrado ; les *Œuvres de Miséricorde*, de Louis Ferrand ; les épisodes de la vie de *Joseph*, qui décorent la salle à manger officielle, sont des créations remarquables. Mais la toile qui frappe le plus le visiteur est celle d'Espalter, connue sous le nom d'*El ultimo suspiro del Moro*. Elle représente Boabdil, le dernier roi de Grenade, couvant d'un regard d'indicible regret sa capitale qu'il vient de quitter pour toujours : « Adieu ! Grenade ! » Il est à cheval, entouré de ses guerriers que la honte et la douleur dévorent. En face de lui, sa mère, l'altière Aïcha, accompagnée des femmes du harem, esquisse un geste de mépris ; ses traits sont bouleversés par la colère :

« — Oui, pleure comme une femme cette ville que tu n'as pas su défendre comme un homme... *Llora como mujer lo que no has sabido defender como hombre !* »

*
* *

Le fumoir a une coupole étincelante, de style mauresque, reproduction de celle des « Deux Sœurs » à l'Alhambra. Les grandes glaces peuvent rivaliser avec celles de Versailles. On me montre un lustre d'une seule pièce, en porcelaine de Sèvres, monté en or. Les murs du *Gabinete de China*, sont recouverts en entier de riches plaques de porcelaine, à la manière japonaise. Les appartements du Roi et de la Reine renferment des meubles, des tapisseries, des objets où le prix de la matière précieuse n'a d'égale que la perfection de la main-d'œuvre. En vérité, qui n'a vu Aranjuez ne saurait se faire une idée de ce que peuvent réaliser la richesse et l'art mis au service d'un monarque fastueux tel que Charles III. Le superbe crucifix en ivoire de la chapelle royale et la mosaïque offerte par Pie IX à Isabelle II auraient mérité de me retenir davantage.

J'étais muet d'admiration.

« — Vous verrez plus riche encore, me dit l'huissier de service ; descendez jusqu'à la *Casa del Labrador*[1] ».

Il me fallut près de trois quarts d'heure pour m'y rendre. Ce Trianon du Versailles espagnol se trouve à l'extrémité du *Jardin del Principe*, coupé d'allées spacieuses et de sentiers qui serpentent sous la feuillée. La promenade est charmante ; le voisinage du Tage et la rencontre des dromadaires chargés de déblayer les avenues y ajoutent je ne sais quoi d'original. Ici et là, quelques bancs où les Bourbons venaient s'asseoir.

De toute la suite des princes de la Maison de France, Charles III est le seul qui ait eu noble visage. Je parle au figuré, car, physiquement, l'ancien roi de Naples, qui succéda à son frère Ferdinand VI en 1759, était loin d'être beau garçon, « avec son teint rouge brique, sa figure osseuse, ses gros sourcils, son nez immense, sa grande bouche en trait de scie et son menton de galoche ». Il fut un Roi. Ce qu'il fit pour restaurer l'instruction publique, la marine, l'armée, le commerce, l'agriculture est inouï. Il purgea le pays des bandits qui l'infestaient, réforma les abus qui s'étaient glissés dans l'administration de la justice et eut, à l'extérieur, une politique qui profita à l'Espagne. Il avait l'esprit métho-

(1) Maison du laboureur.

dique et juste, un équilibre de facultés et une égalité d'âme, assez rares chez ceux qui exercent le pouvoir suprême ; ses mœurs furent à l'abri de toute critique ; il était instruit, religieux, affable. Il fut un chasseur intrépide et un bâtisseur émérite. Malheureusement, on peut lui reprocher d'avoir été entêté, égoïste, enclin au despotisme et d'avoir tellement formé son fils à l'obéissance qu'il en fit un demi-imbécile, dont la taille athlétique dissimulait mal l'anémie incurable du cerveau et de la volonté.

Avant d'avoir fait la conquête des Deux-Siciles, encore simple duc de Toscane, Charles avait eu le malheur de donner sa confiance à un avocat régalien et impie, tristement fameux sous le nom de Tanucci. Le comte d'Aranda, son ministre en Espagne, disciple des encyclopédistes comme Tanucci, ne prit de repos qu'il n'eût fait signer à son maître le décret d'expulsion des Jésuites. Charles III s'y montre féroce. Le même jour et à la même heure, tous les Pères d'Espagne et des Indes devaient être saisis, embarqués et conduits à Civita-Vecchia sur le territoire pontifical. Les lettres aux gouverneurs se terminaient par cette menace : « Si, après l'embarquement, il existait encore un seul Jésuite, même malade ou moribond dans votre département, vous seriez puni de mort. »

« MOI, LE ROI. »

De telles iniquités se paient. Les Bourbons d'Espagne, de Naples et de France qui s'étaient faits en pareille matière les exécuteurs des basses œuvres de la franc-maçonnerie ne devaient pas tarder d'être dépossédés à leur tour et de prendre, comme les Jésuites, le chemin de l'exil.

*
* *

Lorsque le duc d'Anjou, petit-fils de Louis XIV, fut appelé par le testament de Charles II, son parent, à recueillir l'héritage de ce monarque, il trouva l'Espagne en faillite. Peut-être M. Desdevises du Dézert a-t-il eu la main un peu lourde en traçant du prince français ce portrait : « Fort mal élevé, il ne se faisait remarquer que par son humeur sombre et son mutisme. Il parlait lentement, sur un ton désagréable, et si l'on notait quelque justesse dans ses propos, il était difficile de découvrir quelque énergie chez ce prince hésitant, docile, abruti par l'éducation de cour, tout en vertus négatives ». Il fit certainement preuve d'énergie dans la guerre de la Succession d'Espagne, défendit son trône avec honneur et s'occupa sincèrement du bien-être de ses sujets.

Avec cela, il eut le tort de se laisser engager par sa femme et son ministre Albéroni dans la conspiration dite de Cellamare. Que lui importait, après tout, de supplanter le Régent ? Le triste état de son nouveau royaume ne suffisait-il pas à absorber son activité ?

En 1724, Philippe, croyant savoir que Louis XV était condamné par les médecins, prit brusquement le parti d'abdiquer en faveur de don Louis, son fils, espérant devenir régent et peut-être roi de France. Mais Louis XV vécut, et la mort de don Louis permit au monarque de reprendre le gouvernement de ses Etats ; il le garda encore pendant près de vingt ans.

Dévoré par un ennui incurable, dégoûté des hommes et de la laideur de l'Espagne, il avait cru échapper à la nostalgie de la France, en bâtissant à San Ildefonso, non loin de Ségovie, une résidence somptueuse au sein d'une contrée rappelant assez bien les sites alpestres. La reine y fit établir des fontaines plus importantes que celles de Versailles :

« — Elles m'ont coûté trois millions, disait Philippe, et elles m'ont amusé trois minutes ».

Détestant l'Escorial, c'est à San Ildefonso, plus communément appelé la Granja, que le premier Bourbon d'Espagne choisit sa tombe.

Son fils, Ferdinand VI mit fin à la guerre de la Succession d'Autriche. Un historien sérieux fait de cet « excellent roi », un pompeux éloge ; il le dépeint « appliqué tout entier à l'organisation intérieure, protégeant l'industrie, les sciences et les arts ». Autre est l'appréciation de l'auteur français cité tout à l'heure : « Né d'une mère phtisique (Louise de Savoie) et d'un père hypocondriaque, petit de taille, faible de constitution, de physionomie lourde et vulgaire, il fut sujet comme son père à des accès d'humeur noire qui, à la fin de sa vie, allèrent jusqu'à la démence. Si Ferdinand VI a eu plus de bon sens que Philippe V, il a eu moins d'activité que lui et n'en a été qu'une copie gauche et assez effacée ». Je dois dire que le sentiment des Espagnols se rapproche bien plus du premier point de vue que du second, et là aussi me paraît être la vérité.

Sur le fronton du palais je lisais tout à l'heure cette inscription :

PHILIPPE II A COMMENCÉ L'ŒUVRE
PHILIPPE V L'A CONTINUÉE
FERDINAND VI *LE PIEUX* L'A ACHEVÉE.

Les ailes qui flanquent le principal corps de logis portent :

CHARLES III L'A AGRANDIE.

* * *

En définitive, à la mort de ce dernier souverain, l'Espagne avait reconquis son rang en Europe. En moins d'un siècle, les Bourbons l'avaient relevée de l'abjection où elle se trouvait réduite sous le dernier descendant mâle de Charles-Quint.

L'administration avait été transformée, centralisée, simplifiée. Les grands Conseils de Castille, des Indes, des Finances, des Ordres militaires, de la Guerre et de l'Inquisition subsistaient toujours ; mais leurs rouages étaient moins compliqués, leur importance diminuée.

La prépondérance de la noblesse et du clergé dans les affaires de l'Etat a disparu. Le Roi conserve à ses côtés un directeur des affaires politiques ; si nul n'a la dignité d'un Jimenez ou d'un Granvelle, il faut reconnaître qu'Albéroni, Patino, Campillo, La Ensenada, Florida-Blanca et Campomanès sont d'autres personnalités qu'Alvaro de Luna, le duc de Lerme, Olivarès et don Louis de Haro. Les charges de vice-roi, de connétable, de gouverneurs de provinces sont abolies ; aux « titrés d'Espagne » succèdent des commis dont les attributions se rapprochent de celles de nos fermiers généraux. Les Cortès qui avaient joué un si grand rôle dans la vie nationale et qui se composaient des députés du clergé, de la noblesse et des villes, perdent peu à peu de leur importance : le Roi ne les convoque plus guère que pour la forme et les congédie parfois, sans même leur avoir demandé avis ; les quatre grandes régions qui avaient joui pendant si longtemps d'une autonomie parfaite — Castille, Aragon, Navarre et Vascongades — se fusionnent dans le « Royaume des Espagnes ».

Un souffle puissant d'unité a passé sur la Péninsule ;

les Indes lui demeurent fidèles ; son armée et sa marine imposent le respect ; la création des ministères, qui a permis de placer un spécialiste à la tête de chaque service, a donné à l'action gouvernementale une activité et une précision étonnantes. Il faut la stupidité d'un Charles IV, l'inconduite d'une reine, l'incapacité et la trahison d'un favori, pour ruiner, d'un seul coup, cet incontestable progrès.

* * *

Ce Charles IV, je vais le retrouver à la *Casa del Labrador*, perdue au fond des bois. Il se révèle tout entier dans le cabinet secret du palais. S'imagine-t-on, en pareil lieu, des ivoires finement sculptés, des mosaïques de prix, un siège « privé », si luxueusement installé qu'on le prendrait pour un trône? J'ai partagé sur ce point l'illusion universelle, et il a fallu que l'appariteur fît jouer certain mécanisme pour me convaincre de mon erreur.

Chacune des dix-huit salles possède plusieurs horloges et pendules, qui se paieraient aujourd'hui un prix fabuleux et qui rappellent la manie du monarque pour ce genre de collections. Rien n'approche de la finesse des broderies de soie qui forment les tentures de la « salle de billard » ; les lustres sont réellement plus riches que ceux du grand palais ; le *Gabinete de platina* à lui seul a absorbé près de quinze millions de francs : ses parois, en bois très rares, sont décorés de dessins et d'incrustations en or et en platine du plus merveilleux effet ; ces mêmes métaux ont été prodigués dans les arabesques des frises et des plinthes, dans les encadrements des portes, des fenêtres et des médaillons ; comme dans la salle des *Maderas finas* de l'Escorial, tout autre métal a été soigneusement exclu. Franchement, dépenser cinquante millions, au bas mot, pour bâtir cette demeure qui ne répond à rien, lorsque l'Espagne est si riche en résidences royales, c'est folie pure. Charles IV les eût mieux employés à combler le déficit sans cesse grandissant de son budget.

Quel règne que le sien ! Bonaparte avait-il tort de lui reprocher l'ignominie de sa couronne ? Il donne sa confiance à un hidalgo de caserne, distingué par la reine, et dont elle fait son amant ; il le comble de dignités ; il le gorge d'or ; il ne peut se passer de sa présence ; il lui donne carte blanche pour décider de la guerre ou de la paix.

Godoy se laisse acheter par le Directoire ; il fait signer à son maître le traité de San Ildefonso, par lequel le descendant de Louis XIV fait alliance avec la République qui vient d'envoyer son cousin à la mort ; puis il sert et trahit tour à tour Napoléon. Pour se tailler une principauté dans le Portugal démembré, il livre le Roi, l'héritier présomptif de la couronne, la Maison de Bourbon, l'armée, la flotte, l'Espagne entière.

Les grands le détestent en raison de son crédit et de sa morgue ; Ferdinand lui a voué une haine mortelle, à cause de ses intérêts compromis et de la part que le favori prend aux scandales qui déshonorent sa famille ; la nation s'indigne contre le traître...

Cependant une conspiration s'ourdit, dont Ferdinand est l'âme. Ce malheureux prince « sournois, cafard, lâche, avec une physionomie bête et ingrate », écrit à Napoléon pour le supplier d'ouvrir les yeux à « ses bons parents ». Ils sont ouverts, en effet, mais sur le complot de leur fils ; et Ferdinand, pour se tirer d'affaire, dénonce tous ses complices.

Charles IV, qui chasse, menuise les manches retroussées et visite ses écuries, laisse là ses occupations pour aviser son excellent ami, l'Empereur, des menées occultes de l'héritier de la couronne et lui demander conseil. La reine, sans scrupules, sans religion, bien que couverte de reliques, sans morale, sans vertus naturelles, puisqu'elle hait son fils et souscrit à la déchéance de sa fille, régente de Portugal, la reine, dis-je, joint ses doléances à celles de son mari.

Napoléon les convoque tous trois à Bayonne et la comédie se termine par un exil général. Charles et sa femme sont expédiés à Compiègne ; Ferdinand et ses deux frères deviennent les hôtes de Talleyrand en son château de Valençay avec un million de revenu annuel.

* * *

Peu de temps avant le départ de la famille royale, le 17 mars 1808, une émeute avait éclaté dans Aranjuez. Le peuple était franchement pour Ferdinand contre Godoy. Le favori avait son hôtel en face du palais. La multitude fait le siège de la maison, en force les portes, la met au pillage et donne la chasse au propriétaire, en hurlant des menaces de mort. Il réussit à se cacher dans son grenier sans être découvert. Au bout de trente-six heures, presque mort de fatigue, de peur, de faim et de soif, il se fait reconnaître par une sentinelle qu'il tente d'acheter à prix d'or. Le soldat résiste et le livre à ses chefs. On le conduit à la caserne où il avait fait ses débuts ; mais on a des peines infinies à le soustraire aux fureurs de la populace qui l'accable d'injures et de coups. Quand on tente de lui faire quitter la ville, la voiture qui l'emmène est mise en pièces et Charles IV, pour sauver son indigne ministre, se voit forcé de lui ôter tous ses titres, toutes ses charges, tous ses biens, et, comme cela ne suffit pas pour désarmer l'émeute, il signe sa propre abdication et reconnaît la royauté de son fils.

Quelques jours plus tard, Napoléon donnait à ces honteuses aventures la conclusion que l'on connaît. Ferdinand dut reconnaître le compromis d'Aranjuez pour nul et non avenu; quant à son père, il n'était remis en possession de la couronne que pour la poser de ses propres mains sur la tête de Joseph Bonaparte.

Ce fut là, de la part de Napoléon, une faute irréparable : l'Empereur connaissait son frère aussi bien qu'il ignorait l'Espagne.

Joseph avait fait preuve à Naples d'une insuffisance notoire.

L'Espagnol, au dire de Napoléon, était vil et méprisable comme l'Arabe : ses armées en auraient bien vite raison. Il fut obligé de convenir qu'il s'était trompé ; ses généraux, du reste, ne tardèrent pas à le renseigner et voici ce qu'ils lui mandèrent : « Partout des figures haineuses... Une langue à cris gutturaux ; un peuple bizarre, sauvage, féroce... Le teint basané ; l'œil noir, couvert d'un épais sourcil ; le front rasé ; les cheveux abondants, relevés en un énorme paquet qui pend sur la nuque ; un mouchoir de couleur noué autour de la tête... Un cou nu, rouge et noirci ; des dents blanches aiguës comme celles des loups en colère... Des mendiants fourmillant de vermine ; des hidalgos dépenaillés, roulés majestueusement dans les loques de leurs manteaux bleus, le sombrero rabattu sur les yeux, se chauffant au soleil, jouant de la guitare, avec des regards inquiets, toujours prêts à jouer du couteau. Et cette nouveauté : point d'espions ! Cette gêne : point de juifs ! Une armée de moines, cadre d'un peuple en armes. Les femmes curieuses, l'œil ardent, s'approchent, regardent et s'enfuient, appât à l'embuscade... Ce sont toujours les mêmes Espagnols, mélangés du Catalan, du Carthaginois, du Romain, du Vandale et du Maure, qui ne distinguent jamais la chose de la personne, qui réduisent toute dissidence d'opinion à ce dilemme : « Tue ou meurs... » On ne marche qu'au milieu des alertes, bientôt des guet-apens ; les courriers arrêtés la nuit aux auberges répugnantes et traîtresses, aux tournants des chemins ; les étapes harassantes ; la soif, en attendant les supplices... (1) »

Il convient, toutefois, de dire à la décharge des Espagnols, qu'après la déclaration de guerre du 7 mars 1793, les troupes républicaines ayant envahi le Guipúzcoa, la Biscaye et la Catalogne, y commirent des violences, des atrocités, des profanations, des crimes sans nom. A l'exaspération occasionnée par de tels forfaits venait s'ajouter la persuasion que les soldats de Napoléon n'étaient que des hérétiques ; la Révolution, l'œuvre de Satan, et que la conquête de la Péninsule aurait pour effet d'y faire régner l'irréligion et l'athéisme. Lorsqu'on envisage les choses sous cet angle, on comprend mieux les extrémités auxquelles se laissa entraîner le peuple : les puits comblés, les sources empoisonnées dans un pays qui manquait d'eau ; nos détachements isolés impitoyablement massacrés ; nos prisonniers brûlés à petit feu, coupés en morceaux, cloués par les quatre membres aux portes des granges, soumis à des raffinements de tortures auxquels les femmes prenaient la part la plus active et la plus sauvage.

Les magnificences d'Aranjuez perdent un peu de leur charme, lorsqu'on songe à tout cela.

(1) A. Sorel : VII : 255.

Et comment ne pas y songer, en ce lieu témoin des fautes, des hontes et des trahisons qui favorisèrent les desseins de Bonaparte ?

Le même jour, je reprenais à Madrid l'express pour Lisbonne.

CHAPITRE XVII

VERS LISBONNE

Le rapide met dix-sept heures à franchir les 600 kilomètres qui séparent les deux capitales. Grand Dieu ! Quel supplice ! Il est vrai que j'ai la ressource de faire un peu d'histoire le long du trajet ; je ne m'en priverai pas, et mes lecteurs, peut-être, s'intéresseront aux souvenirs que je vais faire revivre.

Cent trente-quatre kilomètres se succèdent ; un général espagnol qui partage mon compartiment dort et ronfle en sourdine ; le train coule doucement sur les rails, traversant Illescas, où François Ier fut présenté à l'Infante Eléonore, que le traité de Madrid lui avait réservée pour femme; puis Torrijos, résidence chère à Pierre-le-Cruel.

A Talavera de la Reina, nous reprenons pied dans la guerre de l'Indépendance en retrouvant les rives du Tage.

Napoléon venait de quitter l'Espagne, laissant le commandement supérieur à son frère Joseph qui posait volontiers en homme de guerre, sans connaître le premier mot de l'art des batailles. Le vieux Jourdan fut nommé major-général : 36.000 hommes lui étaient directement soumis ; le reste était dispersé sous les ordres de Soult et de Ney dans le Nord ; de Victor en Castille ; de Moncey en Aragon ; de Gouvion-Saint-Cyr en Catalogne, en tout près de 200.000 combattants. Soult devait exécuter une marche militaire sur Lisbonne et Victor descendrait la vallée du Tage pour lui prêter main-forte. Malheureusement, le duc de Dalmatie trouva sur sa route un pays franchement soulevé. « De tous les villages, au son des cloches, aux appels des curés, surgissaient des bandes de paysans armés, hurlants et féroces. » Au lieu d'une marche militaire, c'était une guerre de guérillas qui recommençait chaque jour. Soult s'empara d'Oporto, mitraillant ou noyant dans le Duero une dizaine de mille Portugais. La résistance rencontrée lui fit peur ; il s'établit dans la ville, laissant Lisbonne ouverte aux Anglais qui se hâtèrent d'y débarquer de nouvelles troupes avec Wellington pour les commander.

Soult, à cette première faute, en ajouta une seconde. L'ambition lui était venue et il donnait des réceptions comme s'il avait déjà été roi de Portugal. Entre temps, la discipline fléchissait, la vigilance du général en chef se relâchait, si bien que Wellington, tombant sur les Français à l'improviste, leur donna une chasse vigoureuse à travers les défilés, où les *guérilleros* assassinaient les blessés et les traînards.

Victor, de son côté, après avoir remporté quelques avantages et tué ou fait prisonniers 20.000 Espagnols, avait établi ses cantonnements près de Talavera. Joseph et Jourdan vinrent l'y rejoindre. L'arrivée de Wellington débarrassé de Soult était imminente. Le plus sûr était d'ordonner au duc de Dalmatie de dessiner un mouvement vers Placensia pour menacer la ligne de retraite des Anglais et de prendre, en attendant, une position défensive. C'était l'avis de Jourdan, mais Joseph et Victor voulurent combattre. Encore fallait-il le faire avec résolution. Mais l'action fut engagée au hasard ; l'attaque contre la gauche anglaise, le premier jour fut mollement conduite ; les réserves ne furent pas utilisées ; et lorsqu'enfin le maréchal Victor, voyant les Anglais ébranlés, demanda qu'on le soutînt pour achever la victoire qui, vers la fin de la seconde journée apparaissait certaine, Joseph et Jourdan lui prescrivirent de se replier. Nous avions sacrifié 6.000 hommes pour le mince avantage de garder nos positions (28 juillet 1809). Quelques jours plus tard, l'avant-garde de Soult apparaissait et Wellington, pour ne pas être pris entre deux feux, se retira en toute hâte vers le Portugal, abandonnant ses alliés espagnols qui payèrent les frais de son expédition.

Talavera est une petite ville jolie et proprette, bâtie à quelques cents mètres de l'Alberche qui, avec le Tage, féconde ses alentours. De vieilles murailles bordent le fleuve ; des jardins s'étendent jusqu'aux mamelons couverts d'oliviers qui forment les premiers renflements de la Sierra de Gredos.

Un ravin profond divise la *Vega* et permet à un tout petit ruisseau de descendre jusqu'au Tage. C'est dans ce petit cours d'eau qu'Anglais et Français, par un commun accord, vinrent se rafraîchir en pleine bataille, pendant les trois heures les plus chaudes du jour.

* * *

Navalmoral. La physionomie du pays s'est peu à peu modifiée. En pénétrant dans l'Estramadure, on a devant soi la superbe sierra qui forme le plateau central de l'Espagne. Elle est d'un aspect imposant et souvent fantastique, avec ses déchirures, ses failles, ses crêtes déchiquetées couvertes de neige. Le Tietar affleure sa base, arrosant une région déjà vivifiée par d'autres eaux courantes, égayée par des bosquets et des vergers verdoyants et fleuris.

Mais ce n'est là qu'une bande étroite qui ne saurait faire oublier que l'Estramadure est avec la Manche la contrée la plus stérile et la plus désolée de l'Espagne. La Sierra de Gredos, dont les pics les plus élevés ont une altitude de près de 3.000 mètres, forme l'anneau intermédiaire entre la Sierra de Guadarrama et celle de Gata qui se soude, à son tour, à la serra portugaise *da Estrella*. Rares sont les routes qui traversent ces massifs; on se demande comment le Tage a réussi à s'y frayer la sienne. Ces solitudes immenses, où les centres habités sont clairsemés, où ne croissent dans les parties profondes que des genêts, des bruyères et des cistes, sont généralement parcourues par trente ou quarante mille pâtres, pauvres et à moitié sauvages. Autrefois, paraît-il, la population était plus dense; au temps des Romains, le Tage était navigable de Tolède jusqu'à la mer, et la contrée passait pour une des meilleures de l'Ibérie. Les grands feudataires de la couronne et les commanderies des Ordres militaires commencèrent par dégoûter le paysan de la culture; un peu plus tard, Fernand Cortez, Pizarre et les autres *conquistadores*, originaires de l'Estramadure, entraînèrent à leur suite toute la jeunesse vaillante du pays, séduite par leurs exploits.

La traversée de cette région horrible fut particulièrement funeste à l'armée de Junot, envoyée, dès novembre 1807, pour la première conquête du Portugal.

Elle était venue, à titre d'alliée de l'Espagne, de Bayonne à Salamanque, rapide comme une trombe. A ce moment-là, Napoléon ne s'était pas départi encore de ses assurances amicales et nul ne devinait l'astucieux et fourbe personnage que la campagne de 1808 allait dévoiler.

Les Espagnols, qui n'avaient vu qu'en imagination les glorieux vainqueurs de Marengo, d'Austerlitz et d'Iéna, furent déçus dans leur espoir. Ils apercevaient de chétifs conscrits pouvant à peine porter leurs sacs et leurs armes; on eût dit des convalescents quittant l'hôpital, plutôt qu'une armée marchant à la conquête d'un royaume.

Les Français avaient pris au plus court, par Ciudad-Rodrigo et Alcantara, au lieu de suivre l'ancienne Via Larga des Romains qui se faufile à travers les deux grandes sierras.

Rien n'était préparé pour les recevoir; gîte et vivres faisaient défaut. Pour comble d'infortune, la pluie et la neige se succédaient sans relâche. « Les sentiers que suivaient les diverses colonnes étaient entièrement défoncés et disparaissaient même sous les pas des hommes et des chevaux. Trompées par des guides à demi sauvages qui se trompaient souvent eux-mêmes, faute d'avoir jamais franchi les limites de leur village, plusieurs colonnes s'égarèrent et arrivèrent près des crêtes de la chaîne, au village de Perra-Parda, épuisées par la fatigue et la faim, laissant sur la route une partie de leur monde. Il fallait, pour vivre, aller coucher jusqu'à la Moraleja sur le revers des montagnes. Une tempête affreuse survint. En un instant, tous les torrents furent débordés et au milieu du mugissement des vents, du bruit des eaux, nos soldats inexpérimentés, n'ayant presque pas mangé depuis plusieurs jours, n'espérant pas de gîtes meilleurs pour les jours suivants, furent saisis d'une démoralisation subite. La nuit étant venue, et les tambours détendus par la pluie ne donnant plus de sons, une sorte de confusion s'introduisit dans cette marche. Les soldats, ne distinguant pas les lieux, ayant de la peine à s'apercevoir les uns les autres et cherchant à communiquer entre eux par des cris, firent retentir ces montagnes de hurlements sauvages. L'indiscipline s'était jointe au désespoir et la scène était devenue affreuse. Cependant, une première colonne étant arrivée vers onze heures du soir à la Moraleja et ayant trouvé là un détachement au repos, fit connaître dans quel état elle avait laissé le reste de l'armée. On fit sortir les hommes les moins fatigués pour aller au secours de leurs camarades. On alluma de grands feux ; on plaça un fanal au sommet du clocher; on sonna le tocsin pour attirer sur ce point les hommes égarés. Les vivres manquaient absolument. Les soldats, dans le délire de la faim, ne respectant plus rien, se livrèrent au pillage et ravagèrent ce malheureux bourg, qui fut ainsi victime de l'inexactitude du gouvernement espagnol à remplir ses promesses. Peu à peu, dans la nuit, tout ce qui n'avait pas succombé à la fatigue, tout ce qui n'avait pas été noyé dans les torrents ou assassiné par les pâtres, atteignit le gîte dévasté (1) ». Près de 5.000 hommes avaient péri ; beaucoup de chevaux étaient morts de faim ou n'avaient pu suivre faute de ferrure. On n'avait plus que six bouches à feu ; quant aux munitions, il avait fallu les abandonner en chemin avec le reste du matériel. D'ailleurs, il fallait encore descendre jusqu'à Alcantara puis s'engager dans les montagnes du Béïra, semées de contreforts abrupts, séparés les uns des autres par des ravins épouvantables, tailladés, entièrement dépeuplés et privés de toute ressource.

Cette marche de Junot tient du prodige ; sa fermeté

(1) Thiers ; VIII, L. 29.

d'âme, son héroïsme, sa résolution insensée de courir malgré tout sur Lisbonne, sans canon, sans cavalerie, sans cartouches, avec des soldats « éreintés, délavés faisant horreur, presque moribonds, escortés de paysans qui pour les étouffer n'avaient qu'à se serrer autour d'eux ; avec des officiers réduits à leurs hardes déchirées, sans forme ni couleur, privés de linge », privés de tout, — cet héroïsme et cette résolution, dis-je, valurent à Junot le titre de duc d'Abrantès. Mais cette horrible campagne semble avoir eu raison de la valeur et de la fougue impétueuse de l'ancien aide de camp de Napoléon. L'expédition de Russie ne vit plus qu'un Junot alourdi, alangui, et le pauvre duc d'Abrantès finit peu après dans un accès de fièvre chaude, comme Berthier, en se jetant par une fenêtre.

Il est des limites que les forces humaines ne sauraient dépasser ; ce fut le crime de Napoléon d'avoir poussé incessamment ses généraux et ses soldats vers des excès de ce genre.

* * *

De Navalmoral où nous sommes arrivés, part le sentier qui conduit au monastère hiéronymite de Yuste où Charles-Quint vint mourir. Dès 1555, à Bruxelles, il avait annoncé son dessein. Il le réalisa deux ans plus tard. Singulière idée d'être venu s'enfermer dans un couvent muré de toutes parts par des montagnes, au sein d'une région empierrée, décharnée, sans plaine ni chemins ni eaux courantes. Il n'y demeura guère qu'une année, au grand contentement de ses officiers et de ses serviteurs, pour lesquels cet enterrement de première classe n'offrait qu'un médiocre attrait.

Charles prit au sérieux son rôle de reclus : il n'intervint dans les affaires de l'Etat que lorsque son fils lui demanda conseil. Son train de maison était modeste, comme il convenait à un homme qui avait été à court d'argent toute sa vie. Sa piété n'avait pas à croître pour être sincère et édifiante ; sa bonhomie continuait à lui gagner les cœurs. Le récit de ses obsèques célébrées de son vivant n'est vraisemblablement qu'une fable : Charles-Quint avait assez d'autres travers sans qu'on lui prête une bizarrerie pareille.

Son vice incurable — vice qui l'emporta dans la tombe — fut la gourmandise. Il avait toujours été maladif, frileux, sujet aux convulsions ; mais il paraît certain que son amour du poisson, des huîtres, du gibier, du pâté d'anguilles, des melons, des pêches, de la bière et du bon vin le rendit podagre à trente ans, puis sujet à de douloureux accès de goutte. Sa passion du cheval lui avait valu des hémorrhoïdes ; la vie des camps l'avait rendu asthmatique et le cloître ne put le préserver ni des indigestions ni d'autres accidents plus humiliants encore, que son péché de gloutonnerie lui attirait. Le 21 septembre 1558, après avoir trop copieusement soupé la veille, l'ancien rival de François Ier expirait. Voilà l'homme ; nous retrouverons l'empereur un peu plus tard dans son palais inachevé de l'Alhambra.

*
* *

C'est à Plasencia que vient aboutir la ligne qui de Salamanque descend vers le Tage, par Alba de Tormès et Béjar. Comme Tolède, la ville couronne un haut mamelon, isolé du massif granitique voisin par les gorges profondes où coule le Jerte. Elle est ceinte de la double muraille et des soixante-huit tours qui datent du siècle d'Alphonse IX (1189). On prétend qu'elle est la patrie des parents de Christophe Colomb. Les Zuñiga, ducs de Plasencia et d'Arevalo y résidaient. Un enfant de cette noble famille y fut ressuscité par l'intercession de saint Vincent Ferrier et le saint lui-même, — quelque extraordinaire que le fait puisse paraître à nos libres penseurs modernes — vint y prêcher après sa mort (1).

A droite s'étendent les Jurdes et les Batuecas, régions affreuses qui couvrent près de 300 kilomètres carrés, avec une population de 4.000 habitants, sans chemins, presque sans prêtres ni instituteurs ; en revanche, les sangliers y abondent.

Le train oblique brusquement vers le sud et franchit le Tage, laissant à quelque distance l'intéressante Alcantara, second berceau de l'Ordre célèbre qui porte ce nom. Son pont romain, long de 188 mètres, fait pendant à l'aqueduc de Ségovie : c'est l'une des grandes curiosités de l'Espagne. Trajan le fit construire l'an 105 de notre ère, avec une tour fortifiée et un petit temple qui subsistent encore...

Vaincu par la fatigue, je finis par m'endormir. Le général, sur sa banquette, continue de ronfler en cadence.

Mardi 15 septembre.

Il est tard lorsque je me réveille : le soleil est chaud et la poussière qui a filtré sans désemparer à travers portières et fenêtres m'a couvert d'un blanc linceul. Au dehors, « des roches grises et des vallonnements de terre nue, coupés de failles profondes qui sont des lits de torrents ». Le paysage est infertile et sauvage ; l'aridité n'a fait que s'accroître ; le feuillage des arbres est entièrement desséché.

(1) P. Fages : *Histoire de saint Vincent Ferrier* : I ; 319, 320.

Se cambiar de tren. A Valencia d'Alcantara on prend les voitures portugaises ; à Marvas, la station suivante, il faut se prêter à la visite de la douane.

Le type portugais est tout différent de ce que j'ai vu en Espagne. Une petite tête ronde, surmontée d'un immense chapeau de feutre qu'on doit se transmettre de père en fils, et de longues jambes grêles.

La race est résistante, fière, avide de liberté. Primitivement, elle fut un mélange d'Ibères et de Celtes ; plus tard, les Grecs, les Suèves, les Wisigoths et les Arabes y ajoutèrent leur alluvion. Pour la réduire, les Romains usèrent plusieurs armées et nombre de généraux de valeur ; et encore, pour aboutir au succès définitif, firent-ils assassiner Viriathe le pâtre indomptable et Sertorius, le rival de Sylla.

Au XIe siècle, Alphonse VI de Léon enleva le Portugal aux Maures et le donna en fief à son gendre, Henri de Bourgogne, dont le fils Alphonse prit le titre de roi. En 1383, la ligne légitime s'éteignit et Jean Ier, fils naturel de Pierre le Justicier, fut reconnu souverain. Le petit royaume s'illustra par les découvertes de ses navigateurs, s'enrichit par les conquêtes de Vasco de Gama, de Cabral qui s'installa au Brésil et d'Albuquerque qui procura à sa patrie les magnifiques possessions des Indes. L'apogée de la puissance fut atteinte sous Emmanuel le Grand. Lors de l'extinction de la ligne illégitime de Bourgogne, Philippe II soumit le Portugal à l'Espagne (1580) ; mais le peuple et la noblesse ne supportèrent qu'à regret cette domination odieuse et ils profitèrent de la faiblesse de Philippe IV pour saluer l'avènement du duc de Bragance (1640). L'alliance du Portugal avec l'Angleterre lui valut d'être envahi, en 1807, par l'armée française ; la famille royale se réfugia au Brésil. En 1825, le Brésil se déclara indépendant sous le sceptre du roi émigré. Son fils, don Pedro, fit proclamer reine de Portugal sa fille dona Maria, qui épousa Ferdinand de Saxe-Cobourg. Il y a quelques années les révolutionnaires brésiliens signifièrent son congé à leur empereur, si bien que la maison de Bragance ne règne plus ni d'un côté ni de l'autre de l'Océan Atlantique. Don Carlos, le roi de Portugal actuel, a uni ses destinées à celles de Marie-Amélie d'Orléans.

Les Portugais sont presque tous catholiques. On sait par quelles machinations odieuses, l'infâme Pombal obtint du faible Joseph Ier, en 1759, le décret d'expulsion des Jésuites.

Les Ordres monastiques ont été abolis en 1834 et les biens-fonds des églises vendus en 1862; le gouvernement subventionne les évêques, mais les curés sont à la charge des fidèles.

La Franc-Maçonnerie a soumis le clergé à une servitude lamentable : tous les mandements des évêques sont soumis à l'examen du procureur général de la Couronne qui est un prêtre excommunié ; aucun clerc ne peut être admis aux saints Ordres sans l'autorisation du ministre de la justice. Tel est le régime imposé aux catholiques depuis la capitulation d'Evora par les radicaux sectaires, appuyés par l'or anglais et les canons du roi Louis-Philippe.

L'Angleterre avait tenté d'aller plus loin au milieu du XVIIIe siècle, lorsque, avec la connivence de Pombal, elle avait négocié le mariage du duc de Cumberland avec la princesse de Béïra, en vue de protestantiser le Portugal.

* * *

A partir de Cunhéira, les arbres deviennent plus nombreux dans la lande inhabitée ; les gares sont espacées et misérables.

Voici un peu de verdure et de fraîcheur : du blé de Turquie, des joncs, des arbres fruitiers, des aloès, des cactus en ligne, des figuiers, des vignobles.

Abrantès apparaît toute blanche sur une hauteur qui domine le Tage ; elle est enceinte de mamelons hérissés d'oliviers : on dirait des pelotes garnies de grosses épingles.

C'est ici que Junot apprit le départ de Jean VI pour le Brésil : 25.000 Portugais capitulaient d'avance devant une poignée de soldats dépourvus de tout, qu'un millier d'hommes résolus auraient suffi à réduire. Mais Wellington allait bientôt donner aux Français du fil à retordre. Napoléon eut tort de le mépriser : ce n'était ni un stratégiste transcendant ni un tacticien impeccable ; sa méthode, toujours la même, consistait à choisir une position soigneusement étudiée, à la fortifier, à s'y établir et à la défendre jusqu'à la mort. Il laissait l'ennemi apparaître à la lisière du plateau, le faisait mitrailler à bout portant et dételait les chevaux de ses canons, dont les servants venaient se réfugier dans les masses de l'infanterie. Les charges de cavalerie se brisaient contre cette barrière d'airain ; puis, lorsque l'ennemi découragé était contraint à se replier, les artilleurs revenaient à leurs pièces et achevaient la déroute.

Wellington vint successivement à bout de Junot, de Victor, de Jourdan, de Soult, de Masséna, de Marmont jusqu'à ce que, à Waterloo, il triomphât du génie de la guerre en personne.

On quitte la triste région de l'Alem-Tejo pour entrer dans l'Estramadure portugaise. « Les horizons montueux se chargent de bois touffus, bas, mêlés de hautes herbes qui doivent être des remises merveilleuses. Des villages, d'une blancheur d'Orient, brillent çà et là, comme des gemmes. Puis la terre s'aplanit ; nous franchissons le Tage, large fleuve coupé de bancs de sable, limoneux, sillonné de barques aux formes de gondole, aux voiles pointues couleur d'ocre. Nous suivons la rive droite. Une des plus belles vallées du monde s'ouvre et va vers la mer : elle s'agrandit démesurément ; elle est verte, elle est bleue, elle est bordée au loin par la lueur des eaux vives. La richesse de ses limons modèle puissamment des futaies d'oliviers, met l'étincelle des sèves jeunes à la pointe des herbes, épaissit les cimes rondes des bosquets d'orangers (1).

Constantia, aux maisons crépies à la chaux et couvertes de tuiles rouges, paraît sourire au fleuve du haut de l'escarpement qui la porte ; tout au sommet se dresse une monumentale église.

Plus pittoresque encore est le site de Santarem qui surplombe le Tage de très haut. César l'avait nommé *Præsidium Julium ;* les chrétiens y établirent le culte de sainte Irène et c'est de là qu'elle tire son nom. Alphonse VI de Léon l'enleva aux Maures, et Pierre Ier de Portugal y livra au dernier supplice les meurtriers de son épouse morganatique, Inès de Castro. Camoëns a chanté ce cruel épisode. La noblesse portugaise, redoutant l'influence de la belle Espagnole, supplia le roi Alphonse IV de consentir au meurtre de la malheureuse jeune femme. Venu pour lui annoncer lui-même le sort que la politique lui réservait, il se laissa fléchir par les larmes de sa bru. Trois gentilshommes, que les supplications de l'infortunée ne purent émouvoir, l'égorgèrent sous les yeux de ses enfants. Pierre refusa longtemps de pardonner à son père ; il finit par se réconcilier avec lui sur les instances de l'archevêque de Braga ; mais à peine monté sur le trône, il obtint de Pierre le Cruel, roi de Castille, l'extradition de deux des meur-

(1) René Bazin.

triers ; le troisième avait réussi à s'enfuir. L'un fut brûlé vif ; à l'autre on arracha le cœur devant les fenêtres mêmes de la résidence royale de Santarem et sous les yeux de l'impitoyable justicier qui était à table.

Pierre fit ensuite exhumer les restes de la défunte ; il ordonna de les disposer sur un trône au milieu d'une pompe extraordinaire, fit serment qu'Inès avait été vraiment son épouse et obligea toute la noblesse à se prêter à la cérémonie du baise-main.

Aucun des fils d'Inès ne succéda à son père sur le trône de Portugal : après la mort de Pierre Ier, la couronne passa à la branche illégitime.

Santarem possède un séminaire qui est le plus fréquenté du royaume.

Villafranca, comme son nom l'indique, doit son origine à une colonie française.

Le Tage est devenu très large. A Albandra, patrie du grand Albuquerque, il coule à même une campagne plate qui s'étend à perte de vue sur la gauche ; à droite un petit fort marque l'extrémité des célèbres « Lignes de Torrès Vedras » (*Torres veteres*, vieilles tours), utilisées et fortifiées par Wellington pour couvrir Lisbonne. Elles formaient trois courbes concentriques de hauteurs allant de la mer au Tage, hérissées de redoutes et de canons, couvertes par des palissades et des abatis d'arbres ; 70.000 hommes les défendaient. Masséna, sa ligne de retraite assurée par la prise de Ciudad-Rodrigo due au maréchal Ney et par la cavalerie de Montbrun qui observait la vallée du Tage, — Masséna, dis-je, prit le parti de se tenir l'arme au pied devant ces forteresses imprenables. Mais il fallait faire vivre une armée de 60.000 hommes dans un pays pauvre et que des réquisitions incessantes devaient ruiner au bout de quelques semaines.

Vers la fin de février 1811, il ne restait plus à l'armée ni vivres, ni santé, ni force morale ; on dut songer à la retraite. Ney se chargea de la couvrir, s'exerçant là aux prodiges d'héroïsme qu'il devait réaliser l'année suivante sur les rives du Dniéper et de la Bérésina.

Wellington poursuivit les Français ; il leur offrit la bataille aux environs de Ciudad-Rodrigo, à Fuentès d'Oñoro, où la jalousie de Bessières empêcha Masséna de remporter une victoire signalée. Le duc d'Istrie s'était comporté à Fuentès comme à Essling. Peu de temps après, Masséna était appelé à résigner le commandement entre les mains de Marmont qui devait l'exercer encore plus mal. Il ne méritait pas cette disgrâce. Médiocre stratégiste, il était sans égal sur le champ de bataille qu'il embrassait d'un coup d'œil : le canon lui éclaircissait les idées. Mais vingt ans de guerres avaient usé le prince d'Essling ; il n'avait accepté la direction de l'expédition de Portugal qu'à son corps défendant ; d'ailleurs, qu'attendre d'un général en chef, qui amenait dans ses fourgons la femme d'un capitaine de dragons, dont il avait fait sa maîtresse et qui le suivit durant toute la campagne ?

CHAPITRE XVIII

EN PORTUGAL

Des brigantins voguent sur le Tage, devenu vaste comme un lac ; on voit sur ses bords des amas de ce sel réputé le meilleur du monde ; on côtoie la « Mer de Paille », bassin immense au bord duquel est bâtie Lisbonne et qui donne déjà l'illusion de l'Océan ; le train s'engouffre dans un long tunnel et revient au jour sous le grand hall de Lisboa-Roccio.

La capitale du Portugal est assise sur une suite de monticules à pente assez rapide ; l'amphithéâtre pittoresque de ses terrasses lui tient lieu d'arrière-plan. Je trouve, en descendant le grand escalier de l'*Estaçao central*, une place pavée en mosaïque, plantée d'arbres, bordée de belles façades, rafraîchie par des fontaines. Au centre se dresse une colonne superbe, démesurément haute, portant la statue équestre de don Pedro IV, empereur du Brésil. Tout le côté nord est occupé par l'ancien palais de l'Inquisition. En somme : une ville neuve, bien bâtie, coupée de larges artères, de places attrayantes, de jardins publics où s'épanouit la riche flore des pays chauds. A l'ouest, sur une vaste éminence, le palais royal *das Necessidades* rayonne comme un immense diadème ; à l'est, la vieille cité se groupe autour de la citadelle, autre point culminant ; une esplanade qu'un arc de triomphe monumental sépare de la ville, est ornée d'édifices publics très beaux et aboutit au port. Sur la *Praça*, Joseph Ier plane dans les airs au sommet d'une colonne plus élevée et plus svelte que celle aperçue tout à l'heure.

La visite du faubourg de Bélem me réclame ; c'est là que se rencontre le vrai charme de Lisbonne. On longe la mer, en traversant les ravissants jardins de *São Pedro d'Alcantara*. Pendant près d'une heure, c'est un enivrement pour l'odorat et une fête pour le regard : en face de terrasses soutenues par des arceaux et des pilastres en calcaire rose, à travers les bananiers et les palmiers géants, par dessus les corbeilles, les fleurs les plus exquises et les bustes des grands hommes portugais, on jouit de magnifiques échappées sur l'embouchure du fleuve et la haute mer.

Se peut-il quelque chose de plus délicieusement original que cette tour de *São Vicente* de Bélem, forteresse, prison politique et château royal ? Elle tient à la fois de la pagode hindoue, du donjon normand (Gisors, Falaise, Beaugency ou Loches) et du palais des Doges à Venise. A l'angle d'une enceinte hexagonale, percée d'embrasures, festonnée de créneaux, et ornée de jolies poivrières, s'élève la tour proprement dite, avec balcons et parapets à nervures. Du sein d'un encadrement à machicoulis surgit — on le jurerait du moins — l'alcazar mauresque de Tolède. Le flot bleu vient battre les murailles patinées par les brises marines et par les effluves que lui versent les rayons d'or du soleil. Jetez pardessus une coupole d'azur intense ; prolongez la perspective par un parc à merveilles, supposez au milieu de cette verdure des officiers en grand uniforme, des nègres en veston blanc, des mulâtresses trapues, des femmes du peuple au costume voyant et d'élégantes parisiennes. et vous aurez une faible idée des curiosités de Bélem. Du côté opposé au fleuve, sur les hauteurs d'*Ajuda*, un second palais royal occupe un site magnifique : plus près du Tage, la *Quinta de Baixo* est une troisième résidence mise à la disposition des souverains.

*
* *

Mais le *Convento dos Jeronymos* éclipse tout par sa magnificence. La façade me reporte à celle de *San Pablo* de Valladolid et au *Crucero* de Burgos; ici encore pour préserver un pareil chef-d'œuvre, il faudrait un écrin ; je placerais aussi sous cristal le splendide portail ouest, malheureusement très mutilé.

L'intérieur me confond par sa richesse : j'y remarque les mêmes influences exotiques déjà signalées dans la tour qui fait vis-à-vis. Le monument d'actions de grâces d'Emmanuel le Grand est digne du Très-Haut qui, par Vasco de Gama, avait donné au Portugal la gloire de grandes et de difficiles découvertes, une influence prépondérante dans les Indes et de l'or à foison. L'église fut bâtie sur l'emplacement du modeste hospice où l'illustre navigateur avait passé la nuit qui précéda son premier voyage (7 juillet 1497). Il n'était pas le premier à courir ces grands risques : l'Infant don Henri et Barthélemy Diaz lui avaient frayé le chemin. Gêné entre l'Espagne et l'Océan qui, tout en le limitant, provoquait l'esprit d'aventures, le Portugal était acculé à trouver au loin des débouchés. Après avoir découvert Madère et avant d'avoir entrevu les Açores, ses marins dépassèrent successivement le cap Blanc et le cap

Vert ; puis ils rencontrèrent en Guinée des nègres qu'ils ne cherchaient pas avec l'or qu'ils avaient pensé s'y procurer.

En 1486, Barthélemy Diaz doublait le cap de Bonne-Espérance ; le récit de son voyage fut remis à Vasco par le roi Emmanuel le Fortuné avec mission de trouver la route des Indes. C'était le temps où Colomb, au lieu de se replier vers l'Orient en longeant l'Afrique comme les Portugais, voguait dans une direction tout opposée, à la découverte des Indes Occidentales. Pour éviter tout conflit, on recourut à l'arbitrage d'Alexandre VI. Le pape traça sur la carte une ligne méridienne à 160 milles à l'ouest des Açores : tout ce qui était en deça appartiendrait aux Portugais ; tout ce qui était au delà serait considéré comme territoire espagnol. Mais l'imprévu et la grandeur de nouvelles découvertes firent reporter le trait de démarcation de 160 à 375 milles vers l'ouest.

Vasco, parti avec quatre vaisseaux montés par 160 hommes, franchit la pointe méridionale de l'Afrique, malgré ses marins mutinés qui, assaillis par d'horribles tempêtes, voulaient le forcer à revenir sur ses pas. Il s'arrêta à Mozambique et prit à Mélinde un pilote qui le conduisit à travers l'Océan Indien jusqu'à la côte de Malabar ; il y entama des négociations avec le zamorin. Sa prudence et sa résolution lui firent éviter les pièges de ses ennemis et il revint en Portugal au bout de deux ans.

Après Vasco, Alvarez Cabral retourna vers Calicut ; chemin faisant, ayant trop pris à l'ouest, il découvrit le Brésil. Vasco repartit, en 1502, avec une flotte de vingt vaisseaux ; il fonda des établissements le long de la côte africaine, fit des alliances, bâtit des forts et installa des comptoirs de commerce. Laissé pendant vingt années en disgrâce, il fut renvoyé dans les Indes en qualité de vice-roi et mourut à Cochin peu après son arrivée.

*
* *

Pendant qu'on oubliait les services de son émule, le grand Albuquerque triomphait de la ligue formée par Venise, le soudan d'Egypte et le roi de Perse, s'emparait de Goa et en faisait la capitale des possessions portugaises. Doublant le cap Comorin, il parcourut la côte de Coromandel, prit Malacca et revint avec des trésors immenses. Lui-même, après avoir administré de vastes possessions et donné aux peuples conquis ou tributaires le spectacle d'un gouverneur aimant la justice et fidèle à toutes les lois de l'humanité, mourut pauvre à Goa. Ses successeurs furent loin de l'imiter : les Portugais ne virent bientôt dans leurs colonies que des comptoirs où ils devaient s'enrichir promptement et dans les indigènes, des esclaves qu'ils pouvaient dépouiller et torturer à plaisir. Dépassant Ceylan et Malacca, ils s'établirent au Bengale, au Siam et fondèrent Macao sur la frontière de Chine. Ils allèrent ensuite jusqu'au Japon et conquirent les Moluques; désormais le commerce des Indes leur appartenait et ils avaient ruiné Venise. Mais Dieu ne pouvait bénir les cruautés et les brigandages dont ils se rendirent coupables : dès le milieu du XVIIe siècle, les Hollandais les avaient chassés de presque toutes leurs possessions; il ne leur restait plus que le Brésil qui devait, lui aussi, leur échapper un jour.

Depuis 1880, les cendres de Vasco reposent dans ce magnifique monument, en compagnie des restes de son royal protecteur et de Camoëns, le poète qui a chanté ses exploits. Pauvre Camoëns ! Peut-être sa gloire posthume, s'il avait pu la prévoir, l'eût-elle consolé des tribulations de sa malheureuse existence, car la vie eut peu de charmes pour le plus grand des poètes portugais.

Exilé à Santarem par suite d'un malentendu, il prend du service dans la flotte, combat en héros et revient avec un œil crevé par une balle. Mais nul ne songe même à le plaindre; son talent est toujours méconnu et il se rembarque pour les Indes. Il échappe à mille morts. Tout en combattant ou en naviguant, il continue à travailler à son principal poème. C'est ainsi que cette grande âme se venge de son ingrate patrie : en retour de ses dédains, il écrit une épopée où il raconte les prouesses de ses fils; patriote jusqu'à l'extrême, il meurt de douleur en apprenant la mort du roi don Sébastien et le désastre subi par le Portugal à l'Alcazar-Kébir (1575). Il expira sur un lit d'hôpital sans avoir même un drap pour se couvrir.

Le mausolée splendide où il dort à Bélem ne fait pas oublier son triste destin.

Dans cet extraordinaire couvent, le visiteur va de surprise en surprise; les magnificences du cloître surpassent peut-être celles de l'église; la voûte à nervures si remarquable de la sacristie repose sur un pilier central ciselé comme un candélabre antique; la vue du réfectoire conventuel fait naître un sentiment tout aussi vif d'admiration.

*
* *

La brise qui vient du large enfle les voiles des caravelles silencieuses qui se croisent; beaucoup de steamers sont à l'ancre, mais à distance l'un de l'autre, de sorte que le regard embrasse librement la mer; les lames éclatent, frangeant d'écume vaporeuse la nappe bleue déjà assombrie; le ciel pend comme une immense tenture violette, dont la vague pétillante semble dans le lointain baiser le bord.

ment, cinq d'entre eux sont condamnés à être rompus vifs ; les autres sont entassés dans des bâtiments où tout avait été disposé pour les laisser mourir de faim.

* * *

Le 13 janvier 1759, l'échafaud est dressé à Bélem. Poussant la barbarie jusque dans les moindres détails, Pombal avait voulu que la marquise de Tavora et ses autres victimes parussent en public la corde au cou et presque nues. Dona Eléonor, encore plus fière en ce moment qu'aux jours de ses prospérités, arrive la première sur l'immense estrade où le billot, la roue, le bûcher et le poteau s'élevaient comme pour réunir les différents supplices sous les yeux des condamnés. Elle s'avance, le crucifix à la main, pleine de calme et de dignité. L'exécuteur veut lui lier les pieds :

« — Arrête ! s'écrie-t-elle ; ne me touche que pour me tuer. »

Le bourreau intimidé s'agenouille pour demander pardon.

« — Tiens, continue-t-elle plus doucement, en tirant une bague de son doigt, il ne me reste que cela ; prends et fais ton devoir. »

La tête de dona Eléonor tomba sous la hache. De demi-heure en demi-heure, son mari, ses fils, ses gendres, ses domestiques et le duc d'Aveiro vinrent successivement, en face de ce cadavre palpitant, mourir dans les horreurs de la strangulation, sur la roue ou dans les flammes. Quand le massacre fut consommé, on mit le feu à l'échafaud et le Tage roula dans ses eaux les cendres des suppliciés, confondues avec les sanglants débris de la torture.

Voilà, si je ne me trompe, quelque chose de plus monstrueux que l'Inquisition : à la suite d'un attentat organisé par Pombal, afin d'avoir un prétexte à sévir, une femme innocente, toute sa famille, ses domestiques même sont livrés à une mort cruelle ; des centaines de citoyens honorables et fidèles sont déportés dans des conditions telles qu'ils devaient presque fatalement périr ; quelques-uns sont brûlés vifs... Mais c'est un voltairien qui se rend coupable de tous ces crimes et, du coup, les ennemis de l'Eglise oublient de fulminer contre lui. Dans toutes leurs histoires, cet épisode est passé sous silence ; mais, en revanche, quelle indignation enflammée à propos de la Saint-Barthélemy !

Mercredi 16 septembre.

Après la visite de la *Sé Patriarchal*, ancienne mosquée devenue cathédrale et revêtue à l'intérieur de carreaux de faïence blanche et bleue, je prends à neuf heures le train pour Cintra.

La contrée est riante et gaie ; la voie s'élève entre de belles maisons de campagne, des pins et des chênes, sur les flancs d'une serra escarpée. A trente kilomètres de Lisbonne, une petite ville de 4.000 habitants dort au fond d'une oasis. Le palais royal, datant du XIVe siècle, se reconnaît de loin à ses deux hautes cheminées coniques, à ses arcs mauresques dentelés et à sa corniche arabe à créneaux. Là fut signée, le 30 août 1808, quelques semaines après Baylen, la convention dite de Cintra, aux termes de laquelle les Français devaient évacuer le Portugal.

Junot, après avoir refait ses troupes, confisqué les propriétés anglaises, prélevé une énorme contribution de guerre et disséminé ses troupes dans l'intérieur du pays, s'était trouvé en face d'une armée qui venait de débarquer aux bouches du Mondego sous les ordres de Wellington.

Au lieu de la laisser s'user par la marche, en l'arrêtant dans les défilés si nombreux qui la séparaient de Lisbonne, le bouillant mais imprudent général commit la faute impardonnable d'aller lui livrer bataille devant une position presque inaccessible, couronnée de canons et de trois lignes superposées d'infanterie. La mitraille eut bientôt fait de décimer nos troupes, d'ailleurs inférieures en nombre.

Junot avait risqué le tout pour le tout; il était devenu prisonnier dans sa propre conquête. Il députa Kellermann au quartier général anglais à Cintra. Ce négociateur, doué d'une finesse d'esprit peu commune, fut assez habile pour obtenir que toute l'armée française serait transportée par les navires anglais dans les ports de Bretagne, en conservant avec son matériel et ses armes la faculté de servir à nouveau en Espagne. Napoléon se hâta de l'y renvoyer.

Les lacets de la route conduisent au palais royal supérieur, nommé château de la *Pena* (rocher). Ils se déroulent au sein d'une belle futaie; sous les ombrages recueillis jaillissent des sources très fraîches.

L'Alsacien se croirait dans les beaux chemins en pente, aux tournants difficiles, qui conduisent à son cher sanctuaire de Sainte-Odile.

A quelque cent mètres du but, la route cesse d'être carrossable et la reine elle-même, lorsqu'elle vient à ce château qui a toutes ses préférences, est obligée de mettre pied à terre. On traverse « des jardins abrités, minutieusement tenus, où les fleurs sont vives encore, un bois de mimosas côtoyant un ruisseau très clair, un bois de citronniers, un autre de camélias géants », et l'on arrive à l'entrée d'un tunnel gardé par deux lanciers à cheval, immobiles et le sabre au clair. Le roi et la reine sont là ; si j'avais la bonne fortune de rencontrer un chambellan ou un officier de service, je me hasarderais à solliciter une audience pour un prêtre français, victime de la folie sectaire de Combes, et je suis sûr que Marie-Amélie d'Orléans accueillerait le prêtre et le Français avec faveur.

Mais il est une heure de l'après-midi ; la chaleur est torride ; au palais tout le monde fait la sieste et je me heurte à la consigne inflexible qui arrête le visiteur au seuil du souterrain. Sur les terrasses qui s'appuient sur de hautes galeries ogivales apparaît un portail mozarabe avec un double arceau en anse de panier ; le tympan est décoré de riches faïences avec une rose au milieu ; au sommet de la grande tour flotte le pavillon royal qui indique la présence des souverains.

.˙.

Je me console de ma déconvenue en visitant le *Castello dos Mouros* qui, d'une hauteur vertigineuse, domine Cintra. Ce n'est plus qu'une enceinte crénelée, avec tours datant du temps des Maures, desservie à l'intérieur par un escalier plaqué contre elle et qui épouse toutes les déclivités de la capricieuse falaise.

Comment décrire le panorama qui vint s'offrir à mes regards ?

La plaine qui va, ici, jusqu'aux arêtes de la Serra de Serves, nues et de couleur ardente ; là, jusqu'à la mer, qu'une vapeur insensiblement décolorée fond avec le ciel, est toute constellée de villages, enrubannée de routes, parsemée de forêts de bouleaux, d'ormes et d'eucalyptus qui font tache.

A l'est, la *Corne d'Or* du Tage, Lisbonne immense et toute bleue, « aux horizons doux et plats, avec de vagues silhouettes de palmiers et de pins. » Du côté opposé, placé sur une pyramide démesurément élancée, le château royal, qui flambe au soleil, « tord ses murailles autour de toutes les pointes de roche, dresse en plein ciel la silhouette la plus compliquée de tours rondes et carrées, petites ou énormes, de terrasses crénelées, de coupoles revêtues de faïence et luisantes vaguement. » Aucune symétrie dans ce débordement insensé de marbre ; nulle confusion pourtant : un art consommé a combiné les effets. Sous le feuillage épais des cèdres, une muraille sans support apparent s'accroche brusquement à une tour en belvédère qui surplombe le gouffre. A l'une des extrémités, un donjon massif à dôme bleu écrase de son poids une charmante façade à faîtage fleuronné que cale une svelte échauguette ; deux tours jumelles, reliées par une balustrade aérienne, forment un angle saillant au milieu du palais ; à l'autre bout, d'une sorte d'alcazar merveilleusement ouvré, surgit une gigantesque « tour de Bélem ».

On se dirait transporté tout à coup à Samarcande ; ou plutôt on pourrait se croire le jouet d'un rêve, si les engoulevents qui sortent de leur nid de pierre, en poussant des cris rauques et une symphonie qui s'élève du palais inférieur, — musique de la garde royale qui charme les loisirs de la reine douairière Maria Pia — ne se chargeaient de vous rappeler au sentiment de la réalité.

* * *

Mais le principal attrait de Cintra est à quelques kilomètres d'ici, et c'est là maintenant qu'il faut me rendre.

Le long du *caminho de Collares*, les maisons disparaissent presque complètement sous des bosquets de rhododendrons, de géraniums, d'araucaries et de camélias. Des femmes que j'interroge sur la route à suivre sourient et me répondent à travers les roses qui masquent leurs fenêtres ; le peuple a l'air bon ; il paraît simple, naïf, serviable ; on ne rencontre chez lui aucune trace de la morgue espagnole.

La voie passe entre des villas fleuries ; elle côtoie des murs qui soutiennent des terrassements chargés d'ormes et d'ifs ; de temps en temps, on joint quelque habitation historique, comme cette *Penha Verde* où João de Castro, le quatrième vice-roi des Indes, mourut dans la misère (1548) ; des sources recueillies dans des bassins où l'on se désaltère avec délices ; des cavaliers qui font de cette magnifique avenue leur promenade favorite...

Au bout de quarante minutes, j'arrive à la porte du parc ou *Quinta da Monserrate*. Cela ne ressemble à rien de connu, et on ne voit réellement pas ce qu'on pourrait imaginer de plus délicieux que ce nouveau paradis terrestre. Ne vous figurez pas simplement une suite de parterres où les fleurs les plus rares s'épanouissent au sein de corbeilles émergeant d'un frais gazon. C'est un parc sans fin, qui occupe les deux versants de la montagne. On y chemine et on s'y perd le long d'arbres qui varient à chaque tournant et qui stupéfient l'Européen par leur forme ou par leur feuillage. Le propriétaire a emprunté aux cinq parties du monde toute la richesse de leur flore : les palmiers, les cocotiers, les poivriers,

La nuit qui jette ses ombres sur l'océan fait resplendir les rues et les places de la ville ; les devantures illuminées comme à Paris, étalent sur leurs rayons des objets qui vous reportent au temps où Lisbonne voyait s'accumuler dans ses murs les étoffes, les perles et les pierres précieuses de l'Orient ; une animation étrange règne au sein de la population bigarrée et cosmopolite qui couvre les grands carrefours et les trottoirs, et je me hâte de regagner l'hôtel, crainte de me trouver par trop dépaysé dans cette foule où les mercantis dominent.

La richesse importée sur les rives du Tage n'eut pas pour effet, comme bien on pense, de moraliser le pays ; et peut-être le tremblement de terre de 1755, dans lequel 30.000 personnes périrent, fut-il le châtiment de mœurs devenues trop faciles. Ce cataclysme se produisit peu d'années après l'échange immoral proposé à l'Espagne par le cabinet de Lisbonne, et aux termes duquel 30.000 habitants des Réductions de Paraguay furent arrachés à leur patrie et traités comme un vil bétail.

Tout à l'heure, à Bélem, j'ai vu la place où Pombal, l'infâme ministre de Joseph Ier, fit exécuter le marquis et la marquise de Tavora avec les autres soi-disant conjurés, faussement accusés d'avoir attenté aux jours du roi. Cet attentat, Pombal, l'ami de Voltaire, l'avait lui-même préparé pour trouver une occasion de se venger du mépris où le tenait la haute noblesse du royaume. Le philosophe qui rêvait d'anéantir l'Eglise catholique, engloba dans le procès tous les Jésuites résidant en Portugal ; il présida lui-même le tribunal réuni pour les juger et dirigea les débats, en foulant aux pieds les règles les plus élémentaires de l'équité.

Les Pères sont arrêtés, emprisonnés, déchirés sur les instruments de torture, indignement calomniés : finale-

les caoutchoucs, que sais-je encore ? sont alignés en quinconces ou disposés en forêts ; la forêt vierge proprement dite est un peu plus loin, et ici, il faudrait la plume d'un Bernardin de Saint-Pierre ou le pinceau d'un Chateaubriand pour décrire ces fougères grosses comme des mâts de navire et tout ce lacis de lianes énormes, couvrant de leurs grappes violettes des troncs éventrés ou garnissant les interstices des magnolias et des liquidambars. Le sentier continue de descendre à travers ce fourré, et je ne sais quelle appréhension on éprouve de voir surgir de ces effrayantes broussailles quelque serpent constrictor ou quelque tigre à l'œil injecté de sang.

Cependant, les ténèbres se dissipent ; me voici dans une clairière toute verte, au centre de laquelle un lac reflète un azur immaculé ; une troupe de cygnes anime ce paysage ; au haut de la rampe, un palais — palais d'une fée de l'Hindoustan, sans doute — émerge du milieu d'un bosquet léger qui en laisse percevoir les formes ravissantes. Le marbre est nuancé de mille couleurs ; toutes les grâces asiatiques se sont donné là rendez-vous. « Les mouvements de l'ombre et de la lumière répandent quelque chose de magique sur ce tableau : là, un rayon se glisse à travers le dôme d'une futaie et brille comme une escarboucle enchâssée dans le feuillage sombre ; ici la lumière diverge entre les troncs et les branches et projette sur la pelouse des colonnes croissantes et des treillages mobiles ».

* * *

Je reprends ma course... Où ? De quelque côté que je me tourne, des merveilles m'attirent.

Un ruisseau abondant forme dans les parties hautes

des réservoirs, d'où une infinité de rivulets descendent aux derniers recoins du jardin. Ils entretiennent l'humidité dans le sable fin des allées, sortent en sources, tombent en cascatelles ou descendent en nappes argentées le long de rochers garnis de lierre, dans des bassins peuplés d'une infinité de poissons.

Des ponts rustiques sont jetés sur des torrents : on dirait quelque gorge sauvage du Tyrol ou de l'Oberland, et, tout à coup, on prend pied sur des terrasses embaumées, ou bien on rencontre des pelouses éblouissantes, chargées de massifs de fleurs savamment dessinés et reflétant au milieu d'une verdure intense tous les tons de la gamme lumineuse. De distance en distance, des serres champêtres où s'abritent les espèces plus délicates ; puis, une échappée sur la mer ou une perspective sur les coupoles, les tours, les rotondes, les toitures crénelées de la villa hindoue.

Aux arbres pendent des fleurs et des fruits invraisemblables. Sont-ce là les papayas que l'auteur du *Voyage en Amérique* a décrit en ces termes : « Leur tronc droit, grisâtre et guilloché, de la hauteur de vingt à vingt-cinq pieds soutient une touffe de longues feuilles à côtes qui se dessinent comme l'S gracieux d'un vase antique. Les fruits, à forme de poire, sont rangés autour de la tige : on les prendrait pour des cristaux de verre ; l'arbre entier ressemble à une colonne d'argent ciselé surmontée d'une urne corinthienne ».

Je n'ai pas eu, comme René Bazin, la bonne fortune de visiter l'intérieur de la villa ; je n'ai fait qu'apercevoir le couloir de style oriental, orné de colonnes de marbres rares, de vasques et de statues, qui conduit aux salons de lady Cook. « Les vieux japon, dit-il, les vieux chine, abondent, non pas les modèles de bazar, mais des pièces de toute beauté, d'un rose ou d'un vert tendre à désespérer les porcelainiers de Sèvres. L'Inde, la Perse, l'Asie Mineure, l'Afrique, sont représentées par des meubles, des stores, des tentures, des idoles dorées, des armes, des ivoires, des vases émaillés de la grande époque arabe, de ceux dont le vernis renferme, dans sa transparence nacrée, tous les reflets de l'arc-en-ciel. »

* * *

Hier, à l'hôtel Continental, j'avais demandé le prix de la chambre et des deux repas.

« — Deux mille réis ! »

« — Mais, je n'ai pas l'intention de passer l'année à Lisbonne ; je vous demande le prix de la pension d'un jour. »

« — Nous avons bien des chambres à raison de 1.500 réis ; mais je ne vous engage pas à les prendre, vous ne seriez pas assez bien logé. »

Je finis par comprendre que dix réis équivalent à cinq centimes et, qu'en conséquence, 2.000 réis représentent 10 francs. J'acceptai, en faisant observer que je ne prendrais à l'hôtel, le lendemain, qu'un seul repas.

« — Cela fera, au total, une seule journée d'hôtel. »

« — C'est entendu. »

En rentrant de Cintra, je fus témoin d'un colloque plus qu'animé entre le gérant et un voyageur qui venait régler son compte. Ces messieurs étaient en complet désaccord et le voyageur traitait carrément son gérant de voleur.

« — Voilà, me disais-je, ce qui arrive lorsqu'on néglige de s'entendre au préalable. »

Après souper je réclame ma note :

« — 4.000 réis ! »

« — Vous plaisantez, dis-je au gérant... Et notre convention d'hier ? »

« — Nous n'acceptons aucune convention de ce genre, me dit ce flibustier; toute journée d'hôtel commencée est tarifée comme journée entière. »

Les hôteliers espagnols ne m'avaient pas accoutumé à des procédés semblables : partout, ils s'étaient montrés gracieux et très modérés dans leurs prix.

J'ai eu regret de quitter la ville qui vit naître saint Antoine de Padoue, avec une impression finale aussi désagréable.

CHAPITRE XIX

DE LISBONNE A SÉVILLE

Jeudi 17 septembre.

Toute la nuit a été consacrée à la traversée du Portugal : 270 kilomètres. Rien à voir, du reste, dans cet Alem-Tejo qui forme avec la province méridionale d'Algarve la partie la plus misérable du Portugal ; les contrées riches sont celles du nord : Traz-os-Montes et Entre-Douro-e-Minho. Nous n'avons rencontré que deux villes remarquables à partir de la bifurcation où l'on quitte la ligne de Madrid : Crato, le siège d'un Ordre de chevalerie calqué sur celui de Malte et Portalegre qui a remplacé l'*Amaia* des Romains.

Je m'éveille à Elvas, forteresse frontière menaçante qui, à deux reprises, arrêta les Espagnols.

Dix-sept kilomètres la séparent de Badajoz, où j'arrive vers sept heures. Me voici revenu en Espagne. Une bonne heure d'arrêt, le temps d'aller dire la messe. Mais la ville est loin : il faut traverser le pont interminable jeté sur le Guadiana ; la cathédrale apparaît haut placée, très en arrière. Heureusement, presqu'à l'entrée de la ville, j'avise une petite église où, sur présentation de mon *celebret*, un jeune vicaire m'autorise à monter à l'autel.

A mon retour à la sacristie, je suis apostrophé assez grossièrement par un ecclésiastique à la taille d'athlète, au teint olivâtre, à la physionomie farouche et dure, le curé de la paroisse, sans doute.

« — Des curés français, il y en a partout... »

Je ne réponds rien.

« — Qu'êtes-vous venu chercher en Espagne ? »

« — Mais, monsieur, je suis venu voir votre pays ; ce n'est pas un crime, je suppose. »

Et je prends congé de mon hôte en le remerciant de son hospitalité.

A la gare, ce fut bien pis. J'étais monté, pour m'y rendre, dans le courrier porteur des dépêches. Le cocher ne semblait pas pressé d'arriver ; mes observations le laissant parfaitement insensible, je me résignai d'avance à manquer le départ : lourde déconvenue, puisque de Badajoz à Séville il n'y a qu'un train dans la journée.

Mais non, au moment où je descends de voiture, le train stoppe encore, et j'ai quatre minutes pour me faire délivrer mon billet. Seulement, le guichet est fermé et l'employé de service refuse de me laisser pénétrer sur le quai.

Je passe malgré lui et je cours au chef de gare. Le français que je parle le rend furieux.

« — Trop tard, *señor*, je ne vous donnerai pas de billet. »

« — Mais, monsieur, pour cela une minute suffirait et il nous en reste trois. »

« — Me prenez-vous pour votre domestique ? Il fallait vous présenter à l'heure. »

Et l'Espagnol, gesticulant comme les moulins de don

Quichotte, déclamait avec violence des injures que je ne comprenais pas.

Les voyageurs s'étaient mis aux portières et paraissaient jouir de ma confusion.

J'avise le sous-chef, et je le prie d'intervenir.

« — N'est-il pas déraisonnable de m'imposer une journée de retard ? Si, comme sur les grandes lignes, j'avais la faculté de prendre le train suivant, dans quelques heures, passe encore ; mais me bloquer sans motif jusqu'à demain ?... »

Déjà le chef de gare, maintenant dégonflé, était revenu vers moi. Brutalement, il me dit de le suivre ; il me délivre mon billet en maugréant, et le train s'ébranle... avec dix minutes de retard.

***

Est-ce le souvenir du siège de Badajoz qui continue d'exaspérer les habitants contre nous ?

Les troupes de Soult, en pénétrant dans la place conquise, ne commirent aucune déprédation. Il n'en fut pas de même des Anglais de Wellington, lorsque, en 1812, ils s'en emparèrent après l'héroïque résistance du général Philipon. Abandonné de Soult et de Marmont, mal secondé par les Allemands qui avaient laissé prendre la citadelle, Philipon se retira au fort de San-Cristobal situé sur l'autre rive du fleuve, et alors la malheureuse Badajoz fut livrée à toutes les horreurs. « Elle présentait un spectacle effroyable. On se massacrait dans les rues et dans les maisons, à la lueur des incendies, dans le tapage de la fusillade, parmi les hurlements de rage, les plaintes des blessés, les *hurrahs* des Anglais et les cris de : « Vive l'Empereur ! » poussés par nos soldats. »

« Les pertes des Anglais atteignaient 5.000 hommes. Ils s'en vengèrent sur la ville qui fut le théâtre d'odieux excès. Le rapt, le viol, la débauche, tous les appétits grossiers de la soldatesque britannique qui s'étaient donné carrière à Ciudad-Rodrigo, se satisfirent copieusement à Badajoz avant de s'épanouir dans tout leur éclat à Saint-Sébastien... On avait roulé des barriques de vin dans la rue et on les avait défoncées pour que chacun y pût boire. Quand les officiers essayaient de rétablir l'ordre en renversant les barriques, les hommes se couchaient à terre pour boire dans le ruisseau. Lorsque toute cette canaille fut ivre-morte et qu'un certain nombre eurent péri de leurs excès, alors seulement la pauvre ville put respirer un peu. »

Badajoz, arrosée par le Guadiana, est assise sur une série de collines qui la font paraître en un site imposant.

Son nom semble être une corruption de *Pax Augusti*.

Elle est la patrie du peintre Moralès dont j'ai le regret de n'avoir pu étudier les tableaux conservés à l'église de la *Conception* et à la cathédrale. Ses compatriotes l'appellent le « divin Moralès »; d'abord parce qu'il refusa toujours son pinceau à tout sujet profane, puis, surtout, à cause de l'ardente piété qui éclate dans ses œuvres. Toutes, sur cuivre ou sur bois, rendent les souffrances de Jésus et de sa Mère avec une poignante énergie.

Voici Montijo et le vieux manoir des comtes de ce nom. L'impératrice Eugénie appartient à leur descendance.

* * *

La voie, au sortir de la « Sierra des Vipères », passe au travers de ruines splendides : ce sont les restes de l'aqueduc, du cirque, du théâtre, de l'amphithéâtre et du

Forum d'*Emerita Augusta*, la célèbre capitale de la Lusitanie, à laquelle la magnificence de ses édifices fit donner le nom de « Rome espagnole ». Dans l'intérieur de la ville — aujourd'hui Mérida — on voit un temple de Diane et un arc de triomphe haut de treize mètres. Le pont sur le Guadiana est contemporain de l'empereur Auguste.

Aucune autre cité n'a conservé autant de vestiges de la puissance romaine.

C'est à deux reprises que la domination de Rome s'est appesantie sur l'Espagne. Les Scipions se distinguèrent dans la première période, qui eut pour objet de chasser les Carthaginois de la Péninsule; le grand Pompée fut le héros de la seconde. L'organisation du pays date surtout du règne d'Auguste. Alors des routes furent ouvertes, des communications établies, des ponts jetés sur les fleuves; l'agriculture et le commerce furent favorisés; divers centres intellectuels firent rayonner la civilisation de la métropole dans les provinces : la Tarraconaise, la Lusitanie et la Bétique. Aux écoles se formèrent les deux Sénèque, Quintilien, Lucain, Martial et Columelle; comme eux, les empereurs Trajan, Adrien et Marc-Aurèle étaient espagnols.

Mais la persécution s'abattit sur la Péninsule; chacune de ses villes compta ses héros ou plutôt ses martyrs : Fructuose, Euloge et Augurius à Tarragone; Colombe à Evora; Eugène et Léocadie à Tolède; Just et Pastor à *Complutum* (l'Alcalá moderne); Vincent, Christèle et Sabine à *Abula* (Avila); Euretrius et Caledonius à *Oretum* (Calatrava); Hélène et Centola à *Bravum-Burgi* (Burgos); Marcellus, son épouse et ses filles à Léon; sainte Marthe à Astorga; Marine et Euphémie à *Aquae Origines* (Orense); Suzanne, Victor et Silvestre à *Bracara-Augusta* (Braga).

Corduba (Cordoue) *Ulissipo* ou *Felicitas Julia* (Lisbonne), *Malaca* (Malaga), *Gerunda* (Girone) *Barcino* (Barcelone), *Herda* (Lérida) *Hispalis* ou *Julia Romula* (Séville), furent noyées dans le sang de leurs fils; *Cæsarea Augusta* (Saragosse), fournit à la céleste phalange un contingent si nombreux qu'elle mérita d'être surnommée la « patrie des martyrs ».

Ici, à Mérida, le chiffre des saints athlètes fut presque aussi considérable; mais on y conserve plus spécialement le souvenir et le culte de sainte Eulalie brûlée dans un four.

Zafra montre avec orgueil son vieil alcazar, jeté dans les nues. C'est l'ancienne résidence des Figueroa, ducs de la Feria, actuellement ducs de Médina Celi (*Medina Salim*).

On se dirige en droite ligne sur la Sierra Morena, fertile en mines de fer, d'argent et de plomb; on traverse l'effrayant obstacle en une série de tunnels et l'on se trouve dans le bassin houillier qui précède Séville.

Nous sommes en Andalousie et nous franchissons l'antique *Bétis*, appelé par les Arabes *Quad-al-Kebir*, le « grand fleuve » d'où les Espagnols ont fait Guadalquivir.

*
* *

Quien no ha visto Sevilla
No ha visto maravilla !

« Qui n'a vu Séville n'a vu merveille. »

Ce que j'aperçois en débarquant n'est pas fait précisément pour justifier le proverbe.

Une foule hurlante accueille les voyageurs : ils sont là deux cents *cocheros* ou *mozos* débraillés, grands et petits, jeunes ou vieux, qui se précipitent, tentant de vous arracher canne, valise, sac de voyage... C'est à peine si les agents de police réussissent à maintenir un étroit passage à travers cette cohue.

J'arrive assez vite, malgré l'obscurité, sur la *Plaza San Fernando*. Elle est éclairée *a giorno* et présente en réalité un intéressant coup-d'œil, avec sa double rangée de palmiers, ses orangers et le palais de l'*Ayuntamiento* qui la termine. La musique militaire joue dans le kiosque central ; les Sévillanes, parées du *manton* ou de la *mantilla de madronas* font claquer leurs éventails; sous les palmiers, de toutes petites filles s'exercent à la danse andalouse, dirigées par une maîtresse qui y met toute son âme. Du haut du balcon de ma chambre j'assiste à ce spectacle.

Séguedilles et *flamencos* sont exécutés par ces petites fées avec un art merveilleux. Leurs compagnes qui, de part et d'autre, forment la haie, marquent la mesure en frappant du pied, en battant des mains ou en agitant des castagnettes. « Entraînées, excitées par un rythme de plus en plus pressé, les danseuses combinaient des pas, des gestes, des œillades d'une façon savante et rapide. Elles s'approchaient l'une de l'autre, s'éloignaient, renversaient la tête, se jetaient un regard chargé de langueur ou de défi, s'écartaient de nouveau ; puis la jambe tendue en avant, la taille cambrée, les bras gracieusement arrondis au-dessus de la tête, sur un coup de castagnettes, s'arrêtaient dans une pose dédaigneuse, prolongée quelques secondes (1). »

La musique meurt sur un accord vibrant ; les mamans viennent reprendre leurs petites filles ; peu à peu la place se vide, le silence se fait ; un air rafraîchi par le sable humecté monte chargé de senteurs ; les flammes d'en bas s'éteignent, tandis que dans les profondeurs de

(1) R. Bazin.

l'espace flambent avec plus d'éclat les lampadaires célestes.

* * *

L'histoire de Séville « la merveilleuse » passe sous mes regards, tout entière, depuis les temps lointains, presque fabuleux, où la ville, colonie ibérienne, se nommait *Hispalis* jusqu'aux jours où Soult, dans ce palais que j'ai sous les yeux, jouait au vice-roi.

Il y avait reconstitué sa cour d'Oporto. « Jamais monarque ne s'entoura de plus de majesté; jamais cour ne fut plus soumise que la sienne. Comme le Jupiter d'Homère, il faisait trembler l'Olympe d'un mouvement de sa tête... Le dimanche, des troupes d'élite formaient la haie jusqu'à la cathédrale... Il paraissait, suivi des autorités civiles et d'un brillant état-major. Tout cet entourage doré briguait un sourire ou même un regard. Il distribuait les uns et les autres avec une dignité froide et étudiée. Formé à l'école de l'Empereur, il en avait le geste et la sobriété de parole. Installé magnifiquement dans son palais, il donnait des banquets et des bals, faisait largesse au peuple, avec l'argent qu'il avait prélevé sur la province et témoignait pour les beaux-arts une passion, que sa toute-puissance lui permettait de satisfaire à peu de frais (1). »

Soult ne fut qu'un césar décadent. Jules César qui s'était emparé d'*Hispalis* l'an 45 avant l'ère chrétienne, ne se contenta pas d'y déployer les talents d'un séducteur ; il y organisa cette administration romaine qui ne devait être détruite qu'en 400, par les Vandales.

Les Wisigoths succédèrent à ces Barbares et, de 441 à 567, Séville devint leur capitale avant Tolède.

(1) Guillon : *Les guerres d'Espagne.*

En 712, les Arabes s'emparèrent de la cité et Hakem y fonda une école où vint étudier, dit-on, le célèbre Gerbert, pape plus tard sous le nom de Sylvestre II.

Ichebîliya passa tour à tour sous la domination des Abassides, des Almoravides et des Almohades. En 1248, elle fut reprise par l'armée chrétienne commandée par saint Ferdinand.

Les Romains et les Maures ont laissé dans la ville des vestiges que je trouverai demain. Le passage des Wisigoths est marqué spécialement par l'influence de saint Isidore qui, en 601, recueillit la succession épiscopale de son frère saint Léandre.

La monarchie hispano-gothique avait emprunté à Byzance le système des élections militaires qui ouvrait la porte aux conspirations de caserne et aux révolutions de palais. Saint Isidore vit passer huit rois en trente-cinq ans. Tous se montrèrent respectueux de son mérite et subirent son influence. Saint Léandre venait de convertir Récarède ; mais l'arianisme avait laissé une empreinte vivace dans les usages, les mœurs, les lois et les rites liturgiques. Le soin principal du grand docteur fut de combattre ce fléau. Il fut puissamment secondé dans cette tâche par les rois Liuva II, Sisebut et Suintilla. Avec leur aide, il fonda un collège qui devint rapidement une pépinière de savants et de saints. Là, bien longtemps avant Averroès et les Arabes, on étudiait l'astronomie et les mathématiques ; on commentait Aristote dans la traduction de Boèce.

L'archevêque tenait le sceptre de la science : ses *Etymologies* sont une sorte d'encyclopédie qui servit de manuel pendant tout le Moyen âge. Cuvier, plein d'admiration pour l'auteur de ce livre, disait qu'il fut « le dernier savant du monde ancien et le premier chrétien qui formula la science de l'antiquité pour les chrétiens ».

Travail gigantesque qui, pourtant, n'épuisa pas l'activité littéraire de saint Isidore. Il fut historien, biographe, théologien, exégète. Sa *Règle monastique* mérite d'être mise en parallèle avec celle de saint Benoît.

Tout en écrivant, il agissait : sous son gouvernement, les abus les plus invétérés disparaissaient comme par enchantement ; les conciles qu'il présida à Tolède et à Séville formèrent cette législation des Wisigoths, qu'il faut placer au « premier rang des lois de l'antiquité chrétienne pour la hardiesse, la profondeur et l'équité de ses conceptions ». Avant de mourir, il prévit et il prédit les calamités que devait déchaîner sur l'Espagne l'invasion du Croissant.

Un homme traverse lentement la place, c'est le veilleur : « *Ave Maria purissima! Las once handado. Tiempo e sereno.* — Onze heures ; le temps est beau ; dormez en paix ! »

CHAPITRE XX

SÉVILLE

Vendredi 18 septembre.

Ce que j'ai vu hier n'est que l'envers de l'Hôtel de Ville ; la façade principale de l'*Ayuntamiento* donne sur la petite place de la Constitution : elle est due à Charles-Quint. Séville, si riche en beaux édifices, tire justement vanité de celui-ci. Deux salles et le grand escalier d'honneur achèvent de donner à l'*Ayuntamiento* un éclat sans pareil. Si les frises ornementales, les bas-reliefs et les statues de la *Sala Capitular baja* mettent cet appartement du rez-de-chaussée hors pair, il faut admirer dans la *Sala alta* le plafond de bois incrusté, sculpté, peint et doré qui est une œuvre d'art d'un genre plus rare et d'un caractère plus spécial.

C'est par la *Puerta del Perdon* que je pénètre dans le *patio de los Naranjos* (Cour des Orangers), situé sur le flanc nord de l'immense cathédrale. Cette « Porte du Pardon » doit son nom à la grâce dont bénéficia un criminel qui vint y invoquer le droit d'asile ; sa beauté lui vient de son bel arc mauresque et de ses battants de bronze, restes de la période arabe. Le mur crénelé qui la prolonge est celui-là même qui enclavait le vestibule de la mosquée au temps des Almohades. Ce vestibule se confond aujourd'hui avec la Cour des Orangers; la mosquée a fait place à la cathédrale. « Nous voulons, dirent les chanoines aux architectes, que vous éleviez un monument si vaste et si beau qu'il l'emporte sur toutes les églises de la chrétienté ». A-t-on réussi? Les Sévillans le prétendent. Après Burgos, Léon, Salamanque et Tolède, j'ai goûté à Séville un charme renouvelé. J'admire la souplesse de ce style gothique, qui permet aux architectes de génie d'être si éminemment personnels, tout en travaillant sur des données semblables. On trouve ici une ampleur prodigieuse. Les voûtes et les murs qui servent naturellement à circonscrire l'espace produisent dans ce merveilleux vaisseau un effet tout opposé. C'est que les murs, en se résolvant en fenestrages, ont cessé d'être une limite, pour devenir une galerie s'ouvrant sur un infini mystérieux, mais tangible, où se déroulent les scènes les plus ravissantes de l'hagiographie et de la Bible.

La demi-obscurité que ces belles verrières font régner dans la nef, met dans un recul fantastique le *cimborium* et les voûtes que l'audace du constructeur a jetées à cent vingt pieds du sol : leur ouverture est de seize mètres.

Les arcs doubleaux et ogifs tombent sans effort sur les colonnes que leur élévation stupéfiante fait paraître sveltes et grêles; quatre nefs latérales qui s'élèvent jusqu'à vingt-six mètres semblent prolonger sans fin le grand vaisseau dans le sens de la largeur. L'allongement du grand axe est de cent seize mètres passés; là s'espacent le *coro*, la *capilla mayor* et la *capilla real* qui déborde en abside semi-circulaire; trente-sept chapelles étincelantes de chefs-d'œuvre, s'ébrasent dans les parois du temple. La plupart ont de superbes portails.

Les sacristies, les salles capitulaires, le *sagrario*, les dépendances de la *Hermandad sacramental*, la Bibliothèque Colombine s'attachent aux flancs de la basilique qui n'est visible du dehors que par sa façade principale.

Le *coro* a été ravagé, en 1888, par la chute de la grande coupole : les stalles en style *mudéjar* (arabo-chrétien) avec leurs incrustations précieuses, leurs baldaquins, leurs panneaux sculptés et leurs bas-reliefs ont beaucoup souffert de cet accident, moins toutefois que la grande grille ornée d'un luxuriant lacis de tiges et d'images, et qui passait pour une des plus belles ferronneries de la Renaissance; il a fallu l'ôter.

Le transept sépare le *coro* de la *capilla mayor*. Sans être aussi riches que la *reja* écrasée dont je parle, les trois grilles en fer forgé et doré qui clôturent cette dernière n'en demeurent pas moins splendides. Le *retablo* du fond, ouvrage colossal de près de vingt mètres de haut, confond l'esprit. Quel art et quelle patience ont été dépensés à buriner cette magnifique page d'histoire qui, par ses proportions gigantesques, son décor somptueux et ses fines ciselures, surpasse tout ce que j'avais vu jusque-là !

Le Christ en croix, Marie et saint Jean, qui en forment le pinacle, semblent toucher les fines nervures de la voûte, décorées du faîte à leur base, d'élégants rinceaux.

Dans la *capilla real*, on conserve les mausolées d'Alphonse le Sage et de son épouse Béatrix de Souabe : au-dessus d'un premier autel, enclos d'une grille, se trouve placée la châsse renfermant le corps du roi saint Ferdinand ; au haut des degrés on voit un second autel dominé par la très ancienne statue de *Nuestra Señora de los Reyes* ; elle fut offerte par saint Louis, roi de France, à son cousin de Castille.

La crypte recèle les tombeaux de Pierre le Cruel et de la célèbre Marie de Padilla ; on y garde aussi l'épée de saint Ferdinand et la *Virgen de las Batallas,* statuette en ivoire qu'il avait coutume de porter à l'arçon de sa selle.

* * *

Cinq cents messes se célèbrent chaque jour aux quatre-vingts autels de la cathédrale ; tous ces autels sont enrichis d'or, de pierreries, de marbres précieux, de statues ou de toiles, signées par les grands maîtres de l'école sévillane. Là, Montañès, Valdès Léal, Alonso Cano, Herrera, Roëlas, Pacheco, Castillo, Luis de Vargas, Zurbaran, Murillo, Guadelupe, Pieter de Kempeneer, vivent immortalisés par leurs chefs-d'œuvre.

Dans la chapelle du Baptistère, Murillo a peint le plus célèbre de ses tableaux : il représente saint Antoine de Padoue en extase. Du haut de la cellule pauvrement meublée, mais noyée dans une lumière éblouissante circonscrite par une guirlande de superbes angelots, l'Enfant Jésus descend avec une grâce et une majesté souveraines. La foi, l'amour, l'adoration et le désir transfigurent le visage de saint Antoine. Les traits montent vers le Christ et il semble que tout le corps va suivre en vous entraînant vous-même après lui.

L'Ange Gardien et le *Saint Jean-Baptiste* du même peintre sont de délicieuses créations ; la *Sainte Vierge* de Cano, d'une suavité d'expression extraordinaire, ne perd rien à se voir placée à côté des toiles de Murillo. La *Glorification de saint François* de Herrera est donnée comme une œuvre d'un mérite exceptionnel. Je ne le conteste pas, mais je donnerais la préférence à cette *Vierge avec saint Ildefonse* due au pinceau si sûr et si ferme de Valdès Léal.

J'entre dans l'*entresala* de la *sacristia mayor*.

« — Arrêtez-vous », m'observe mon guide. Et plaçant un escabeau tout à côté de la porte :

« — C'est ici, poursuit-il, qu'il faut s'asseoir pour en jouir. »

Il me désigne du doigt l'*Immaculée* de Murillo qui rayonne loin, là-haut, sous la voûte. Elle rayonne, en vérité, par sa beauté idéale et son charme infini. Lorsqu'on a vu cette vivacité de lumière, cette netteté de lignes, ce radieux coloris et cette expression virginale, on se demande si le *Murillo* du Louvre est sorti réellement du pinceau de ce maître. En tout cas, c'est à Séville seulement que le génie du grand Murillo resplendit. Madrid ne me l'avait révélé qu'à demi.

Il semblait qu'après cette vision il n'y eût plus qu'à vivre de mes souvenirs ; mais voici une *Descente de Croix* de Kempeneer si touchante qu'elle vous arrache des larmes. On dit que Murillo s'oubliait de longues heures à la contempler. Comme, un jour, le sacristain impatienté lui disait ;

« — Mais, qu'attendez-vous donc ? » le maître lui répondit, d'une voix que l'émotion rendait tremblante :

« — Eh ! mais, j'attends que le divin Sauveur soit descendu de la croix. »

Très pieuse aussi est la toile de Guadelupe qui représente le même sujet.

Mais Kempeneer ne s'est-il pas surpassé dans la *Purification* qui orne la *capilla del Mariscal* ? On y trouve le coloris si riche d'André del Sarto uni à la limpide fraîcheur de Léonard de Vinci ; Kempeneer, en effet, s'est formé en Italie.

La grande sacristie, d'une décoration plus somptueuse peut-être que la *capilla real*, renferme la merveilleuse *custodia* de Juan de Arfé. Haute de quatre mètres, toute en argent, divisée par étages circulaires, d'une beauté architecturale qui séduit, enrichie de figurines et de diamants, dominée par la statue resplendissante de la Foi, elle est, disent les connaisseurs, le plus remarquable exemplaire de l'orfévrerie espagnole. Il faut vingt-quatre hommes pour la porter aux jours de fête.

Dans un angle de la salle, se dresse le *tenebrario* de huit mètres de haut, chandelier artistique en bronze ciselé, sorte de Colonne Vendôme, qui sert pour l'office des Ténèbres. Voici un ostensoir garni de douze cents pierres fines, une épine de la Sainte Couronne, un bras de saint Barthélemy, le calice en agathe de Clément IV, du XIIIe siècle, la croix pectorale de Clément XIV, les *Tablas Alfonsinas*, reliquaire d'or en forme de tryptique, la couronne de saint Ferdinand et les deux clefs que les juifs et les Maures lui livrèrent lors de la prise de Séville. Puis, tout un assortiment de calices, de ciboires, de vases sacrés, de tout style et de tout âge, en or ciselé et garnis d'émeraudes, de rubis et de saphirs. Les armoires renferment plus de cent chapes et chasubles en merveilleuses broderies de soie sur tissu d'or.

Non loin de la sacristie, les restes de Christophe Colomb reposent dans un sarcophage porté sur de hauts piliers. C'est après la guerre malheureuse avec les Etats-Unis que ce vénérable mausolée fut retiré de la cathédrale de la Havane et transporté ici.

Fernand, le fils de Christophe, est enseveli au milieu de la grande nef devant le chœur des chanoines.

*
* *

L'ascension de la *Giralda* va compléter ma visite. Cette tour, élevée de cent mètres, est l'ancien minaret de la mosquée. Elle doit son nom à la girouette qui la couronne, — statue colossale qui, bien que pesant treize mille kilos, tourne sur son pivot avec une surprenante facilité. Yacoub el Mansour, le plus fastueux des princes almohades, la fit bâtir l'an 1184, en même temps que la tour Hassan à Rabat sur l'Atlantique, et la Koutoubiya à Marrakech, au pied de l'Atlas dans le Maroc. Toutes trois devaient être semblables : seule la Koutoubiya a été achevée; elle est surmontée de trois boules d'or; les voyageurs sont unanimes à en vanter la beauté.

L'extérieur offre l'aspect le plus étrange, avec son superbe réseau d'arabesques roses courant sous les gracieuses galeries et enveloppant les splendides baies géminées que les Arabes nommaient *ajimeces*.

On monte, à l'intérieur, par une rampe douce et large, qui fait songer à celle du château d'Amboise, que les rois de France gravissaient à cheval, entourés de leur cortège d'honneur.

Les cloches, en Espagne, sont généralement suspendues dans les embrasures; toutes tournent sur elles-mêmes, grâce à un énorme mouton qui leur sert de contrepoids. Vient l'instant où le treuil achève de se dévider. Le sonneur, à ce moment, quand il veut faire preuve d'habileté, se laisse enlever par la corde, jusqu'à la hauteur de la cloche ; il tombe à pieds joints sur le contrepoids qui alors surplombe le vide, brise son élan, et lui donne une impulsion contraire à celle qui lui était imprimée.

Trois fois, sous mes regards, un jeune imprudent recommença cette manœuvre dangereuse, avec le même calme et la même précision. C'est sa vie pourtant qu'il exposait à ce jeu-là. Qu'il eût mal calculé son élan et le voilà projeté par dessus la cloche dans l'espace; il serait venu s'abattre d'une hauteur de deux cents pieds sur le sol.

D'ici seulement on peut juger de l'invraisemblable étendue des bâtiments de la cathédrale et des difficultés qu'ont eu à vaincre les constructeurs, pour neutraliser la formidable poussée au vide des arceaux. Une forêt de contreforts cale l'édifice à l'aide des triples volées qui s'étendent par-dessus les rampants des basses-nefs.

En bas, au centre du *patio*, sous le feuillage vivace des orangers, le branle des cloches fait trembler l'onde de la vasque où les califes — il y a de cela bien des siècles — venaient se purifier.

Contre la Giralda s'appuie la « Bibliothèque Colombine », que le fils de Christophe Colomb a enrichie d'une foule de livres et de manuscrits précieux, recueillis par lui dans toutes les contrées de l'Europe ; beaucoup se rapportent à la découverte du Nouveau Monde. On y voit l'*Imago Mundi* du cardinal Pierre d'Ailly et l'*Historia rerum ubique gestarum* d'Æneas Sylvius, plus connu sous le nom de Pie II. Ces deux ouvrages sont annotés de la main du grand navigateur. Ses lettres autographes sont pour la plupart émouvantes ; dans son mémoire à Ferdinand, il cite à l'appui de ses pronostics une foule de textes puisés dans les Ecritures et les Pères ; il y fait paraître le zèle d'un apôtre.

* * *

A l'opposé de la Colombine apparaît la *Casa Longa*, Bourse du Commerce, construite sur les plans de Herrera, l'architecte de l'Escorial. Là se réunissait sans doute le grand Conseil des Indes, puisqu'on y garde toutes ses archives, entre autres les relations de Cortez, de Pizarre, de Balboa, de Magellan et d'Amérigo Vespucci.

Ce Conseil célèbre, Isabelle l'avait institué ; mais c'est

Charles-Quint qui lui donna sa forme définitive. Il se composait de trois Chambres, deux de gouvernement, l'autre de justice. Les deux premières comprenaient vingt-deux membres ; la troisième n'en avait que sept, tous nommés par le Roi.

Il était calqué sur le Conseil de Castille et avait dans ses attributions les lois, l'administration proprement dite, les cultes, l'instruction publique, la guerre, la navigation, le commerce, les finances et la justice.

Surchargé d'affaires par suite de cette centralisation excessive, il ne procédait qu'avec une déplorable lenteur. C'était, d'ailleurs, une faute énorme de vouloir faire régler en Espagne, selon les coutumes et la législation de la mère-patrie, des questions presque toujours fort complexes et d'un intérêt exclusivement local.

Ces questions ne sont pas toutes un honneur pour l'Espagne, et il n'est pas nécessaire de briser les liens qui entourent les trente-deux mille liasses de documents, renfermés dans la *Lonja*, pour connaître les procédés chers aux conquérants du Nouveau Monde.

Sans doute, l'héroïsme de Cortez et des Pizarre tient du prodige : avec quelques centaines d'hommes et une douzaine de canons, ils conquièrent, l'un, le Mexique, les autres, le Pérou ; ils triomphent de difficultés inouïes et sans cesse renaissantes ; leur intrépidité inspire aux caciques mexicains et aux Incas du Pérou une telle frayeur, que des peuples qui peuvent mettre en ligne cinq cent mille combattants, tremblent d'effroi et acceptent d'être maintenus sous le joug.

Mais partout la cruauté marche de pair avec l'héroïsme. Deux mille Mexicains sont massacrés, sans motif, par un officier de Cortez ; l'empereur Montézuma est chargé de chaînes. Cortez, pour réduire le pays soulevé par ces attentats, tue sans pitié les malheureux sujets qui se portent à la défense de leur roi. Guatimozin, le successeur de Montézuma, est placé sur des charbons ardents et meurt dans les horreurs de ce supplice.

Au Pérou, l'Inca Atahualpa est étranglé et consumé par le feu ; beaucoup d'autres Péruviens partagèrent son sort.

La justice de Dieu tira vengeance de tant d'inhumanité. Cortez, persécuté à son tour, mourut misérable ; François Pizarre fut assassiné par ses compagnons ; son frère Gonzalez, révolté contre l'envoyé royal, périt de la main du bourreau. Leurs successeurs ne firent pas mieux : à Cuba, à la Jamaïque, ils commirent des atrocités semblables. Las Casas, évêque dominicain de Chiapa, ne cessa de les dénoncer à Charles-Quint et à Philippe II, réclamant à grands cris l'intervention royale. « Plus d'un million de pauvres sauvages, écrit-il, ont été immolés dans ces quelques îles... Les campagnes sont hérissées de fourches patibulaires auxquelles ces malheureux sont pendus treize par treize ; j'ai vu leurs enfants servir de nourriture aux chiens de chasse des conquérants. »

* * *

Mais je m'aperçois que les réflexions faites au haut de la *Giralda* prennent une tournure passablement mélancolique.

Je redescends dans la Cour des Orangers et j'y vénère la vieille chaire en marbre, où saint François de Borgia et saint Vincent Ferrier ont prêché.

Je termine ma visite par le *sagrario*. Il forme tout un côté du *patio* et sert d'église paroissiale. Là, pendant la Semaine Sainte, en présence du cardinal-archevêque, du

Chapitre et des autorités, les enfants de chœur exécutent ce *baile santo* (danse sacrée) contre lequel la Congrégation des Rites a toujours vainement protesté. Les danseurs sont en culottes, en bas et en souliers blancs, avec casaques et écharpes bariolées, chapeaux à bords blancs et larges, ornés de plumes et de rosettes rouges ; un orchestre à cordes accompagne leurs évolutions gracieuses.

Séville est unique sous le rapport des démonstrations religieuses. Les cérémonies de la *Semana Santa* ou de la Fête-Dieu, les scènes pieuses jouées dans les églises, le défilé hallucinant des processions, les *pasos* ou tableaux vivants déambulant par les rues, les chars de triomphe aux baldaquins chamarrés, aux draperies étincelantes, encombrés de fleurs et de cierges, du sein desquels émergent les statues saintes ; les hauts fonctionnaires en grand uniforme, la troupe sous les armes, les hallebardiers du XVe siècle, les membres des confréries avec leurs costumes bizarres, les acclamations assourdissantes du peuple et le son des cloches se mêlant au bruit du canon et aux notes joyeuses des fanfares, voilà une bien froide nomenclature de ce qui, chaque année, passionne les Sévillans et attire des milliers d'étrangers dans leur ville.

Toutes ces fêtes sont naturellement accompagnées de réjouissances et de danses profanes et suivies de plusieurs jours de *corridas*. C'est, du reste, dans les environs de Séville que se trouvent les plus vastes *ganaderias* (1) ; c'est dans les abattoirs de la cité que les futurs *toreros* viennent se faire la main. Dans les carrefours, il n'est pas rare de voir les enfants, donner sous les yeux des jeunes *doncellas*, qui les acclament du haut de

(1) Fermes et pâturages où on élève les taureaux destinés aux courses.

leurs balcons, une édition nouvelle et amplifiée du spectacle dont je fus témoin à Zumárraga. Tout citoyen qui se respecte se fait inscrire au « Cercle des Taureaux ».

Avec des mœurs pareilles et une telle soif de sang, comment s'étonner des traitements infligés par les Espagnols aux Indiens d'Amérique et des habitudes prises çà et là par les tribunaux de l'Inquisition ?

* * *

Il suffit de traverser la petite place *del Triunfo* pour joindre l'alcazar. Sans avoir la richesse décorative de l'Alhambra, l'ancienne résidence des califes, restaurée par Pierre le Cruel et par Charles-Quint, est un délicieux palais. Il a été malheureusement mutilé et défiguré par des retouches stupides, ravagé par les incendies, démoli aux deux tiers par des intendants trop économes; mais quelle admiration on éprouve en visitant ces cours et ces salles aux invraisemblables splendeurs !

C'est dans ce *Patio de las Banderas* que Pierre le Cruel rendait à ses sujets une justice aussi prompte que terrible. Dans le *Patio de las Muñecas*, il fit assassiner son frère don Fadrique. Cette *Sala de justicia*, où les califes tenaient leurs assises, fut témoin d'une scène non moins tragique. Le roi y ayant surpris quatre juges qui se partageaient l'argent extorqué à un justiciable, leur trancha la tête sans autre forme de procès.

Au temps où le duc de Montpensier habitait l'alcazar, Mme la comtesse de Paris y vit le jour dans la *Sala del Comedor*; saint-Ferdinand mourut dans un appartement voisin, qui prit le nom de *Salon de Carlos V* après les réparations qu'y fit faire Charles-Quint.

Presque au centre de l'édifice s'ouvre le *patio* principal, apppelé *de las Doncellas* ou des « Jeunes Filles », parce qu'on y réunissait, dit-on, les malheureuses qui formaient le tribut exigé par le calife de Cordoue.

Le féerique décor de cette cour, de ses merveilleux portiques surtout, n'est surpassé que par les magnificences du « Salon des Ambassadeurs ».

J'avais lu, et j'ai parcouru à nouveau depuis, les descriptions détaillées faites par les guides, les visiteurs et les hommes du métier. Mais c'est sur place que l'œil doit s'emplir de cette enivrante vision ! Comment décrire ou dépeindre ces murs garnis à leur base d'*azulejos* aux reflets métalliques et habillés jusqu'au sommet d'arabesques de gypse, qu'on serait tenté de prendre pour du brocart d'argent ou d'or finement tissé. Les arcs, d'une délicatesse et d'une grâce extrêmes, affectent les formes les plus variées. Lorsqu'on s'est pâmé devant les ogives dentelées qui font une si ravissante bordure à la « Cour des Jeunes Filles », on se demande ensuite si les arceaux outrepassés des « Alcôves du Sultan et de la Sultane » de *la Sala de Embajadores*, divinement découpés et sertis, ne l'emportent pas sur les autres.

Partout, de somptueux stucages et un luxueux décor de guipûres ; des frises et des chapiteaux artistement ouvragés ; des colonnettes aux formes élégantes et pures ; des poutres dorées et sculptées ; des plafonds à soffites, des conques ovales appelées *media naranja* ou des voûtes à stucages imitant des stalactites. Les armes de Castille, la devise de Charles-Quint *Plus ultra* se marient avec les inscriptions coufiques extraites du Coran et exécutées par les ouvriers musulmans venus de Grenade.

* * *

Les jardins de l'alcazar, silencieux aujourd'hui comme ceux d'un cloître, offrent quelques jolis points de vue : l'eau y murmure, les fontaines y abondent, des cyprès et des orangers vénérables répandent autour du pavillon rustique de Charles-Quint une ombre épaisse et embaumée.

Là, sont les bains de Marie de Padilla, qui ont donné naissance à des légendes moins exactes que bizarres. Ce qu'il y a de certain, c'est que le souvenir de Pierre le Cruel et de sa maîtresse reste comme rivé à toutes les parties de cette étrange demeure.

Fut-il aussi cruel que l'histoire le prétend ? Ses contemporains l'avaient simplement surnommé *el Justiciero*, le « Justicier ». Mais il paraît bien qu'il eut le tempérament d'un Néron. Tout au plus, pourrait-on dire, pour expliquer quelques-unes de ses vengeances, qu'il fut obligé de défendre ses droits contre les sept bâtards de son père, devenus ses compétiteurs.

L'alcazar, de son temps, s'étendait beaucoup plus loin; son parc englobait cette superbe « Tour de l'Or » qu'on aperçoit à travers la feuillée, dans la direction du Guadalquivir qui reverbère depuis tant de siècles son faîtage élégant.

Plusieurs ont vu dans ce vocable une allusion aux richesses qu'y aurait enfouies don Pedro ou aux lingots que les galions espagnols déchargeaient dans ses flancs. Cette explication se heurte à ce fait que les Arabes, déjà au XIIIe siècle, employaient ce nom. Lui viendrait-il des faïences qui jadis revêtaient ses parois et les faisaient étinceler au soleil ? A tout prendre, cette explication paraît la plus vraisemblable.

Il existe dans Séville un certain nombre de palais en style *mudéjar;* j'en ai visité deux : la *Casa de Abades* et la *Casa de Pilatos*, propriété des Médina Celi. Ce sont des réductions assez bien réussies de l'alcazar ; leurs *patios* sont fort beaux.

La *Casa de Pilatos* doit son nom aux souvenirs de la Passion qu'elle renferme. Don Enriquez de Ribera, son fondateur, y fit reproduire le prétoire de Pilate, le balcon de l'*Ecce Homo* et la colonne de la Flagellation plantée, aujourd'hui encore, au beau milieu de la jolie chapelle.

Cette résidence tire un intérêt plus remarquable des quatre statues antiques provenant des ruines d'Italica, cité voisine d'Hispalis, et placées aux angles du *patio.* J'ai distingué, parmi elles, une Cérès d'une pureté de traits tellement idéale et d'une pose si harmonieuse, qu'elle fait songer aux frises du Parthénon.

* * *

Quel charme de s'égarer dans ces rues de Séville, généralement bruyantes et animées — dans la *Calle de Sierpes*, par exemple, pour déboucher à l'improviste sur quelque jolie place, comme celle d'*Argüelles*, dont le nom rappelle l'orateur le plus éloquent de la *Junte* de Cadix, ou encore l'*Alameda de Hercules*, où Jules César et Hercule se font face, perchés sur deux gigantesques colonnes de granit, restes d'un vieux temple romain ! Parfois, ce sont d'intéressantes églises : *Santa Maria la Blanca* et *San Marcos*, autrefois mosquées ; c'est le fronton de *Santa Paula,* richement décoré d'*azulejos* blancs et bleus, d'un dessin ravissant, égayé par des médaillons en couleurs, qu'on prendrait pour de magnifiques émaux.

Plus loin, c'est *Santa Clara*, *San Clemente*, *San Lorenzo*, *San Leandro* qui vous sollicitent par les célèbres sculptures de Montañès ; c'est le portail gothique de *San Pedro*, le joli dôme de *San Isidoro*, où Murillo venait étudier un célèbre tableau de Roëlas, et la façade « churrigueresque » du palais *San Telmo* devenu séminaire.

Pour peu qu'on s'égare, on a la chance de rejoindre, entre la *Puerta de Cordoba* et la *Puerta del Sol*, les splendides restes des murailles sur lesquelles Rome a laissé son empreinte. On retrouve Murillo dans l'appartement où il est mort ; on se repère au bord du fleuve qui, permettant aux vaisseaux de fort tonnage de remonter jusqu'à Séville, lui assura le monopole du commerce transatlantique et fit d'elle, au XVIe siècle, le plus grand port de l'Espagne.

Veut-on des émotions d'un autre genre ? L'église de *las Teresas* vous les procure. On y conserve le manteau de laine blanche de la Réformatrice du Carmel. Le couvent de Séville où elle séjourna deux années est dû à la munificence de son frère. Elle y connut d'intimes douleurs : elle se vit dénoncée à l'Inquisition à cause de sa doctrine ; elle fut mise en interdit par le Père Général des Carmes, en raison du trouble que ses fondations jetaient dans la Province d'Espagne ; sur le point d'entrer dans son monastère, elle apprit que les Franciscains, voisins du couvent, s'opposaient à la nouvelle installation, et il lui fallut parcourir les rues de Séville, nuitamment, avec ses filles, pour entrer dans la clôture avant le jour : « Ne chagrinons pas nos bons voisins, disait-elle ; entrons sans bruit ; quand nous y serons, s'ils reviennent à la charge, il ne sera plus temps. » Et de fait, les bons Pères, apprenant ce qui s'était passé, en eurent bien quelque dépit ; mais ils se tinrent cois.

L'église conventuelle possède peut-être les plus belles

sculptures de Montañès : *Saint Joseph et l'Enfant Jésus* et *Sainte Térèse*. C'est, en vérité, tout céleste. Et pour qu'aucun genre d'attraits ne manque à ce lieu, il a l'excellente fortune de posséder trois peintures du « divin Moralès », peintures « exquises pour la couleur, le dessin et le sentiment religieux qui les anime. »

Voilà, si je ne me trompe, une journée bien remplie. Le corps est brisé de fatigue, mais l'âme est pleine d'une émotion très douce ; la gerbe recueillie est précieuse et abondante ; aucun moissonneur, jamais, n'est rentré des champs, le soir, plus épuisé ni plus satisfait.

Samedi 19 septembre.

La visite de l'Université, du Musée provincial et de la *Caridad* est inscrite à mon programme d'aujourd'hui.

L'Université est l'ancien collège des Jésuites. L'église a été recouverte d'un hideux badigeon ; mais le maître-autel, à lui seul, vaut un musée. Au centre, se détache une magnifique toile de Pacheco : la *Vierge et Saint Joseph tenant l'Enfant Jésus* ; alentour, des anges en guirlande donnant un concert ; dans le bas, en adoration, saint Ignace et saint Jérôme, figures expressives et superbes.

Pacheco, littérateur en même temps qu'artiste, fut le maître d'Alonso Cano et de Vélazquez, qui devint son gendre. Ses leçons furent plus appréciées que ses œuvres : il se vit éclipsé par ses disciples. Il serait injuste, toutefois, de ne pas lui reconnaître les qualités maîtresses qui font les grands peintres : une connaissance exacte du dessin, des effets de lumière et de la perspective ; son style a de la pureté, de la noblesse et du naturel. Si le coloris était plus doux, le tableau que j'ai sous les yeux n'aurait rien à envier aux meilleures toiles de Murillo.

D'un côté, l'*Adoration des Bergers*, de l'autre, l'*Adoration des Mages*; en haut, au tympan, l'*Annonciation;* aux angles, *Saint Jean l'évangéliste* et le *Précurseur;* au tabernacle, un délicieux *Enfant Jésus* de Roëlas, prêtre et artiste tout à la fois, coloriste formé à l'école de Titien et du Tintoret, avec l'inspiration chrétienne en plus. Il fut le maître de Zurbaran. Tout cet ensemble est plein d'harmonie et de grâce; mais s'il me fallait choisir, je donnerais, je crois, la préférence aux deux statues peintes — *Saint Ignace* et *Saint François de Borgia* — que Montañès a placées de chaque côté de l'autel. Voilà des statues vivantes, d'une vie bien réelle. On se sent impressionné à l'approche de ces personnages, comme l'étaient ceux de leurs contemporains, qui les apercevaient plongés dans leurs habituels ravissements...

Quels splendides mausolées que ces tombeaux où reposent don Pedro Enriquez de Ribera et son épouse! Ce serait à vous donner envie de mourir pour être aussi royalement logé. Dans la *Sala de Actos,* j'ai vu un *Saint Dominique* de Zurbaran, qui m'a fait appliquer à l'artiste la parole de saint Thomas visitant saint Bonaventure : « Laissons un saint nous écrire la vie d'un autre saint ».

De Rubens : une *Sainte Famille*, composition séduisante, tonalité vigoureuse.

D'un maître de l'école flamande : un *Saint Jérôme* qui m'a beaucoup charmé.

*
* *

Le Musée est installé dans l'ancien couvent de la *Merced* : la nef de l'église renferme les Murillos; le chœur est réservé à Zurbaran.

Dans ce *Saint Augustin* présentant son cœur à l'Enfant Jésus qui le transperce, c'est bien le même Murillo de la cathédrale qui se retrouve.

Saint Antoine de Padoue : figure d'un très bel idéalisme.

Notre Seigneur détachant une de ses mains de la croix pour embrasser *saint François d'Assise :* la teinte est un peu sombre; mais quelle expression de sainteté dans le héros de cette toile magnifique !

L'*Adoration de l'Enfant Jésus :* composition belle et savante ; la figure de Marie est très douce, mais dans la note purement humaine.

Saint Thomas de Villeneuve faisant l'aumône : « *Mi cuadro*, mon chef-d'œuvre », disait l'auteur. C'est à tomber à genoux auprès du pauvre qui reçoit la pièce d'argent.

Trois *Conceptions*. Ce sujet tentait Murillo.

L'une des trois éclipse complètement les deux autres ; cela s'entend non seulement des anges dont chacun est une œuvre de maître, mais du visage de la Vierge, surtout. Et ces mains, comme elles sont savamment et toutefois naturellement croisées sur la poitrine ! Elles ajoutent à l'effet du tableau. Pourtant nous n'atteignons pas ici le niveau du surnaturel.

Faut-il citer encore ce *Saint Félix de Cantalice* recevant le divin Enfant dans ses bras ? Il rappelle le *Saint Antoine* de la chapelle des Fonts baptismaux.

* * *

J'arrive à Zurbaran. On le reconnaît tout de suite à cette teinte bleuâtre qu'il affectionne, à cette vigueur étonnante du clair-obscur, à ces masses d'ombre et de lumière qui forment par leur opposition des effets si saisissants, au fini des premiers plans, et, par dessus tout, à ce sentiment austère et pieux qui, jaillissant de son âme d'ascète, passait tout entier dans les saints personnages qu'il aimait à reproduire; car Zurbaran est par excellence le peintre de la sainteté.

Le *Christ en croix*. Ni Murillo, ni Vélazquez, moins encore Ribéra, n'auraient pu donner au Sauveur expirant une expression aussi effrayante d'agonie divine. Je ne parle ni de l'anatomie merveilleuse de ce buste labouré par la flagellation, ni de ces doigts crispés par la douleur, ni de ces orteils que tord affreusement la souffrance causée par les clous.

Saint Bruno et le pape Urbain II charment par leur noble simplicité. Moins bien réussi est le *Miracle de saint Hugues*; mais, par contre, qu'il est ravissant, ce tableau — tout petit — qui représente Jésus, âgé d'une quinzaine d'années, se piquant les doigts en s'essayant à tresser sa future couronne d'épines !

Voici les grands chefs-d'œuvre : ils occupent l'abside du chœur. Tout au-dessus : *Dieu le Père* ; c'est la majesté même.

Au centre, l'*Apothéose de saint Thomas*. Le grand Docteur enseigne, debout sur une nuée lumineuse, au sein d'une gloire où apparaissent les silhouettes de la Vierge, de saint Paul et de saint Dominique. Son visage est illuminé ; le regard resplendit. A ses pieds, quatre Pères de l'Eglise contrôlent par la Tradition et les Ecritures l'exactitude de la doctrine du Maître angélique.

Dans le bas, deux groupes. Charles-Quint apparaît au premier plan de celui de droite. Plus suave et plus pieux est celui de gauche. Comme tout cela s'appelle et se complète ! Comme la vie circule dans cet agencement harmonieux, mettant sur les visages et dans les poses une noblesse, une intensité de sentiment qui exaltent et transportent.

Il faut admirer ensuite *Jésus couronnant saint Joseph*, *Saint François recevant les stigmates*, *Saint Jérôme*, *Saint Bruno* et *Saint Louis Bertrand*; mais ce qui dépasse tout le reste, c'est le tableau représentant le *Bienheureux Henri Suzo*. C'est la sainteté élevée à toute la puissance terrestrement exprimable. En vérité, « jamais homme n'a peint comme cet homme ».

Que citerai-je encore, après un tel chef-d'œuvre ?

Il serait injuste d'omettre quatre superbes toiles de Valdès Léal : une *Assomption*, une *Conception*, la *Tentation de saint Antoine* et un *Saint célébrant la messe;* trois épisodes de la vie de *Saint Pierre Nolasque*, par Pacheco; le *Retour de l'Enfant prodigue*, d'un auteur inconnu; les *Ames du Purgatoire*, d'Alonso Cano ; l'*Ange apparaissant à saint Augustin*, d'Esteban Marquès; le *Jugement dernier,* de Martin de Vos et le magnifique *Saint André*, de Roëlas.

Parmi les statues, deux m'ont fortement impressionné : un *Saint Jérôme*, de Torrigiani et un *Saint Bruno*, de Montañès.

* * *

L'hôpital de *la Caridad* est au bord du Guadalquivir.

La belle église est presque entièrement décorée de la main de Murillo. Au sanctuaire, deux grandes compositions se font face : *Moïse frappant le rocher* et *Jésus multipliant les pains au désert*, tableaux allégoriques dont il est facile de saisir le sens. On ne sait auquel il faut décerner la palme. C'est de la grande peinture de genre et le pinceau de Murillo — vraie baguette magique — y excelle. Ici elle a enfanté des prodiges. C'est d'une poésie et d'une magnificence exquises. Le paysage de la *Multiplication* est dans la note la plus savante de Vélazquez. L'*Eau jaillissant du rocher* a quelque chose de plus empoignant et de plus vécu. C'est, à juste titre, qu'on a dénommé ce tableau : *la Sed* « la Soif ». Moïse est d'une majesté surhumaine, nimbé, dirait-on, du pouvoir divin dont il vient de faire usage.

L'*Annonciation* me plaît mieux que celle du musée de Madrid. L'ange est parfait et Marie s'est rapprochée du ciel.

Très impressionnant, cet autre ange qui aide saint Jean-de-Dieu à transporter les malades. Ravissantes toutes deux, les figures d'*el Niño Dios* (l'Enfant Jésus) et du petit saint Jean-Baptiste.

Un *Christ agenouillé et garotté* du sculpteur Pedro Roldan vous serre le cœur.

Deux toiles de Valdès Léal attirent encore l'attention : l'une, l'*Exaltation de la Croix* est puissamment esquissée ; l'autre, le *Triomphe de la Mort*, est d'un réalisme qui donne le frisson. Ces cadavres de l'évêque et du chevalier, décomposés par la tombe et dévorés par les vers, inspirent plus que de l'horreur et, néanmoins, le talent de l'artiste s'affirme dans l'éblouissant coloris dont il a revêtu cette pourriture.

D'abord, c'est un évêque ayant encor sa mitre,
Qui semble présider le lugubre chapitre.
D'un geste machinal il bénit vaguement
Tout le peuple livide autour de lui dormant.
Son front luit comme un os, et, dans ses dures pinces,
L'agonie a serré son nez aux ailes minces ;
Aux angles de sa bouche, aux plis de son menton,
Déjà la moisissure a jeté son coton ;
Le ver ourdit sa toile au fond de ses yeux caves,
Et, marquant leur chemin par l'argent de leurs baves,
Les hideux travailleurs de la destruction
Font sur ce maigre corps leur plaie et leur sillon.

CHAPITRE XXI

CADIX

Pour se rendre à l'*Estaçion de Cadiz*, on passe devant la grande Manufacture des tabacs qui occupe près de six mille ouvrières. Plusieurs sont montées dans le tram ; elles ont pour signe distinctif une fleur piquée dans leur abondante chevelure noire, relevée avec art en pointe et retenue par de hauts peignes d'argent ; leurs colliers et leurs bracelets en clinquant font un assez triste contraste avec leurs robes fanées et fripées ; les yeux gardent l'éclat spécial à l'Andalouse, mais ils paraissent voilés par la fatigue ; les traits, toujours beaux et purs, se ressentent de l'atmosphère où ces pauvres enfants passent leur vie et du labeur excessif auquel on les astreint ; il y a énormément de coquetterie dans leur habillement et leur pose : ne sont-elles pas Sévillannes ? Et elles jouent de l'éventail avec la grâce que pourrait y mettre une dame de la Cour.

Les bords du Guadalquivir, en cet endroit, sont affectés au déchargement des grands navires ; ils sont hideux et mal famés comme le port marchand de Naples.

Des dragages périodiquement renouvelés ont ramené à Séville une grande partie du trafic maritime ; malheureusement, de fortes *avenidas* (crues) occasionnent assez fréquemment de véritables désastres.

De Séville à Utrera, le pays semble fertile : les olivettes voisinent avec les palmiers nains et les lentisques. Utrera est signalée de loin par l'altitude de sa tour; puis le paysage s'assombrit; la plaine devient toute brune. La voie ferrée s'abaisse, tandis que des montagnes s'élèvent, très peu, il est vrai, à gauche vers l'Orient. Le soleil, rouge, verse du carmin sur leurs festons. Des taureaux noirs lèvent un instant leur tête fine et sauvage, suivent de leur œil roux le train qui passe sans les effrayer; puis, ils s'inclinent de nouveau, pour chercher leur maigre pâture, en attendant qu'on vienne les prendre pour les envoyer au cirque. Tous ceux qui sont là ont été marqués, essayés et reconnus *bravos*, c'est-à-dire nobles et dignes de figurer aux courses; ils vivent en liberté, été comme hiver, jusqu'à la nuit qui précède la *corrida* à laquelle on les destine. A ce moment-là, des bœufs — les *cabestros* — spécialement dressés, les entoureront, les sépareront habilement du reste du troupeau et les entraîneront dans la direction indiquée par les *vaqueros*, à travers champs et propriétés, entrant à fond de train dans les faubourgs et pénétrant pêle-mêle avec eux dans la cour des arènes.

Un pont romain, muni de tourelles en ruines, gît, perdu, au sein du mâquis. Voici le Salado qui fut témoin, en 1340, de la glorieuse victoire que le roi don Alphonse, père de Pierre le Cruel, remporta sur le roi de Grenade et sur les Maures accourus d'Afrique. Cent mille musulmans rougirent de leur sang l'eau de la petite rivière, affluent du Guadalquivir.

Nous entrons dans l'épais massif des vignes de Jérez. Des grenadiers et de pâles cactus en forment la lisière.

Les abords de la gare sont couverts d'immenses *bodegas*, caves, chais, entrepôts, où sont empilés des monceaux de foudres et de futailles. Le plus grand de ces foudres se nomme *Napoléon* ; d'autres sont dédiés à *Jesu Cristo*, aux apôtres, à Mathusalem. Il eût été plus biblique de mentionner Noé. A cette heure avancée, toute la population est dehors. On prend le frais sur l'*Alameda*, couverte de bananiers et de platanes, où l'on déguste le vin de Jérez, mélangé de beaucoup d'eau, car, même en pays vignoble, l'Espagnol demeure très sobre. Jérez, reprise d'abord par saint Ferdinand, en 1251, ne fut définitivement conquise que treize ans plus tard sous Alphonse le Sage ; elle devint dès lors une forteresse importante, destinée à briser constamment l'effort toujours renouvelé des Marocains et des infidèles de Grenade.

Dimanche, 20 septembre.

J'ai été bien inspiré de me lever avant le jour : il m'a fallu attendre une heure entière dans la sacristie des Pères Dominicains avant d'être admis à célébrer la messe.

Le ciel, ce matin, s'est légèrement voilé ; une petite brise fraîche vient de la mer.

Au sortir de la gare, Jérez se montre une dernière fois, assise sur un monticule de sable. Elle s'évanouit et la solitude morne et désolée indéfiniment reparaît. A gauche, quelques vignes, mais cela dure peu ; bien vite, on retrouve la terre sèche et jaune, vêtue de poudreuses bruyères, de chaumières hideuses en terre ou en paille. Partout des gens occupés.

Les grands vignobles s'étendent plus à l'est, encadrant la chartreuse aujourd'hui profanée : ils ont une superficie de 75.000 hectares.

A droite, on découvre sur une hauteur le *Castillo de dona Blanca*, prison où Blanche de Bourbon, la femme de Pierre le Cruel, fut étranglée ou empoisonnée. D'autres placent ce tragique événement à Medina Sidonia, un peu plus au sud. Cette reine infortunée, que les historiens appellent « noble et sainte », était la nièce du roi de France Charles V. Deux jours après son mariage, célébré à Valladolid avec une magnificence extraordinaire, déjà le roi l'avait délaissée. Il obtint d'évêques trop complaisants une sentence de divorce et Blanche se vit condamnée à une cruelle réclusion, à Tordesillas, d'abord ; ici, dans ce sombre manoir, pour finir. Sur le point de subir le dernier supplice, dans ce coin perdu de la Péninsule, elle dit en pleurant : « O France ! O ma douce patrie, pourquoi ne m'as-tu pas retenue quand tu m'as vue partir pour venir souffrir dans cette Espagne ?... Castille ! Castille ! Que t'ai-je fait ? Je ne t'ai pas trahie et la couronne que tu m'as donnée était pleine de sang et de douleurs ; mais j'en attends une autre au ciel qui vaudra mieux. »

J'ai le cœur serré en me remémorant ce douloureux épisode ; la solitude qui m'enveloppe depuis trois semaines, me pèse plus lourdement sur le cœur, maintenant que je me sens séparé de la France de toute la largeur de cette Espagne si cruelle pour l'étranger. Elle n'a pas été bien tendre pour moi, malgré l'ardente sympathie que j'éprouvais pour elle en venant la visiter : les incidents de Badajoz n'ont pas été les seuls qui aient assombri mon voyage. Vais-je en retrouver de semblables ?

Puerto-de-Santa-Maria est au bord de la mer, en face de Cadix qu'on aperçoit de très près, de l'autre côté du golfe. Ce serait un jeu de faire cette traversée en bateau ; en chemin de fer, il faut contourner les deux immenses baies : c'est un trajet de plus d'une heure. On franchit le Guadalete où périt le nom longtemps illustre des Goths, dans cette bataille mémorable qui durant trois jours mit aux prises les troupes du roi Rodrigue avec l'armée de Tarik.

Le comte Julien avait livré Ceuta aux Sarrasins pour se venger de son maître.

En plein combat, déjà les musulmans perdaient courage, lorsque Tarik les enflamme par ses paroles et se précipite au plus fort de la mêlée ; en même temps, les fils de Vitiza dépossédés par Rodrigue passent à l'ennemi ; leur oncle, l'archevêque de Séville, suit leur exemple ; c'en est fait des soldats chrétiens : l'Espagne est ouverte aux Arabes. Une seule bataille la leur avait livrée ; il faudra près de huit siècles pour la reconquérir.

Ce combat du Guadalete fut livré le 11 novembre 711.

* * *

On traverse une terre inculte, sorte de maremme, envahie par les eaux qui la maintiennent à l'état de boue fétide : c'est la laideur même. Le sol est entrecoupé de marais salants et de canaux, sur les rives desquels s'espacent des amas de sel. On rejoint ensuite la hideuse maremme et on s'engage enfin sur un isthme sablonneux et mince, long de dix kilomètres, qui conduit droit au rocher sur lequel sont entassées les maisons de Cadix.

Aucune place n'a été perdue : la ville a pris en hauteur ce que l'exiguïté du roc ne lui a pas permis de saisir en largeur. Les rues sont droites et longues : beaucoup traversent la ville de part en part, ce qui donne souvent de jolies perspectives. Très étroites, elles sont, du moins, très commerçantes et bien entretenues. Les voitures sont aussi inconnues à Cadix qu'à Venise.

Le premier soin de l'étranger est de monter au sommet de la *Torre de Vigia*, sémaphore central, qui permet d'embrasser dans une vue d'ensemble la ville, son système de défense, ses deux rades, la mer libre et le continent.

Spectacle inoubliable et qui continue à vous *trotter* dans l'œil, longtemps après qu'il a disparu. Des maisons toutes blanches ; point de tuiles ; mais des toitures plates, des terrasses ; de distance en distance, des bouquets d'arbres d'un vert tendre, des dômes, des clochers. Tout alentour, les arêtes vives des belvédères extrêmes semblent former les saillants d'une immense couronne ducale posée sur les flots de cette mer, appelée par les Anciens la couche du soleil : *Solisque cubilia Gades !*

Généralement, le contraste est frappant entre le scintillement des murailles peintes à la chaux vive et l'azur qui les recouvre et les enveloppe, mais aujourd'hui la mer est démontée et le vent qui souffle avec fureur fait craquer horriblement le mât contre lequel je m'appuie. Vers le môle déferlent avec un bruit sinistre des vagues formidables dont le soleil de temps en temps fait étinceler les crêtes. Parfois, en effet, la nue se déchire et de larges plaques de lumière, tombant capricieusement sur la nappe mouvante, font ressortir le vert sali de l'onde. A l'horizon, le cercle où le ciel et la mer se soudent est, ici, imperceptible, là, d'un très beau violet.

Dans le port, les vaisseaux chassent sur leurs ancres ou tendent leurs amarres ; au milieu de cette affreuse tourmente, je ne sais pourquoi l'œil se repose avec complaisance sur les majestueuses coupoles de la grande cathédrale immobile.

*
* *

La *Gâder* (château) des Phéniciens devint après l'occupation carthaginoise la *Gades* romaine.

Alphonse le Sage la reprit aux Maures en 1262 et dut la repeupler. Sans cesse en butte aux attaques des Anglais, Cadix vit ses flottes ruinées et son commerce détruit : elle fit banqueroute (1596). Elle se releva, lorsque le Tribunal des Indes fut transféré de Séville chez elle, s'enrichit énormément par son commerce avec l'Amérique et fut ruinée à nouveau.

De 1810 à 1812, elle fut le dernier et inexpugnable refuge de la nationalité espagnole menacée par les Français. La *Junte* gouvernementale y élabora la fameuse Constitution de 1812. Elle avait pour se défendre une double escadre, une petite flotille, la garde urbaine et quinze mille soldats.

C'est en vain que le maréchal Victor s'empara des forts de terre ferme, qu'il les fit relier par des redoutes garnies d'une artillerie puissante, et qu'il construisit des chaloupes canonnières : marins, artilleurs, fantassins même lui faisaient défaut. Attaqué par une armée anglaise venue de Gibraltar qui le mit entre deux feux, il lui fit face résolument ; mais ses canons s'embourbèrent dans les marais qui bordent la Chiclana ; les ennemis, massés en lignes profondes, ne se laissèrent pas enfoncer. Ils se retirèrent pourtant, et le siège de Cadix se poursuivit, inutilisant une armée entière qui finit comme toutes les autres par abandonner la partie, en détruisant un matériel péniblement amassé. Entre temps, les Cortès délibéraient, après avoir juré de rester fidèles à la foi catholique et au roi légitime ; mieux avisées que notre Constituante qui travaillait pour l'humanité en général, elles ne cherchèrent qu'à s'inspirer du bien de leur pays.

* * *

En 1823, Cadix donna asile à de nouvelles Cortès : celles qui, après avoir dépouillé et déclaré fou Ferdinand VII, l'avaient entraîné captif sur ce rocher lointain. Les Bourbons de France vinrent au secours du Bourbon d'Espagne : tandis que Moncey, Bourck, Lauriston et le baron de Damas écrasaient les rebelles en Galice et en Catalogne, le duc d'Angoulême, enlevant le fort du Trocadéro après un combat héroïque, força les Cortès à capituler et à se dissoudre. Ferdinand remis en liberté vint ployer le genou devant son libérateur, et la fille de Louis XVI, songeant au Temple, dit avec tristesse : « Il est donc possible de sauver un roi malheureux ! »

Ferdinand, sourd aux conseils du gouvernement français et oublieux des promesses qu'il avait faites, déshonora notre victoire par des rigueurs malheureuses : des exécutions nombreuses ensanglantèrent les principales villes ; il revint à un absolutisme rigide et s'aliéna les cœurs. En même temps, les grandes colonies se détachèrent de la métropole. La Plata avait proclamé son indépendance en 1814 ,le Chili en 1818, la Colombie, cette même année 1823 ; l'année suivante, ce fut le tour du Mexique et du Pérou. Les Espagnols, d'ailleurs, s'étaient montrés de pitoyables colonisateurs. « Ils ne s'occupaient que de l'exploitation des mines. Malgré l'extrême fertilité du sol, l'agriculture abandonnée aux nègres et aux Indiens produisait peu. L'industrie et le commerce étaient nuls ; les colonies ne pouvaient commercer ni avec les autres puissances ni entre elles ; la contrebande était punie de mort. Pour obliger les colons à se servir des vins et des huiles d'Espagne, la culture de la vigne et celle de l'olivier avaient été défendues au Mexique. Aucune manufacture ne pouvait s'établir. Il fallait tirer d'Espagne, aux prix qui plaisaient au gouvernement de la métropole, les fers, les draps et les produits fabriqués de toutes sortes. La justice, exercée par des juges venus d'Europe, était vénale, et l'on comptait pour rien les besoins et les coutumes des habitants. »

Je reviens à l'hôtel.

Le consul de France et deux des principaux représentants de la colonie française occupent une table voisine de la mienne. Ces messieurs se plaignent du climat : l'air pendant l'été est chaud et humide ; généralement, il est vicié. Ils observent que la mortalité, surtout dans la basse classe, est très considérable : elle s'élève à quarante-cinq habitants pour mille et par an.

Dans un journal déplié près de moi je lis cette curieuse annonce de décès : *Su viuda, hijos, madre politica. hermanos, hermanos politicos, sobrinos, sobrinos politicos, director spiritual...*

« Sa veuve, ses fils, sa *mère politique*, ses frères, ses *frères politiques*, ses cousins, ses *cousins politiques*, son directeur spirituel, vous prient... »

Je trouvais cela extraordinaire, lorsqu'un voisin complaisant me fit entendre qu'en espagnol usuel cela signifie tout uniment *belle-mère*, *beaux-frères* et *cousins par alliance*.

*
* *

Le Musée renferme dix-huit Zurbarans, provenant la plupart de la chartreuse de Jerez.

Laissons les *Quatre Evangélistes*, le *Précurseur* et *Saint Laurent*. Voici deux anges qui agitent leurs encensoirs. Où donc l'artiste a-t-il puisé cette intuition ?

Sept figures de Chartreux : ce sont les saints de l'Ordre. Ils lisent, ils prient, ils adorent, ils méditent... Les poses ont une noblesse qui ne peut se décrire. Le drapé des coules est d'un merveilleux effet ; les ombres elles-mêmes sont savantes ; l'expression des visages qui varie de l'un à l'autre est une idéalisation différente de la sainteté.

O l'admirable Zurbaran ! Que nous sommes loin du naturalisme de Ribéra, de Murillo et de Vélazquez ! La couleur elle-même est ici habilement adaptée au sujet : elle est réservée, discrète, austère, et elle demeure, néanmoins, une séduction pour les yeux.

Dans la *Descente du Saint-Esprit*, il y a des attitudes et des figures remarquables ; le plissement des étoffes est rendu avec une perfection que n'a pas surpassée Raphaël. Restent deux grandes toiles : *Saint Bruno en extase* et *Saint François ravi dans le miracle de la Portioncule*.

Zurbaran a-t-il délibérément donné au fondateur des Chartreux une physionomie vulgaire, un nez épaté, une encolure de taureau, comme pour montrer à quel point la grâce du ravissement était capable de transfigurer un pareil type ? Je crois à cette gageure. Le génie religieux de cet homme me confond.

Et saint François, donc ! Il me paraît encore plus savamment traité que saint Bruno. Cette lumière tombant du ciel met un reflet extraordinairement intense sur la figure, sur les mains stigmatisées, sur le vêtement lui-même et fait ressortir étrangement les détails. Comment rendre le feu de ce visage, émacié par une effrayante pénitence et coloré par la flamme de l'amour? Le mysticisme n'a jamais eu d'interprète comme Zurbaran.

Son voisinage est mortel pour les autres maîtres qui ont ici des toiles de premier mérite : tels, Herrera, Roëlas et surtout Alonso Cano.

Seuls, peut-être, deux tableaux ne s'éclipsent pas dans cette éblouissante lumière : un *Saint François* du Greco et un *Ecce Homo* de Murillo.

Le stigmatisé d'Assise est traité autrement que tout à l'heure; mais comme le Greco a su demeurer vrai !

L'*Ecce Homo* est plein d'une grâce exquise, qualité qui semble s'harmoniser bien mal avec l'horreur du sujet. Mais la prodigieuse souplesse de Murillo ne lui permettait-elle pas de concilier des inconciliables ?

*
* *

La cathédrale que je visite ensuite est dans le style le plus riche de la belle Renaissance. Magnifiques sont les stalles du chœur, qui proviennent de l'ancienne chartreuse de Séville.

En longeant le *Recinto del Sur*, vaste et interminable boulevard qui forme à lui seul toute la bordure méridionale de Cadix, je suis presque emporté par la véhémence de la tempête : à chaque instant des vagues énormes franchissent le parapet et viennent éclater sur la promenade bien vite transformée en lac. J'ai mille peines d'arriver au portail du couvent des Capucins, où je viens contempler la dernière œuvre de Murillo.

Elle est placée derrière le maître-autel et représente le *Mariage mystique de sainte Catherine* ; c'est en se reculant pour juger de l'effet, que le grand artiste tomba de son échafaudage et se fit dans sa chute des lésions si graves qu'elles déterminèrent sa mort. On eut le temps de le transporter à Séville où il expira peu de jours après, le 3 avril 1682.

La scène est grandiose, baignée d'une chaude lumière où se meuvent de beaux anges au type andalou. L'épisode central est plein de charmes : sainte Catherine agenouillée reçoit l'anneau des fiançailles de la main de l'Enfant Jésus reposant sur les genoux de sa mère.

Alentour, cinq petits panneaux — le Père éternel, saint Michel, l'Ange gardien, saint Joseph et saint François — complètent de la façon la plus suave cette composition où Murillo, cependant, n'a pas été soulevé par son sujet.

Il y a encore de lui dans cette église un grand tableau figurant *Saint François recevant les sacrés stigmates*. C'est plus moëlleux, plus riant, plus frais que Zurbaran ; l'inspiration s'y trouve, mais je préfère Zurbaran.

* * *

10 heures du soir. — Elle a été pieuse et reposante, cette cérémonie du Tiers-Ordre à laquelle je viens d'assister chez les Observantins, à deux pas de l'hôtel.

Le chœur, splendidement illuminé, faisait ressortir toute la magnificence du *retablo* plateresque. Au fond d'un expositoire en argent, une Vierge à la couronne et à la robe d'or apparaissait ainsi qu'une vision céleste ; à ses côtés, dans deux grands vases de vermeil richement ciselés s'épanouissaient des roses d'or au milieu d'un feuillage argenté. On fêtait les « Stigmates » de saint François et, pour la circonstance, on avait revêtu son image d'un froc d'étoffe précieuse brodée d'or.

Devant le Saint-Sacrement exposé, deux messieurs portant le scapulaire et, derrière la table de communion, quatre dames ou demoiselles, entièrement revêtues de l'habit régulier des Tertiaires, tenaient des cierges, dévotement agenouillés sur le parvis. Toutes les dix minutes se succédaient d'autres confrères et d'autres consœurs.

Les litanies furent exécutées par des voix évidemment choisies, qu'accompagnaient un piano et un violoncelle : c'était en soi très peu religieux, et pourtant la piété y trouvait son compte. L'assistance, fort nombreuse, me parut très recueillie, ce qui tenait sans doute à la qualité des fidèles, tous tertiaires; les dames, tout en agitant l'inévitable éventail, semblaient absorbées dans une adoration silencieuse.

La cérémonie fut longue : il y eut un sermon de trois quarts d'heure, donné par un chanoine de la cathédrale; on fit d'interminables prières, suivies d'une procession et du salut. Point de bancs ni de chaises dans l'église : pendant toute la durée de l'office, hommes et femmes se sont tenus ou debout ou agenouillés ou accroupis, sans manifester le moindre signe d'ennui ni de fatigue, ce qui m'a prouvé une fois de plus l'endurance vraiment prodigieuse du peuple espagnol.

Le petit frère portier m'a promis d'ouvrir l'église demain à quatre heures, afin de me permettre de célébrer la messe avant de m'embarquer pour le Maroc.

CHAPITRE XXII

AU MAROC

Lundi 21 septembre.

La mer est atroce et il pleut à verse. L'embarquement a offert de sérieuses difficultés.

Le roulis et le tangage sont extrêmes et lorsque l'odeur trop connue des cuisines espagnoles vient s'y joindre, je suis mis pendant une bonne heure hors de combat. Autour de moi le spectacle est navrant.

Un âcre parfum envahit le salon... A tout prendre, préférant la pluie, je me sauve sur le pont. Les matelots viennent de dérouler la grande bâche, ce qui me permet de rester à l'air, mais à condition de me fixer sur une banquette, car le mouvement du navire est tel qu'il est impossible de faire deux pas, ni même de se tenir debout.

Le temps se lève un peu et vers neuf heures, le cap Trafalgar [1] de fatale mémoire émerge du sein des flots. Thiers a raconté au long ce désastre, qui devait avoir son pendant continental à Waterloo. Il a peu de pages plus émouvantes.

(1) *Tarf-al-agharr*, le cap Brillant.

L'amiral Villeneuve avait reçu l'ordre de quitter le Ferrol et de rallier le port de Boulogne. Craignant de trouver sur sa route les escadres anglaises réunies, ce qui était faux, il se dirigea vers Cadix.

Villeneuve avait du bon sens, du talent, du courage ; mais le déplorable état de ses vaisseaux, le manque de formation de ses équipages et surtout la mauvaise qualité des officiers, dont le gouvernement révolutionnaire avait rempli les cadres, lui inspiraient une timidité excessive.

Les Anglais, du reste, venaient de modifier complètement l'ancienne tactique navale ; leurs équipages, avec une formation supérieure, avaient de l'entraînement, de la pratique et une confiance absolue dans Nelson, leur illustre chef.

L'escadre espagnole, notre alliée, était dans un état plus triste que la nôtre : mauvais bâtiments, mal gréés, insuffisamment armés, ayant pour personnel un ramassis de malandrins. En tout, les flottes combinées possédaient quarante unités de combat.

Nelson en avait un peu moins, mais ses bâtiments étaient éprouvés par de longues croisières. Son plan, — toujours le même, comme celui de Wellington — fut minutieusement expliqué à ses officiers : l'escadre se formera sur deux colonnes, elle se jettera sur la ligne des vaisseaux ennemis, la coupera en deux endroits, entourera la portion ainsi isolée et la détruira sans s'inquiéter du reste, qui n'aura pas le temps de porter secours.

Villeneuve commit l'énorme faute d'obliger l'amiral espagnol Gravina à venir prolonger sa ligne de bataille, déjà trop longue, au lieu de le laisser manœuvrer indépendamment à titre de chef de l'escadre de réserve.

La ligne ne put tenir sous le vent ; les vaisseaux

anglais pénétrèrent facilement dans les interstices ; les dix navires français de tête négligés par la manœuvre de Nelson demeurèrent par là même inutiles.

Trois vaisseaux français, surtout : *le Redoutable*, *l'Algésiras* et *l'Achille* se couvrirent de gloire. Finalement, la victoire appartint aux Anglais ; mais elle leur coûta cher : presque tous leurs navires étaient démâtés ou mis hors de service ; Nelson était mort. Pendant la nuit, une tempête horrible vint assaillir leur flotte que l'amiral Collingwood, négligeant les avis de son chef expirant, n'avait pas voulu mettre au mouillage ; les Anglais furent obligés de relâcher ou de couler à peu près toutes leurs prises

La tempête ne fut pas moins fatale à l'escadre combinée qui, au cours du combat, avait déjà perdu sept mille hommes et dix-sept unités. Gravina avait reçu une blessure mortelle ; le contre-amiral Magon, plus apte à commander que Villeneuve, avait été emporté par un biscayen ; Villeneuve lui-même, après avoir lutté avec le courage du désespoir, s'était vu contraint à amener son pavillon.

* * *

Une ligne grise, ferme et plus sombre que le gris diffus de l'atmosphère, paraît au sud : c'est la terre d'Afrique et le cap Spartel.

Progressivement, les nuées se déchirent, la pluie cesse, le flot tombe. Vers midi, un soleil étincelant darde ses rayons sur une ville aux maisons jaunes et bleues, accumulées en amphithéâtre sur le flanc d'une colline, dans une enceinte fortifiée rompue par endroits, comme un cercle qui craque sous une pression trop forte. En bas, le long de la mer, le quartier européen s'appuie à une vieille redoute déserte ; quelques palmiers pointent entre les terrasses ; tout en haut, la résidence du *khalifa*, la *kasbah* : ses murs écroulés et ses créneaux en ruines permettent de mieux distinguer le palais du sultan (*Dar-el-makhzen*), reconnaissable à ses tuiles vertes et le palais du gouvernement, séparés l'un de l'autre par une vaste palmeraie. Au centre de la *medina* (quartier musulman) se dresse le minaret de la grande mosquée, du haut duquel le *neffâr* lance sa triple fanfare de trompettes, chaque jour du mois de *Ramadan*.

Cette ville, c'est Tanger, le port le plus important du Maroc. Cinq fois moins peuplée que Cadix, Tanger l'emporte sur elle par son site extrêmement pittoresque. A gauche vient expirer la longue épine du Rif, chaîne montagneuse peuplée de Kabyles, qui sépare le Maroc de la province d'Oran. Par derrière, s'échelonnent des croupes dénudées, dont la mystérieuse silhouette se perd dans les lointains assombris. Cette chaîne va monter par ressauts jusqu'au Moyen-Atlas, au sud de Fez ; puis elle s'élèvera en paliers successifs jusqu'au Grand-Atlas qui dresse ses cimes blanches à quatre mille cinq cents mètres.

Dans le port, stationnent une quarantaine de voiliers. A peine sommes-nous à l'ancre, qu'une multitude de barques s'efforcent d'atteindre le bas de la coupée. Elles nous enveloppent ; le vaisseau est pris à l'escalade : une centaine de grands diables, couverts de haillons, coiffés du turban ou de la calotte rouge se jettent par dessus les bastingages en poussant des cris affreux. Tout ce qui n'est pas adhérent à la personne des passagers est enlevé aussitôt et, comme ils sont dix pour une malle, cinq au moins pour un parapluie, ce ne sont que scènes de pugilat et débordements d'injures. Un certain nombre — les plus faibles — sont envoyés la tête la première contre les piles de cordages ou contre le cabestan ; c'est dans ces occasions-là que le turban est d'une incontestable utilité.

L'intérieur de Tanger offre peu d'attraits au voyageur qui a visité l'Orient : on circule avec peine au milieu de boyaux tortueux, d'une saleté repoussante, encombrés d'ânes et de portefaix.

La prison, enfermée dans la *kasbah*, a un portail mauresque et un vestibule à colonnes des plus élégants ; on est quelque peu surpris de voir avec quel luxe le *makhzen* loge les malfaiteurs. Mais qu'on se garde de pénétrer plus avant, qu'on évite surtout de s'approcher des étroits soupiraux d'où sortent des hurlements et des plaintes ininterrompues. Une puanteur sans nom s'en dégage ; sur une litière d'écurie les malheureux détenus se vautrent, dévorés par la vermine ou couverts d'ulcères. C'est ici qu'il faut venir pour apprécier l'héroïsme d'un Vincent de Paul ou d'un Jean de Matha, acceptant d'être enfermés dans un pareil enfer, à la place des captifs qu'ils venaient délivrer.

* * *

Tanger est à peu près abandonnée aux étrangers. Toutes les ambassades s'y trouvent réunies. Les autres ports marocains, situés sur la côte occidentale, sont plus complétement sous la puissance du sultan : les plus importants sont Mogador, Mazagan et Larache. On y fait le commerce des laines, des peaux de chèvres, des amandes, des noix, des huiles, des cires, des gommes, des grains divers. En 1901, le chiffre des importations dans ces trois ports réunis s'est élevé à douze millions et demi pour l'Angleterre, six millions et demi pour la France et un peu moins d'un million pour l'Allemagne.

Le chiffre des exportations a été respectivement pour

ces trois Etats de 6 milions 07, de 1 milion 69 et de 2 millions 21. On voit que l'Allemagne nous distance sous ce dernier rapport.

La situation de Tanger, à l'entrée du détroit, a sollicité de tout temps l'attention des grandes puissances maritimes. Bâtie vraisemblablement par les Carthaginois, la ville devint la capitale de la Mauritanie Tingitane sous les Romains. Les Vandales s'en emparèrent ; puis Bélisaire, en détruisant le royaume de ces Barbares, plaça l'Afrique sous le sceptre de Byzance.

A la fin du VIIe siècle, les Arabes, lancés par Mahomet à la conquête du monde, imposèrent leur domination aux Maures et, pour affermir leur empire, ils en déportèrent plus de trois cent mille. Le pays prit le nom de *Maghreb*, parce qu'il se trouvait à l'extrême occident du califat de Damas.

Avec les Almoravides et les Almohades, la suprématie revint aux Maures. De 1472 à 1662, le Maroc appartint aux Portugais, puis échut à la couronne d'Angleterre par suite du mariage de Catherine de Portugal avec Charles II. Les Anglais furent chassés en 1684 et les Arabes reprirent le pouvoir.

L'année 1844, les Marocains s'étant déclarés pour Abd-el-Kader, le prince de Joinville vint bombarder Tanger et s'empara de Mogador, pendant que le maréchal Bugeaud infligeait au fils du sultan une sanglante défaite à Isly.

* * *

J'ai pu recueillir auprès d'un personnage très au courant des choses du Maroc des renseignements d'un réel intérêt.

L'empire chérifien se compose en fait de deux

royaumes : le Gharb ou Maroc septentrional et le Haouz ou Maroc méridional, séparés par un vaste désert. Fez et Marrakech en sont les capitales. Fez a en outre le privilège d'être la résidence de l'empereur. Elle renferme une population de cent mille habitants et se partage en deux cités distinctes : Fez el-Djedid, la ville *makhzen* et Fez el-Bali où habite tout ce qui n'appartient pas au gouvernement.

On nomme *makhzen* le gouvernement impérial et dans le sens large toute la collectivité qui domine dans l'empire ; ainsi on distingue quatre tribus *makhzen*, qui sont le fondement de l'autorité chérifienne et jouissent du privilège de fournir les hommes composant la garde de Sa Majesté.

Le *makhzen* comprend les deux services de la Cour et de l'Etat. A la tête du premier se trouve placé le chambellan ; le grand vizir est le chef du second.

L'empreinte *makhzen* est profondément gravée sur toutes les personnes qui appartiennent à la caste privilégiée : c'est un engrenage formidable, un pouvoir irrésistible qui saisit et façonne dès l'enfance tout ce qui lui est soumis. Le protocole le plus sévère règne dans le *Dar-el-makhzen* : il règle le costume, les habitudes, les pratiques pieuses, la correspondance, les relations avec les étrangers.

* * *

L'empire est une sorte de fédération imprécise, englobant la foule des tribus, qui vivent d'une vie plus ou moins indépendante. On distingue les tribus arabes, les arabisées et les berbères. Tout cela se tient dans une anarchie assez grande, dans un état de divisions perpétuelles, et ce sont ces divisions mêmes qui font la force du *makhzen*. Le pouvoir central est représenté au sein des tribus par les caïds, dont le nombre est augmenté ou diminué au gré du souverain, suivant les nécessités de la politique.

Le caïd est chargé de recruter les contingents et de lever les impôts qui se décomposent ainsi : le double impôt coranique de l'*achour* et du *zekkat* dû par tout disciple du Prophète ; la *naïba* qui pèse sur les tribus non privilégiées ou non *makhzen* et qui est généralement acquittée en nature ; la *djeziya*, prélevée sur les infidèles, et les droits de douane.

Sa Majesté chérifienne tire son nom de son titre de *chérif* qui signifie saint ou chef religieux ; non pas que le sultan exerce réellement les fonctions de pontife, mais parce qu'il appartient à une dynastie de *chorfa* (1). Il est censé détenir, de ce chef, une *baraka* (2) très puissante qui le rend vénérable et qui permet à ses sujets de se sanctifier rien qu'en l'approchant.

Il va sans dire que le Maroc tout entier appartient à la religion musulmane. Le Coran fut imposé aux Maures et aux autres Berbères par les Arabes conquérants. Tous sont fanatiques, foncièrement ennemis des chrétiens qu'ils méprisent et dont ils redoutent l'influence. C'est précisément parce que le sultan actuel, le jeune Moulay Abdelaziz, avait tenté quelques réformes inspirées par les Anglais, que la révolte du *rogui* (prétendant) Bou Hamara (3) trouva si vite écho parmi les tribus.

La population juive, y compris celle de l'Atlas, peut être évaluée à cent quatre-vingt mille habitants. Sur les côtes, les israélites ont réussi à s'affranchir de la servitude humiliante qui leur est infligée dans l'intérieur, où

(1) *Chorfa* est le pluriel de *chérif*.

(2) La *baraka* est le pouvoir de bénir.

(3) Littéralement : le père de l'ânesse.

on les oblige à se parquer dans un quartier appelé, d'un terme méprisant, le *mellah* (saloir) : ils y vivent misérables. En général, les juifs sont commerçants, artisans, agriculteurs ; leur costume est un caftan de couleur sombre et une calotte noire.

L' « Alliance Universelle Israélite » a créé des écoles dans les principales villes. Environ 2.500 enfants, juifs, catholiques et protestants les fréquentent et y reçoivent les leçons de maîtres formés à l'Ecole normale israélite d'Auteuil.

L'évangélisation catholique est aux mains des Espagnols qui ont ouvert ici et là quelques écoles. Une mission anglaise et une mission américaine s'emploient à faire de la propagande protestante, mais sans le moindre succès.

La polygamie tend à disparaître au Maroc. Il convient d'abord d'observer que chez les Berbères (Maures et Kabyles), la femme a toujours été plus respectée que chez les Arabes : elle est à peu près mêlée à tous les événements de la vie sociale et sort sans être voilée. Le harem ne se rencontre plus guère que dans le palais du sultan, dans les *kasbahs* des caïds et dans les maisons de quelques riches israélites.

La France, à cause du voisinage de l'Algérie, a évidemment des intérêts de premier ordre au Maroc qui est comme la clef de voûte de son domaine africain; l'empire chérifien doit rentrer forcément, d'une façon ou de l'autre, dans notre sphère d'influence.

Comment? C'est là le difficile. Une pénétration pacifique est une chimère, étant donné le caractère nettement réfractaire des habitants. La conquête par les armes demanderait des années, des armées que nous ne saurions présentement distraire de notre frontière de l'est et des millions que nous n'avons plus. L'Angleterre a trouvé son nid tout fait en Egypte; en nous jetant dans l'aventure marocaine, elle nous a précipités dans un guêpier dont nous pourrions sortir passablement endommagés (1).

(1) Cf. L'intéressant ouvrage d'Eugène Aubin : *Le Maroc d'aujourd'hui* (Paris, Colin).

CHAPITRE XXIII

DE GIBRALTAR A GRENADE

Nous quittons Tanger d'assez bonne heure et nous pénétrons dans le détroit. D'ici Tarifa, sur la côte espagnole, on compte quarante-cinq kilomètres; la passe ira s'amincissant jusqu'à douze kilomètres, puis s'élargira pour atteindre vingt kilomètres entre Ceuta et Gibraltar. Le soleil éclaire de part et d'autre une contrée désolée : bande d'ocre jaune, avec d'anciennes tours de guet, du côté européen; montagnes pelées et incultes, du côté de l'Afrique.

Après une courte navigation, on aperçoit une sorte de dôme à l'extrême horizon; plus on s'avance, plus le dôme émerge en perdant ses formes régulières. Il ressemble à un sphinx colossal, majestueusement accroupi, qui vous regarde. Mais non, c'est une boursoufflure gigantesque, une gibbosité monstrueuse, que rien ne semble rattacher à la terre ferme, car il faut y regarder de près pour apercevoir l'isthme qui relie Gibraltar au continent.

Le rocher a une lieue de long sur un peu plus d'un kilomètre de large. Une terrasse en saillie occupe la pointe méridionale ; elle est précédée d'un long môle que termine un phare.

La ville est devant nous, à quatre-vingts mètres au-dessus de la mer, étroite, accrochée au flanc de la falaise qui s'élève à une altitude de douze cent soixante pieds. Au sommet, on distingue un fort qui doit être surtout un observatoire, et il faut avouer que jamais observatoire ne fut mieux placé.

Tout le rocher est creux, évidé en galeries superposées, où des centaines de canons sont rangés derrière des meurtrières invisibles, sans préjudice des batteries placées au dehors. Du côté du levant, la pente est raide et se défend d'elle-même contre une tentative de débarquement ; vers l'Espagne, la falaise tombe à pic sur le sol.

* * *

La ville se divise en deux parties : le centre et le faubourg ; elle est enfermée dans des murs soigneusement fortifiés et dont les portes, minutieusement gardées, ne s'ouvrent jamais pendant la nuit. Six mille hommes de troupes régulières assurent la défense de Gibraltar. La police est très sévère ; le parcours laissé aux étrangers a été parcimonieusement mesuré. Pour gravir la montagne, il faut avoir obtenu un permis et être accompagné d'un sergent. Défense absolue de prendre un croquis ou de rédiger une note. Entrés traîtreusement et par surprise dans Gibraltar, le 24 juillet 1704, pendant la guerre de la Succession d'Espagne, les Anglais craignent d'en être expulsés de même. Jusqu'à ces derniers temps, on s'accordait à reconnaître que la position était inexpugnable. L'est-elle encore avec les formidables engins dont dispose l'artillerie moderne ? Je ne sais si l'avenir le dira jamais. En attendant, les Anglais, fortement et confortablement installés, sont les maîtres du détroit; ils ont fait interdire aux Espagnols d'élever, trop près de leur citadelle, des forts qui pourraient facilement pulvériser toute flotte anglaise, stationnant dans la rade, et ils se sont opposés à ce qu'on pourvût Ceuta de fortifications qui neutraliseraient les avantages que l'Angleterre retire des « Défenses de Gibraltar ».

C'est de l'une à l'autre de ces deux villes que s'est effectué de tout temps le passage d'Afrique en Espagne.

Les Carthaginois firent de la Calpé phénicienne une place maritime importante ; elle passa sous la domination romaine l'année 171 avant Jésus-Christ.

Les Arabes débaptisèrent les « Colonnes d'Hercule ». Abyla devint le Djebel-Mouça, du nom de l'Arabe qui lança le premier ses hordes contre la Péninsule; le rocher de Calpé prit le nom du lieutenant de Mouça et s'appela Djebel-Tarik, d'où, par corruption : Gibraltar.

Les rues de la ville qui s'étrangle entre l'enceinte et le rocher, ont nécessairement très peu de largeur ; mais elles sont très propres et le gouverneur les fait toujours brillamment éclairer la nuit. Tant de précautions contre un coup de main font sourire.

Tout est à l'anglaise dans les hôtels et dans les habitudes de la vie privée ; on y surprend chez elle la race méthodique par excellence ; on croise à chaque pas des casaques rouges et des highlanders écossais aux jambes nues : c'est vraiment un morceau d'Albion enlevé de la Manche.

Gibraltar renferme vingt-six mille habitants, population mêlée où l'élément anglais domine, où le juif et le Marocain entrent pour une proportion assez notable.

Le trafic y est énorme : Gibraltar est un dépôt commercial qui approvisionne tous les marchés voisins et d'où les produits de contrebande pénètrent facilement en Espagne.

*
* *

Les Gibraltariens qui, l'été surtout, étouffent dans leurs murs, ont la ressource de sortir par la *Spanish gate* pour respirer l'air toujours assez vif qui rafraîchit l'isthme. Passé la porte, on trouve le « terrain d'inondation » que les eaux peuvent envahir pour protéger la place contre une attaque venue du côté de la terre ferme. Puis, « on entre dans de grandes avenues que coupent des sentiers tournant parmi des arbres de mille sortes, touffus, libres et si variés d'aspect que, même la nuit, on devine l'étrangeté des feuillages et la nouveauté des formes. Les plantes trouvent là l'humidité chaude des pays de forêts vierges, et elles poussent fortement. On erre dans un pays fantastique. Les bananiers lèvent leurs grandes feuilles, qui semblent en cristal vert. Des régimes de dattes flambent au-dessus comme des lustres d'or. Les voûtes sont faites de mille draperies tombantes et fines, de branches de poivriers, qu'on suit dans leur lueur décroissante venue d'en bas et qui se perdent dans l'ombre.

« Une senteur de forêt, chaude et mouillée, monte du sol et, pour l'avoir respirée, la mer s'est endormie (1). »

A côté de ces magnifiques jardins, les Anglais — gens pratiques — ont installé une piste pour les courses. Par delà, s'étend une vaste zone neutre, que borde une double ligne de macadam où des sentinelles se promènent et que termine une ville espagnole, la Linea de la Concepçion, habitée par trente mille ouvriers. Beaucoup d'entre eux sont d'anciens forçats.

(1) René Bazin.

Dans les fourrés de la montagne vit à l'état sauvage, sous la haute protection de l'Angleterre, toute une colonie de singes ; au temps où les fruits mûrissent, ils viennent volontiers cueillir les figues nouvelles jusque dans les jardins.

N'ayant ni lettre de recommandation, ni passeport, ni temps à perdre, le plus simple était de prendre passage, le soir même, sur le bateau qui fait la traversée entre Gibraltar et Algésiras.

Al-Gezîra-Alkhadra (l'Ile Verte) doit son nom aux Arabes qui l'ont bâtie. Je l'ai parcourue jusqu'à l'église placée à la cime du pâté de maisons où se logent ses treize mille habitants et je n'y ai rien rencontré qui valût la peine d'être signalé. Sur le parcours, j'ai observé des figures revêches, quelques sourires moqueurs ; mais le curé à qui je venais demander la permission de célébrer la messe le lendemain de très grand matin, a mis fort obligeamment son sacristain à ma disposition.

Je me suis installé dans une *fonda* bâtie tout au bord de la baie. La mer est calme ; le flot lèche les galets avec un bruit très doux ; de l'autre côté du golfe, un long scintillement rose m'indique l'emplacement de la ville anglaise ; le *Mons Calpe* noyé dans une ombre d'un bleu intense découpe son modelé fantastique dans un ciel panaché de nuages qui pendent lourdement, irisés d'or.

Mardi 22 septembre.

Le sacristain a été fidèle au rendez-vous.

A 6 heures 40 le train s'ébranle dans la direction de Grenade. L'air est vif. On traverse une région ondulée, passablement verdoyante, où les chênes-lièges croissent en abondance. La voie monte sans cesse, passant au pied de nombreux châteaux mauresques, en vue de Jimena que nous apercevons à gauche, blanche parmi des rochers fauves.

Après Gancin, le train s'engage dans l'étroit défilé qui sert de lit au Guadiaro, par le travers de la Sierra de Ronda. La contrée est sauvage et d'aspect fort intéressant.

La vallée s'élargit tout d'un coup et le panorama devient très beau. C'est un amphithéâtre de montagnes boisées dont le fond est empli par les orangers, les oliviers, les amandiers et les vignes. D'immenses tas de liège attendent d'être expédiés à Algésiras où cette écorce se manipule.

Le Guadiaro traîne ses eaux vertes au milieu de ce riche territoire.

Arriate. Splendide échappée à droite sur les pics roses dénudés de la sierra. Presque aussitôt, au centre d'un cirque merveilleux, on aperçoit le haut mamelon isolé qui porte sur sa ligne de faîte la vieille ville de Ronda. On voit distinctement les ruines de l'aqueduc romain. Il fallut du temps à Ferdinand et à Isabelle pour réduire la place qui devint, après l'expulsion des Maures, un repaire de contrebandiers. Aux olivettes a succédé une région montagneuse, ravinée, infertile. La fécondité du sol ne reparaît qu'à Almargen. Très jolie vue sur un castel désemparé qui se détache sur le bleu brillant des montagnes du fond... Le castel prend d'assez notables proportions : il est protégé par des murailles croulantes et des tours qui tombent. C'est l'ancien manoir des comtes de Téba, ancêtres de l'impératrice Eugénie. La petite ville du même nom s'affaisse à ses pieds, tristement encastrée dans des rochers de calcaire blanc, zébrés de larges bandes rousses.

J'assiste à la gare à une scène ineffable. Un jeune homme qui revient probablement de Cuba ou des Philippines, à moins qu'il n'ait tout simplement achevé son service, est descendu du train. Cinquante personnes pour le moins sont venues l'attendre. A peine l'a-t-on aperçu, que tous ces braves gens gesticulent, se précipitent vers lui et l'acclament. Sa mère lève les bras au ciel et pousse de vrais hurlements de bonheur ; le visage hâlé, sillonné de larmes, a des crispations de joie. Elle se jette sur lui, l'embrasse, le regarde, l'embrasse encore, et, tout en continuant ses exclamations retentissantes, elle le passe aux frères qui le repassent aux sœurs, d'où il passe dans les bras des parents, des voisins, des amis, pour revenir sur le giron maternel. Je n'ai jamais vu de ma vie une telle abondance de larmes : tout le monde pleurait et sanglotait, les Tébains, le libéré, les voyageurs, le chef de gare, le mécanicien lui-même qui, pour assister à la fin du spectacle, nous fait stopper dix minutes au delà de l'heure réglementaire.

A l'est, voici, tout estompés d'azur, les premiers contreforts de l'imposante Sierra Nevada.

Puis, c'est la célèbre Antequera, dont la reprise illustra l'Infant don Ferdinand de Castille, que saint Vincent Ferrier fit ensuite monter sur le trône d'Aragon. Elle est dominée par une haute tour, dont la construction absorba, dit-on, le produit d'une grande forêt d'yeuses. La vue demeure splendide, par dessus les terres jaunâtres, sur les festons bleus si pittoresques de la haute sierra. Bien loin, presque imperceptible dans ce magnifique décor, une ville qu'on me dit être Archidona.

Loja se prélasse très belle au pied du versant fauve du majestueux Periquetes : elle commande le passage vers Grenade. Ses murs, éventrés par les boulets, disent encore la vigoureuse résistance qu'elle opposa aux « Rois Catholiques » en 1488.

Plus on approche de Grenade et plus le site devient enchanteur. Une vallée spacieuse couverte d'oliviers s'ouvre entre des collines aux ondulations douces ; elles montent par échelons jusqu'aux montagnes veloutées qui hérissent leurs dentelures violettes dans l'atmosphère irradiée. Une draperie faite de nuages étincelants tombe sur elles comme un immense baldaquin d'argent frangé d'or.

Atarfé. C'est la *Santa-Fe* (Sainte-Foi) d'Isabelle. Pendant le siège de Grenade, un incendie dévora les tentes de l'armée castillane : les infidèles triomphaient. La grande reine fit aussitôt rebâtir son camp en forme de ville ; au lieu de toile on prit de la pierre ; la cité nouvelle fut appelée Sainte-Foi. Cette résolution disait assez que les « Rois Catholiques » ne lâcheraient plus leur proie. Le découragement qu'en éprouvèrent les assiégés les conduisit vite à se rendre.

CHAPITRE XXIV

GRENADE

Mercredi 23 septembre.

Je suis arrivé hier soir vers sept heures à la *casa* des Pères Liguoriens, où le vénérable Recteur m'a fait la plus aimable réception. Elle m'a remis du grossier accueil que j'avais subi en débouchant des champs de sable qui s'étendent entre la gare et la ville.

Les Pères desservent *San Juan de los Reyes*, mosquée désaffectée lors de la prise de la ville et qui garde son ancien minaret.

C'est ici que Ferdinand et Isabelle montèrent, le 2 janvier 1492, pour chanter leur solennel *Te Deum* d'actions de grâces. Ils venaient de la *Puerta d'Elvira* par la sinueuse et grimpante ruelle que j'ai suivie hier. Dans la petite mosquée, réconciliée séance tenante par le cardinal Mendoza, on offrit le saint sacrifice avant de pousser jusqu'à l'Alhambra.

Quelle joyeuse surprise j'ai éprouvée ce matin, en ouvrant ma fenêtre, de contempler la splendide acropole, ses murailles hautes et rouges et l'enfilade de ses tours allant de la *Torre de la Cautiva* jusqu'à la massive

Vela qui donne le signal des irrigations à la plaine ! Toutefois, rien à l'extérieur ne distingue l'Alhambra d'une vulgaire forteresse. Qui pourrait dire que ces tours trapues renferment des salles d'une décoration aussi fastueuse ! On pourrait le soupçonner un peu, en voyant du dehors les ravissantes petites fenêtres *ajimeces* et le riche encadrement qui les borde. Mais ce qu'on ne devinerait sûrement pas, en apercevant les toitures disgracieuses qui dépassent le mur, ce sont les merveilles du palais arabe.

« — Nous commencerons par le *Generalife* », me dit le Père Santander qui m'accompagne.

Chemin faisant, il me conduit dans des maisons de sordide apparence et me fait admirer dans le *patio* quelque vestige mauresque : une margelle sculptée, un reste de portique, une frise à entrelacs à peu près intacte.

Le *Generalife* (*Djennat al Arif*, Jardin de l'Architecte), séparé de l'Alhambra par le mur et le fossé d'enceinte, domine le château royal d'une assez grande hauteur. C'était le jardin de plaisance des rois maures. Au centre, s'élève un palais dont les salles et les galeries ont beaucoup souffert de la négligence des propriétaires. Mais quels débris encore magnifiques ! Quels jardins enchantés ! Quelle fraîcheur et quel coup d'œil sur l'Alhambra dont on découvre la vaste et irrégulière ordonnance, sur Grenade dont les coupoles et les tuiles vernies étincellent et qui paraît sommeiller au pied des deux collines entre lesquelles monte le quartier bohémien de l'*Albaycin !* A perte de vue, la *vega*, paradis d'une fertilité étonnante, riant et vert. A notre droite, le mamelon qui portait la Grenade primitive, l'*Illyberis* des Romains, l'*Elvira* des Wisigoths. Et comme fond de tableau, la Sierra Nevada, d'un bleu délicat et transparent, masse énorme, dont les cimes altières[1] couvertes de neige brillent d'un éclat immaculé.

Dans les allées du jardin, l'eau jaillit de toutes parts : on l'entend gronder sous ses pas, on la voit sourdre du sol ; elle dort, limpide et glacée, dans des conques de marbre ; elle circule dans une multitude de rigoles, coule dans les mains courantes creuses des escaliers, descend dans les plantations et arrose les massifs de fleurs, qui lui doivent leurs vives nuances et leur parfum délicat.

* * *

Nous faisons le tour de l'Alhambra, dépassant la *Puerta de los Siete Suelos* (Porte des Sept Etages) par où Boabdil — le pauvre « petit roi » *el Rey chico* — quitta en pleurant son Alhambra perdu, et nous pénétrons dans l'enceinte sacrée par cette sombre « Porte du Jugement», devant laquelle les rois mahométans rendaient la justice.

Je ne décrirai pas ce que j'ai vu ; je ne referai pas à mes dépens une expérience qui, jusqu'ici, n'a réussi à personne. C'est le pastel d'un artiste, ce n'est pas la plume d'un écrivain, s'appelât-il Théophile Gautier, qui peut reproduire une grâce pareille, une décoration à ce point enchanteresse, une féerie semblable.

Je déplore mon impuissance : elle est réelle. Il faudra que mes lecteurs s'y résignent : faire le voyage de Grenade (qu'ils sacrifient tout le reste ; Grenade seule est introuvable ailleurs qu'à Grenade), ou se procurer un album des vues de l'Alhambra. Et encore ce dernier parti ne serait-il qu'une insuffisante et pitoyable ressource. C'est de ses yeux et par un soleil aveuglant

(1) Elles dépassent 3.000 mètres.

comme celui qui m'éclaire, qu'il faut voir le fini de cette architecture aérienne, ses délicates ciselures, ses merveilleux portiques, l'adorable profil des arcades et des colonnettes, l'inépuisable fantaisie du réseau des arabesques, les dessins charmants et le mordoré des faïences, les teintes rosées ou ambrées des marbres, l'opposition entre l'ombre et l'éblouissante lumière qui détache les pleins avec une vigueur brutale sur le moëlleux profond des vides.

Deux vastes *patios* : la « Cour des Lions » et la « Cour des Myrthes » ; quelques *patios* excentriques : le *Mexuar* et la *Daraxa* et, enchevêtrées là-dedans, une vingtaine de salles : le « Salon des Ambassadeurs », où Boabdil tint le conseil qui décida la reddition de Grenade ; la « Salle des Abencerages », où les *Beni Seradj* eurent la tête tranchée par Moulay Abou'l Hassan, parce qu'ils favorisaient le parti de la sultane Aïcha, mère de Boabdil ; la « Salle des Mozarabes » ; la « Salle du Tribunal » ; le *Méchouar* ou « Salle du Conseil » ; dans le quartier des sultanes, la « Salle des Deux Sœurs », le *Mirador de Daraxa* (1) et, enfin, la ravissante mosquée, tel est, en résumé, l'Alhambra.

En dehors des constructions régulières, le *Tocador de la Reyna* (Boudoir de la Reine), création de Charles-Quint, dresse les fûts graciles de ses galeries à cent mètres au-dessus du ravin encaissé au fond duquel mugit le Darro.

Il est facile de constater que les architectes de l'alcazar de Séville sont venus s'inspirer ici ; mais combien l'Alhambra est plus varié, plus séduisant, plus royal

(1) « Maison ou balcon de Aïcha ». On y lit cette inscription : « Dans ces salles tant de belles choses s'offrent au regard que la vue en est captivée et l'esprit troublé. La lumière et les couleurs y sont distribuées de telle sorte que tu peux à la fois les confondre en un tout ou les distinguer. »

et plus riche ! Trop séduisant même : aucune ligne sévère ne rappelle le but grave de la vie, l'austère devoir... Les ogives ne soulèvent pas comme les arceaux de nos cathédrales chrétiennes : elles sont souriantes plutôt qu'élancées ; sensuelles et non pas sublimes. Toute cette fantaisie charme, enchante, ravit ; elle dit le plaisir de jouir et de vivre ; elle verse dans l'âme je ne sais quoi d'enivrant ou de voluptueux. Les califes, au sein de cette magique demeure, pouvaient couler leurs jours dans les délices, mais à condition de laisser se rouiller au bord des vasques d'albâtre leur cimeterre de conquérants.

Quel est le fondateur de l'Alhambra ? Son nom signifie « le Château Rouge » *al Kasr al Hamrâ ;* mais il peut signifier aussi « le Château du Rouge », ce qui mettrait les chances du côté de Mohammed-Ibn-al-Hamar. *Al Hamar*, en effet, veut dire « le Rouge ». Le palais, dans cette hypothèse, eût été commencé vers 1270.

Après l'écrasement des Almohades, à la bataille de las Navas, Mohammed fonda un royaume des débris de l'ancien califat, reconnut saint Ferdinand pour suzerain, l'aida à s'emparer de Séville. Grenade devint dès lors la résidence de la dynastie des Nassérides. Les successeurs de Mohammed, surtout Iousouf Ier, continuèrent sa politique et son œuvre architecturale : les parties les plus riches de l'Alhambra datent du règne de ce prince (1333-1335).

Sous les rois maures, le palais avait un développement très considérable. L'Alhambra de Grenade peut fort bien être comparé à la *kasbah* marocaine, qui comprend le *Dar-el-makhzen* et les bâtiments affectés aux services d'Etat. Vingt mille habitants pouvaient se loger à l'aise dans l'enceinte fortifiée.

Aujourd'hui, ce qui reste de ce délicieux séjour tiendrait dans le creux de la main ; l'Alhambra a été mutilé après la conquête et ces mutilations sont irréparables. Pour construire son palais moderne, Charles-Quint a fait abattre le « Palais d'Hiver » et une portion notable du « Palais d'Eté » de ses devanciers maures. Acte de vandalisme à jamais regrettable ! L'Alhambra en reste défiguré : toute symétrie lui fait défaut. Le *Patio de los Leones* avait sans contredit son pendant par delà le *Patio de los Arrayanes;* la superbe « Tour de Comarès » devait occuper le centre et l'extrémité de la combinaison.

* * *

Que dirai-je du Palais de Charles-Quint ? Il est odieux par le fait de la stupide mutilation à laquelle il doit l'existence. Mais, cette réserve faite, il serait digne de prendre place parmi les monuments du *Forum* romain. En lui-même, il est imposant et superbe. Ses portails et sa grande façade sont magnifiques ; le style est d'une pureté et la décoration, d'une splendeur qui défient toute critique. Les colonnades de la cour intérieure rivalisent avec le classique *Theséion* d'Athènes. Que serait-ce donc, s'il avait été achevé ! Il ne le fut jamais : l'œuvre était peut-être trop gigantesque. Il manque le couronnement, la chapelle octogonale et l'arc de triomphe qui devait figurer le côté sud. Ce sont des ruines qui pleurent.

N'est-ce pas là l'image du règne de son auteur ? La destinée de Charles-Quint fut de tout commencer sans rien pouvoir finir. Ce n'était pas un homme vulgaire, pourtant. Il tint un peu de tous ses ancêtres : on lui reconnut l'astuce de Ferdinand, l'ambition, le goût des arts et des sciences de Maximilien, la noblesse d'Isabelle, mais aussi la mélancolie de sa mère Jeanne la Folle ; il n'est pas jusqu'au Téméraire, son bisaïeul, dont il ne rappelât le nom, le visage et la chevaleresque valeur.

Il triompha de la plupart de ses ennemis ; il en retint prisonniers plusieurs : François Ier, dans un étroit cachot à Madrid ; Clément VII, à Rome ; Jean-Frédéric de Saxe et Philippe de Hesse, en Allemagne. Mais aucune de ses victoires ne fut décisive : Metz vint répondre à Pavie ; Alger à Tunis ; la fuite déshonorante d'Innsbrück au triomphe de Mühlberg. « C'est ce qui fait la vanité de son règne et le rend décevant... La paix d'Augsbourg qu'il se voit forcé de signer consacre le morcellement religieux de l'Allemagne. » (1)

Ses préoccupations, qui embrassaient l'un et l'autre continent, trouvèrent dans leur exagération une cause d'irrémédiable impuissance. « Vouloir dominer le monde en général et chaque pays du monde en particulier, c'était en vérité une tâche au-dessus des forces d'un seul homme. » (2)

Avec lui aussi s'affaissa le Saint Empire. Associer un chef militaire au chef divinement institué pour gouverner les hommes, c'était là une conception de génie : l'Empereur était établi avoué de l'Eglise universelle ; placé au-dessus des rois, il avait dans ses attributions la police générale du culte ; il devait faire observer la paix à l'intérieur et combattre les infidèles au dehors.

L'idée supposait chez l'Empereur tant de qualités qu'elle nous apparaît un peu chimérique. Charlemagne n'eut pas de successeur. Après le XIIIe siècle, l'Empereur ne règne plus que sur l'Allemagne ; avec Charles-Quint, il n'est même plus le maître en Germanie ; au

(1) Birot : *Le Saint Empire.*
(2) Ibid.

XVIIIe siècle, il ne sera plus que le souverain de la région autrichienne ; il meurt pour tout de bon en 1821, « après avoir entendu, pendant la dernière période de sa vie, courir un écho troublant de tout le passé romain, un tumulte de guerres civiles, de proscriptions et d'armées conquérantes. » (1)

*
* *

Du haut de la Tour de la *Vela* je contemple une dernière fois, longuement, ce paysage, l'Eden de l'Espagne, ces ruines qui disent la fin des dynasties et des grandeurs royales, ces « Tours Vermeilles » qui montent toutes flamboyantes entre les myrtes et les cyprès verts sur la colline voisine, ce *Campo de los Martires* encore teint du sang des chrétiens, égorgés par les premiers conquérants arabes ou emmenés la nuit, les fers aux pieds, vers les *silos* souterrains, après avoir été, le jour, occupés aux constructions de l'Alhambra ; je vois la ville, semblable à une grenade entr'ouverte, au pied de la Nevada marmoréenne, au sein de cette contrée paradisiaque où raisins, figues, mûres, grenades et oranges mûrissent à l'envi, et je me prends à répéter l'exclamation du malheureux Boabdil : « O Grenade ! »

Les enchantements de l'Andalousie perdue font toujours tressaillir le cœur des Maures. Dans son voyage au Maroc, M. Eugène Aubin raconte qu'il entendit un soir cette mélancolique élégie dans les rues de Fez :

Combien je regrette le passé qui déjà s'enfuit
O Allah ! Les jours de joie et de plaisir, les soirées si douces !
O demeures de l'Andalousie que nous avons quittées,
Je ne vous oublierai jamais !

(1) Ibid.

GRENADE

L'extrémité de la colline de l'*Alhambra*
A l'arrière-plan la *Sierra Nevada*
(Vue prise du quartier de l'*Albaycin*)

Nous n'avons plus les belles nuits de Grenade, ville de délices,
O Allah! C'est là que j'ai connu les séductions enchanteresses !
O demeures de l'Andalousie que nous avons quittées,
Je ne vous oublierai jamais!

Fais par ta bonté que je revoie cet heureux séjour !
O Allah! Réunis-moi à ce que j'aime et apaise mon désir ;
O demeures de l'Andalousie que nous avons quittées,
Je ne vous oublierai jamais !

On sait avec quelle grâce Chateaubriand a dramatisé ce sentiment.

Nous redescendons par le boulevard ombragé que forme la vallée qui monte entre l'Alhambra et le *Monte Mauror*. Tout en cheminant, je mets le bon Père Santander au courant de la littérature d'une certaine école critique ; je lui cite cette phrase de l'ouvrage d'Eugène Schmidt : « Les Maures qui restèrent dans leur patrie furent, au début, traités avec la tolérance stipulée dans l'acte de reddition et promise sous serment. Mais le cardinal Jimenez s'aperçut bientôt qu'à l'égard des Infidèles on n'avait pas besoin de tenir son serment. Alors s'instituèrent les persécutions les plus extraordinaires qui furent jamais entreprises sous couleur de religion. L'étude de ces atrocités dépasse le cadre de notre ouvrage. Il nous suffira de dire que sous Philippe III, en 1609, tous les descendants des Maures furent expulsés, comme on avait déjà beaucoup plus tôt expulsé les juifs, acte héroïque que célèbre encore aujourd'hui une inscription dans la cathédrale de Tolède. »

Le Père réfléchit un instant.

« — Il y a bien quelque chose de fondé dans le reproche adressé au grand cardinal, et les « Rois catholiques » eux-mêmes lui témoignèrent le mécontentement que leur avait causé sa façon d'agir. Voici les faits en deux mots. Après la prise de Grenade, Jimenez entreprit avec un grand zèle l'évangélisation des Maures ; il en baptisa aisément quatre mille. Les autres, consternés de ces résultats, mirent tout en œuvre pour enrayer le mouvement des conversions : ils semèrent parmi la population musulmane des germes de haine contre le christianisme et de révolte contre le gouvernement. L'archevêque, se croyant libéré, par cette attitude, des engagements pris envers les vaincus, usa de moyens de rigueur qui provoquèrent une grave sédition. Les révoltés tuèrent les parlementaires qui leur furent envoyés et s'efforcèrent de prendre d'assaut le palais du cardinal. Jimenez ne dut la vie qu'à l'intervention du gouverneur de l'Alhambra. On offrit leur pardon aux rebelles, à condition qu'ils abjureraient l'islamisme. Beaucoup acceptèrent; les autres durent quitter Grenade.

« Il est évident que Jimenez fut un peu pressé et que cet empressement prête le flanc à la critique. En rigueur de droit, néanmoins, sa thèse peut se soutenir : le contractant qui viole la foi jurée dégage l'autre. Jimenez avait le sens politique trop développé pour croire que la juxtaposition de deux élements si disparates pût s'éterniser : la seule présence des Maures constituait un danger pour la foi et les mœurs des Espagnols, un péril tout aussi grave pour la sécurité de l'Etat. Et puis, ces Maures n'étaient-ils pas des intrus et leur intrusion ne s'était-elle pas opérée au préjudice de milliers de vies chrétiennes ? Durant huit siècles de luttes acharnées, on leur avait repris successivement et par lambeaux toutes leurs conquêtes; que restait-il, sinon de leur offrir le baptême ou de les rejeter dans les déserts de la Berbérie d'où ils n'auraient jamais dû sortir ?

« Les écrivains libres penseurs ont-ils jamais eu un mot de pitié pour les chrétiens odieusement mis à mort par leurs farouches oppresseurs ou soumis par eux à une douloureuse servitude?

« On parle d'atrocités commises contre les Maures; je voudrais bien qu'on me les énumérât. Ce qui est vrai, c'est que juifs et Maures ont été peu à peu poussés hors d'un pays qui n'était pas le leur, pays qu'ils avaient ruiné par l'usure ou dont ils s'étaient emparés au mépris de tout droit. Je trouve cela tout naturel. »

Nous étions arrivés à la *Puerta de las Granadas*. Brusquement, un vieillard de haute stature se dresse devant nous. Son visage fortement parcheminé est encadré de favoris blancs ; il porte une opulente vareuse et une large ceinture rouge; ses jambes sont emprisonnées dans des espèces de guêtres richement brodées; il a pour coiffure un haut bonnet pointu garni à son sommet d'une houppe et qui s'évase dans le bas en bords relevés et enroulés; sa main s'appuie sur un bâton léger.

« — Le roi des *Gitanos*, me dit le Père Santander. Roi, dans toute l'acception du terme : il gouverne son monde comme il l'entend. »

L'homme nous propose de nous faire les honneurs de son domaine : il nous fera visiter les cavernes et les forges de l'*Albaycin*, et l'on exécutera devant nous des danses tziganes...

« — Moyennant finances », murmure le Père. Et, sans autre forme de procès, nous brûlons la politesse à Sa Majesté.

Les *Gitanos* ne sont pas les descendants de ces Maures qui, au lendemain de la prise de la cité, furent confinés dans l'*Albaycin;* ce sont des Bohémiens dont l'installation à Grenade ne date que de 1532.

*
* *

Par la rue *de los Gomeres* nous arrivons à la cathédrale.

Nous gagnons une petite place bordée, d'une part, par les charmantes galeries de *la Lonja* et, de l'autre, par la façade méridionale de la chapelle des « Rois catholiques ». Cette façade est un délicieux essai d'architecture fantaisiste, où la Renaissance se marie au style ogival.

La chapelle royale forme à elle seule une grande église d'un gothique flamboyant assez pur. Là se trouvent inhumés Isabelle et Ferdinand, leur fille Jeanne la Folle et son mari Philippe le Beau.

Les deux sarcophages occupent le milieu du chœur, protégés par une grille plus somptueuse encore que celles de Séville et de Burgos.

Sans se ressembler, les mausolées sont d'une splendeur pareille. Plus sévère et plus harmonieux dans son ensemble est celui des « Rois catholiques » ; plus chargé d'ornements, celui des parents de Charles-Quint. Les personnages reposent côte à côte sur un lit de parade. Les cercueils sont dans la crypte : celui de Philippe est celui-là même que la pauvre Folle promena pendant de si longues années à travers l'Espagne.

C'est dans cette crypte que l'on était venu déposer, le 16 mai 1539, les restes mortels de l'impératrice Isabelle de Portugal, épouse de Charles-Quint. Don François de Borgia, marquis de Lombay, avait été chargé d'accompagner le corps, de Tolède jusqu'ici. Le trajet avait duré quinze jours et, comme dona Isabel avait défendu qu'on l'embaumât, la mort avait fait son œuvre. La plus belle personne de son temps était devenue ce qui, au dire de Bossuet, n'a plus de nom dans aucune langue. Les témoins qui durent s'approcher du cadavre pour en reconnaître officiellement l'identité, furent vivement impressionnés de ce spectacle. Les réflexions que fit le marquis de Lombay lui suggérèrent, peut-être, la résolution qu'il prit dans la suite d'abandonner le monde.

Le Père Santander me dit, contrairement à l'affirmation de Pierre Suau, que cette reconnaissance se fit non dans la crypte, mais hors de la ville, en un lieu où l'on a élevé, en souvenir de ce fait, un petit *triunfo* que j'ai aperçu hier, tout près de la gare.

* * *

La majesté de la mort s'unit ici à la majesté royale pour mettre son emprise sur le visiteur.

L'église est sombre, et cette obscurité porte aux réflexions graves. Les tombes de marbre tranchent sur l'ambiance gothique, sans la heurter. On admire les voûtes d'arêtes aux archivoltes décorées avec luxe. Le long des murs, à la hauteur des chapiteaux, court une bande d'inscriptions, qui forme un système d'ornementation bien compris et original.

Le maître-autel est une des œuvres les mieux réussies de Philippe Vigarni. On y voit les statues agenouillées de Ferdinand et d'Isabelle, avec deux superbes bas-reliefs : la reddition des clefs de l'Alhambra par Boabdil et le baptême des Maures, par Jimenez.

Le sacristain ouvre une petite porte et nous voici dans la cathédrale. Elle se décompose, si je puis ainsi dire, en deux parties : la *Capilla mayor* et la portion inférieure, vaste quadrilatère formé de cinq nefs et d'une double rangée de chapelles murales. Les voûtes reposent sur d'énormes piliers d'ordre corinthien : l'œil est ébloui par le blanc et l'or qui dominent, et par le pavement de marbre qui s'harmonise fort bien avec l'éclat lumineux de l'ensemble.

Quelques-unes des chapelles sont à visiter : l'une d'elles possède une toile remarquable du Greco ; une autre conserve le petit tableau offert par Innocent VIII à Isabelle et devant lequel fut célébrée la première messe dans Grenade reconquise.

Le *Coro* est exactement à la place de l'ancien minaret ; la chapelle *del Pulgar*, dans le *Sagrario*, indique la place où don Hernan Pérez del Pulgar planta, à l'aide d'un poignard, contre la porte de la mosquée un parchemin portant ces mots : *Ave Maria*. Il avait pénétré dans la ville, dès le 18 décembre 1491, par le canal voûté du Darro.

Point de transept. La *Capilla mayor* figure un espace circulaire recouvert d'une coupole haute de quarante-sept mètres. Des chapelles absidales concentriques lui font un encadrement du plus bel effet.

Les masses s'atténuent grâce à cette disposition. « Mais l'ensemble, tout en donnant une impression de somptuosité, de noblesse et de distinction, n'est pas exempt d'une certaine froideur. Ce n'est pas là un temple où l'on enseigne les saints mystères d'une religion surnaturelle. C'est un trophée de l'Eglise terrestre. Nous n'y sentons pas ces frissons intimes qui nous secouent à Chartres ou à Amiens. Nous sommes assaillis par les éclatantes fanfares du chant triomphal de l'Eglise victorieuse, qui vient d'étendre enfin son ennemi à terre et qui se montre alors dans toute sa beauté de fière conquérante. La décoration sculpturale et picturale est par endroits trop riche. »

San Juan de los Reyes se trouve dans le quartier de

l'*Albaycin* (*Rabad el bayyâzin*, quartier des Fauconniers). C'est là que l'archéologue, s'il est guidé par un cicérone intelligent, fera les plus intéressantes découvertes. En revenant à la résidence, le Père Santander me fait précisément bénéficier de sa connaissance des lieux. J'ai gardé le souvenir de la *Casa del Chapiz*, si belle qu'on a voulu en faire le palais d'un roi maure. Quelques parties, en effet, peuvent rivaliser avec les colonnes, les arceaux et les stucages de l'Alhambra.

* * *

Vers deux heures, nous nous remettons en route, en suivant des ruelles étroites, tordues et raboteuses comme celles de Tolède. Nous pénétrons sous un porche où saint Jean de Dieu passait presque toutes ses nuits. Une lampe y brûle à perpétuité, éclairant avec son image une inscription ainsi conçue : « En mémoire de l'hospitalité reçue en ce lieu, jamais l'assistance divine ne manquera aux hôtes de cette maison. »

L'odyssée de ce héros de la charité tient du roman. Né en Portugal, il quitta, tout enfant, la maison paternelle, pour suivre un prêtre qui lui avait parlé avec enthousiasme des églises espagnoles. Abandonné par son guide, il se met au service d'un maître berger, puis se fait soldat et assiste au siège de Fontarabie. On est sur le point de le passer par les armes, pour le châtier d'une négligence dont il n'est pas responsable; il échappe à ce danger et prend part à la croisade contre les Turcs. Puis, la nostalgie le saisit et il retourne au pays natal ; on lui annonce que sa mère est morte de douleur, vingt jours après sa fuite et que son père est entré au couvent. Il reprend le chemin de l'Espagne et se laisse héberger dans un hospice de pèlerins, où il est vivement frappé par les soins délicats prodigués aux malades.

Redevenu berger, il pleure ses fautes et s'adonne à une dure pénitence. Puis, il passe en Afrique, comptant y soulager les captifs et y conquérir la palme du martyre. Déçu, il repasse la mer et se fait marchand d'images. Installant une petite boutique sous la Porte d'Elvire, à Grenade, il est en train de faire fortune, lorsqu'il entend prêcher l'apôtre de l'Andalousie, le B. Jean d'Avila. Par esprit de pénitence, il contrefait l'insensé et se laisse accabler d'injures et de coups par la populace ; finalement, on l'enferme dans une maison de fous.

Délivré, il fonde un hospice où il dispose quarante-cinq lits et se met, à lui tout seul, à soigner les malades qu'il a recueillis. Dans ses moments libres, il parcourt les rues, une hotte sur le dos et une marmite dans chaque main, pour quêter la nourriture de ses pensionnaires.

Son amour pour les indigents revêt mille formes ingénieuses; aucune misère ne le laisse insensible : il paie les dettes des insolvables, habille les vagabonds, recueille les orphelins, nourrit les ouvriers sans travail, ensevelit les morts, arrache à leur honte les filles perdues, auxquelles il procure ensuite les moyens de ne plus retomber dans le désordre.

Deux miracles viennent attester sa sainteté : Jésus lui apparaît dans la personne d'un moribond qu'il venait de transporter dans son asile; il sort intact de son hôpital embrasé, après être demeuré une heure entière au milieu des flammes, occupé à sauver les malades.

Il meurt victime de son dévouement, après avoir fondé un Institut qui prit un développement rapide. On lui fit des funérailles dignes d'un roi et Grenade continue de l'honorer comme son plus puissant protecteur.

Ce sont des religieux de son Ordre qui nous reçoivent à la porte de l'immense hospice et qui nous conduisent devant l'*arca* en argent ciselé, qui renferme ses ossements.

Le chœur supérieur où ils reposent est très richement orné ; mais une tête *décollée* de saint Jean-Baptiste fait oublier le reste. C'est plus réel que la réalité même : on voit le sang couler de la bouche ouverte; les yeux à moitié clos sont voilés par les ombres du trépas; les sections des artères sont horriblement tuméfiées; le visage exsangue a des crispations si douloureuses et une expression tellement effrayante, qu'on dirait que le bourreau vient à l'instant même de remplir son office.

* * *

A fort peu de distance se trouve l'église des Hiéronymites. Elle sert de tombeau à ce brillant Gonzalve de Cordoue, que nous pourrions comparer à notre Bayard pour sa bravoure, à Duguesclin pour sa science stratégique, et que les Espagnols ont nommé *el gran capitan*.

Il est là, avec son épouse, dormant son paisible sommeil dans un sanctuaire abandonné. La *Capilla mayor* sous laquelle on l'a enseveli est magnifique; les stalles du chœur comptent parmi les plus riches qu'ait sculptées Diégo de Siloé. Très riche aussi est le maître-autel que semblent garder les statues agenouillées de Gonzalve et de sa femme. Autrefois, sept cents drapeaux ombrageaient son mausolée; maintenant, le vide s'est fait autour de lui et c'est à grand'peine qu'un portier se décide à vous laisser entrer.

La valeur du « grand capitaine » parut sur maint

champ de bataille : Portugais, Maures, Turcs et Français connurent à leurs dépens la force de son bras. Ce fut lui le vrai conquérant de Grenade, et il était bien juste que Grenade conservât ses dépouilles; mais Dieu permet parfois d'étranges contrastes : tandis que le héros de la charité continue de recevoir les honneurs les plus glorieux, le héros de la guerre demeure délaissé dans un coin de la ville où, seuls, les étrangers lui font l'aumône d'une visite.

Nous pénétrons ensuite dans l'*Antequeruela*, partie de la ville que vinrent coloniser les habitants d'Antequera, chassés par l'Infant don Ferdinand.

C'est dans l'église dédiée à *Nuestra Señora de las Angustias* que les Grenadins conservent leur palladium : une antique statue de Notre-Dame-des-Sept-Douleurs, patronne de la cité. On l'a revêtue de ses plus beaux atours, car c'est l'octave de sa fête; sa robe a été brodée et offerte par la reine Isabelle II.

« — On l'a portée en procession, dimanche, me dit le Père Santander; vous n'imaginez pas, vous autres Français, une démonstration semblable. Cela tient du délire et cela se renouvelle tous les ans. La troupe est sous les armes et tous les fonctionnaires sont sur pied. Trente mille personnes forment le cortège; sorti de l'église à cinq heures, il n'y rentre guère que vers minuit. Que tout soit édifiant dans cette manifestation-là, il faudrait ne pas connaître les mœurs andalouses pour le prétendre; mais, enfin, la Vierge a passé comme une reine; elle a été acclamée comme une triomphatrice, et selon l'opinion de mes chers compatriotes, oubliant les fredaines et le laisser-aller de ses enfants, elle est sûrement enchantée de son peuple. »

*
* *

Nous sortons de la ville et nous joignons les bords du Genil qui avec le Darro arrose Grenade... les jours de pluie.

« — Où me conduisez-vous ? »

« — Dans une école de l'*Ave Maria ;* ces écoles-là ne sont pas la moindre curiosité de Grenade. La maison mère est à l'*Albaycin :* elle compte quatorze cents élèves, la plupart *Gitanos.* C'est la moralisation des Bohémiens, en effet, que mon ami l'abbé Manjon a eu en vue en fondant son œuvre. Et vous allez voir en quoi consiste sa méthode. L'école que voici est une succursale ouverte en faveur des enfants de ce misérable quartier, aussi abandonnés que ceux du *Sacro Monte.* »

L'école comprend peu de bâtiments : au centre, une grande salle, sorte de théâtre et, par dessus, une jolie chapelle, dont la grande statue de Notre-Dame du Montserrat occupe le fond.

Sur les murs de l'édifice, à l'extérieur, se déroulent, formés par des cailloux savamment ajustés, les lettres de l'alphabet, quelques exercices de lecture, la table de numération, les éléments du système métrique et les figures essentielles de la géométrie.

La géographie se fait sur le sol : voici, toujours dessinés par de petites pierres, les cinq parties du monde, les Etats de l'Europe, l'Espagne, large bande de terrain environnée par une petite rigole figurant la mer. Les grandes villes, les fleuves, les reliefs du terrain sont indiqués très exactement et de la façon la plus ingénieuse.

« — Le reste du programme scolaire, les enfants l'apprennent en se promenant sous ces frais ombrages et en chantant leur leçon. »

Les petits élèves paraissent pleins d'entrain, heureux de cette vie à l'air libre qui dérange si peu leurs anciennes habitudes ; ils sont polis, gracieux même, peignés, lavés et portent des habits presque propres.

« — Il y a quelques mois à peine, les enfants que vous apercevez étaient de vrais petits sauvages, maraudeurs, jureurs et vagabonds ; jamais on n'aurait pu les contraindre à fréquenter les classes ordinaires... Vous voyez les résultats que le zèle industrieux d'un prêtre a obtenus. Cela tient du prodige et l'abbé Manjon se trouve être aujourd'hui, bien malgré lui, le personnage le plus considérable de Grenade. »

* * *

Avant de regagner notre gîte, le Père veut me présenter au marquis de X..., gentilhomme de haut lignage dont la conversation, m'assure-t-il, sera pour moi du plus haut intérêt.

Malheureusement, notre gentilhomme est absent ; mais le Père, qui est là comme chez lui, me fait visiter le somptueux hôtel de fond en comble. Pour la première fois, je parcours le *patio* d'une maison particulière : au milieu des palmiers, des pistachiers et des coloquintes, à demi dissimulés parmi des arbustes chargés d'oranges et de grenades, frôlant des parterres émaillés de fleurs rares et parfumées, sont espacés dans un désordre presque symétrique des meubles qu'on croirait provenir des appartements royaux d'Aranjuez ou de l'Escorial ; un abondant jet d'eau entretient jusque sous les riches portiques une fraîcheur délicieuse ; dans des volières en bois précieux et à treillis d'argent babillent des oiseaux du Nouveau Monde, au plumage étincelant ; une perruche, du haut d'un trépied d'ébène incrusté d'or, jette sa note aigre et discordante dans ce concert, et un singe apprivoisé, qui faisait ses gambades sur les bords d'un bassin de marbre, modelé sur une des plus belles vasques de l'Alhambra, vient nous faire très comiquement sa révérence. Mon compagnon, désignant du doigt les immenses lampadaires ciselés placés aux angles de la cour :

« — Ce n'est que le soir, lorsque ces miliers de foyers lumineux versent sur ces magnificences les torrents de leurs flammes, que ce beau *patio* d'Andalousie a toute sa valeur. Les jours de réception, les tables sont dressées au sein de cette verdure, et sous les grandes ogives des galeries, un orchestre choisi fait entendre les plus harmonieux accords. Mais j'oubliais de vous dire que mon ami est un collectionneur émérite. Pour apprécier ses richesses, il nous faut monter à ses appartements. »

Nous les parcourons. Aucun genre de curiosités n'a échappé à la passion du gentilhomme archimillionnaire, et un goût très sûr l'a guidé dans ses choix. Tableaux, statues, porcelaines, cristaux, émaux, ivoires, objets d'orfèvrerie anciens et modernes, produits artistiques de tout pays, bas-reliefs, coquillages, antiquités, tapisseries, merveilles de l'ameublement, armes, trophées, tout serait digne de figurer sous les vitrines du Louvre ou dans les galeries du musée de Cluny.

. . . .

« — Ah ! Vous êtes allé voir le bon marquis de X..., me dit, au retour, le Père L..., recteur de la résidence de Grenade. Quel dommage que vous l'ayez manqué : il vous eût fait avec un plaisir extrême le commentaire de ses collections. Et puis, il est si au courant de l'histoire de son pays ! Ce sera une lacune dans vos notes... Il aime les Français, sentiment qu'il partage, du reste, avec tous les Espagnols instruits. Sa fortune nous est d'un précieux secours pour nos missions rurales. En Espagne, voyez-vous, les curés de village ne tiennent pas plus que cela à notre visite : ils sont si pauvres et si mal logés ! Pour nous faire accepter, nous offrons de prendre tous les frais de la mission à notre charge, d'apporter nos provisions et de nourrir notre hôte et sa famille par dessus le marché... »

Jeudi 24 septembre.

C'est des hauteurs de la *Cartuja* que je fais, ce matin, mes adieux à Grenade.

La Chartreuse est située à quelque distance de la Porte d'Elvire, sur le dernier ressaut de la petite montagne qui portait l'antique *Illiberis*. Il faut venir jusqu'ici pour contempler les fastueuses intempérances de ce style bizarre auquel Churriguera a donné son nom.

L'église ou plutôt le chœur, avec ses belles colonnes torses en marbre rouge et noir, est d'un grand effet. Le *Saint Bruno* du maître-autel fait songer à celui de Zurbaran, avec des traits plus nobles et plus délicats et une note douloureuse, qui ne se trouve pas au musée de Cadix. Mais le principal intérêt de la Chartreuse n'est ni dans l'église, ni dans le cloître, sous les arceaux duquel sont représentés, plus vigoureusement qu'à Burgos, les divers genres de supplices infligés aux Chartreux anglais, ni dans le réfectoire où Cotan a peint sur la muraille une croix si parfaitement imitée, que les visiteurs ont coutume de s'y laisser prendre et qu'il faut s'approcher de très près et toucher la peinture pour constater qu'il ne s'agit pas de traverses de bois bien réelles ; cet intérêt, dis-je, se trouve dans la sacristie.

Un frère, José Vazquez, a consacré quarante-deux ans de sa vie à fabriquer et à décorer les célèbres *comodas* placées le long des parois. Ces coffres sont en bois de cèdre ou d'ébène, incrusté de nacre, d'écaille, d'ivoire et d'argent.

La mosaïque de l'autel est composée des marbres les plus rares ; les socles sont en agathe ; des colonnes de porphyre se tordent en spirales ; le *ciborium* s'évase gracieusement au milieu de l'édifice ; les pilastres, les frises, le triforium, les berceaux des voûtes sont chiffonnés en moulures et en stucages dans le genre des ornemanistes arabes les plus réputés.

Là encore se voit une statue de saint Bruno, très vivante, d'un albâtre si doux et si limpide qu'on dirait du cristal.

C'est avec une émotion attendrie qu'au sortir de la *Cartuja*, je prends congé du bon Père Santander qui m'a été d'un si utile secours pendant les quelques heures trop rapides consacrées à Grenade.

CHAPITRE XXV

CORDOUE

Pour gagner Cordoue, je rebrousse chemin jusqu'à Bobadilla.

La contrée demeure riante ; la ligne touche Montilla, la patrie du grand Gonzalve et passe en vue du vieux donjon d'Almodovar, où Pierre le Cruel cachait ses trésors.

Presque au sortir de la gare de Cordoue, on s'engage dans le *paseo* appelé *El gran Capitan*. Aidé de mon plan, je franchis la ville de part en part et, dépassant la *Mezquita* [1], je traverse le Guadalquivir sur le pont qui se trouve dans l'état où les Arabes l'ont laissé. Les formidables culées jointoyées à l'aide du ciment romain paraissent indestructibles; seules, les dalles du parapet sont usées et se désagrègent. Du côté de la ville, on a érigé un lamentable arc de triomphe en l'honneur de Philippe II; du côté opposé, l'entrée est défendue par une redoute arabe, sorte de tunnel, sous lequel vient s'engouffrer la route.

Soudain, me voilà serré contre le garde-fou par une

(1) Mosquée, la cathédrale actuelle.

file d'ânes et de mulets qui se rangent au plus vite. Qu'est-ce donc? Une immense troupe de porcs vient d'envahir le tablier, bousculant tout, hommes et bêtes, et se précipitant ventre à terre vers la ville des califes.

Sainte Térèse, au livre des *Fondations*, raconte comment elle fut, elle aussi, arrêtée devant l'étroit tunnel :

« Le mardi de la Pentecôte, un autre contretemps me chagrina bien davantage. Nous avions marché en grande hâte afin d'arriver d'assez bon matin à Cordoue pour entendre la messe, sans être vues de personne, dans une église au delà du pont. Nous l'avions choisie comme la plus solitaire de la ville. A l'entrée du pont, on nous arrêta : nos chariots ne pouvaient passer sans la permission du gouverneur. On l'envoya demander et, comme le gouverneur n'était pas levé, cela nous retarda plus de deux heures. Pendant ce temps, une foule de gens vinrent autour de nous pour savoir qui nous étions. Comme notre chariot était bien fermé, cela ne nous gênait pas beaucoup. La permission obtenue, voici un autre embarras : la porte du pont était plus étroite que les chariots; il fallut scier je ne sais quoi pour nous faire passer, ce qui prit encore du temps. Enfin, nous arrivâmes à l'église où Julien d'Avila devait dire la messe. Mais comme cette église était dédiée au Saint-Esprit, on y célébrait les fêtes de la Pentecôte avec plus de solennité qu'ailleurs. Il devait même y avoir sermon. Quand je vis de quelle foule elle était remplie, j'en eus tant de peine qu'à mon sentiment il eût été peut-être mieux de se passer de messe que de s'engager au milieu de cette multitude. Julien d'Avila ne fut pas de cet avis et, comme il est théologien, je suivis le sien. Nous descendîmes des chariots, nos grands voiles baissés sur le visage. A la seule vue de ces voiles, de nos manteaux blancs de gros drap et de nos sandales, voilà tout ce peuple en émoi. De notre côté, nous n'étions pas peu troublées ; pour moi, cela me donna un tel soubresaut que la fièvre me quitta. On eût dit, au tumulte de la foule, qu'il s'agissait d'une entrée de taureaux ; aussi je ne voyais pas l'heure de m'en aller. Quelle rude mortification nous procura ce bel accueil ! »

Cette église de l'*Espiritu Santo* est là, à deux pas, et je suis heureux de venir y vénérer le souvenir de l'aimable Sainte.

* * *

En me retournant, j'ai devant moi la façade, je devrais dire le squelette de Cordoue, tellement ce que j'aperçois est jaune, délabré, hideux. Est-ce là cette capitale superbe, « l'ornement du monde, la ville exquise, fière de sa puissance, rayonnante dans la possession de toutes les richesses ? » L'historien Makkari affirme que sous la domination des Ommiades, elle comptait 130.000 maisons, 3 000 mosquées, 900 bains, 800 écoles et je ne sais combien de milliers de palais.

Makkari, probablement, a vu double. Quoi qu'il en soit, Cordoue, au XIe siècle, était la ville la plus peuplée, la plus riche, la plus savante et la plus voluptueuse de l'Occident.

Déjà, au temps des Ibères, elle comptait parmi les plus importantes de la Péninsule ; les Romains en firent la capitale de l'Espagne Ultérieure. Le roi goth Leuvigilde y fonda un évêché. Soumise, lors de l'invasion arabe, au califat de Damas, elle devint sous les Ommiades le siège d'un califat indépendant et de là date sa principale splendeur (756).

La dynastie des Ommiades est renversée en 1031 ; Cordoue, d'abord république, passe sous la dépendance de Séville et se soumet aux Almoravides en 1091.

Ces Almoravides, qui appartenaient à la confession religieuse des *Sunites*, étaient originaires du Sahara. Fanatisés par Abd-Allah-ben-Hami, marabout de Suz, ils franchirent l'Atlas, envahirent le Maroc et passèrent en Espagne, à l'appel des Arabes, qui imploraient main-forte contre les chrétiens. Quand ils furent en Andalousie, trouvant le pays de leur goût, ils en chassèrent leurs alliés. Hasin les avait appelés *al Morabeth*, c'est-à-dire les « Forts », les « Confirmés en Dieu ».

Leur domination fut courte. Dès 1148, un nouveau flot de Berbères les avait balayés. Les nouveaux venus appartenaient à une secte religieuse rivale : celle des *Schiytes* ; leur cri de guerre était : « Allah est notre Dieu ; Mohammed est notre prophète, Al-Modhi, notre iman ». De là leur est venu le nom d'*Almohades*.

Le 29 juin 1236, saint Ferdinand, en s'emparant de Cordoue, changea les destinées de la ville.

De la longue période musulmane il est resté ces trois vieux moulins arabes, rivés sur les rochers qui émergent du sein du fleuve, ces deux alcazars aux trois quarts démolis, gardant néanmoins la *Torre de Paloma* et la *Torre del Diablo* qui donnent à leurs ruines un charme si étrange. De la même époque datent l'enceinte crénelée qui fuit sur la gauche dans la direction de la Porte d'Almodovar que franchit Annibal et la muraille de la célèbre mosquée, festonnée de contreforts et de tours, au-dessus de laquelle se soulèvent les nefs, le transept et les dômes de la cathédrale chrétienne. A gauche de la *Mezquita*, le gracieux campanile, l'obélisque de saint Raphaël et les deux tours du palais épiscopal ; à droite, des constructions misérables, dégradées, amoncelées, jaunies par le soleil comme des abricots trop mûrs. Elles suivent docilement la courbure du fleuve, entremêlées de bouquets de giroflées et de cactus, avec des palmiers qui leur versent un semblant d'ombre sous le firmament d'azur profond, que découpent les cimes de la Sierra de Cordoue, violettes et pourpre.

*
* *

Il est de bon ton, chez nos adversaires, de vanter sans réserves les merveilles de la civilisation arabo-mauresque, et d'opposer la douceur des califes aux persécutions dont les chrétiens « reconquérants » accablèrent les vaincus.

Toujours la même manière d'écrire l'histoire, c'est-à-dire de la fausser.

Cordoue était opulente et célèbre longtemps avant l'invasion arabe : les Romains l'avaient ornée de temples et de palais ; les Wisigoths y avaient élevé des basiliques que les envahisseurs détruisirent sans pitié. Le même sort fut réservé aux églises du reste de l'Espagne.

En même temps, les chrétiens se voyaient accablés de lourds tributs et de traitements odieux ; les évêques étaient tenus dans un vasselage humiliant. Il y a, dans le voisinage de l'alcazar, un terrain vague que j'irai visiter tout à l'heure et qui porte aujourd'hui encore le nom significatif de *Campo de los Martires*. Les califes prenaient plaisir à y voir supplicier les confesseurs du Christ. Comme à Grenade, on occupait nombre de ces malheureux dans les chantiers où s'élaboraient les matériaux destinés aux mosquées et aux palais.

Sans doute, les émirs et les califes firent grand. Un de leurs alcazars était supporté par quatre mille trois cents colonnes en matière précieuse. Le harem d'Abd-er-Rahmân III renfermait plus de six mille femmes, et, pour servir ces intéressantes créatures, il avait mobilisé une armée de trois mille sept cents pages et de douze mille gardes ou eunuques. Le harem avait les proportions d'une ville. C'est là, évidemment, une civilisation des plus raffinées.

Seulement, pour payer ce luxe, il fallait de l'argent : aussi, les chrétiens, d'abord, les musulmans ensuite, furent-ils pressurés sans pitié. Un jour que ces derniers s'étaient révoltés contre les agents du fisc, le calife Hakem les fit massacrer en masse ; trois cents des plus compromis furent empalés vifs; quinze mille, chassés de l'Espagne, furent ensuite exterminés par les Grecs ; les maisons des mutins furent livrées aux janissaires qui les pillèrent en conscience.

Doux gouvernement, comme on le voit.

Sous le rapport de l'art, les Arabes ne firent que du plagiat ; Byzance les fournit d'architectes et leur transmit ses procédés. Pas plus d'idéal chez eux que d'esprit créateur.

Les Maures (Almoravides comme Almohades), ne furent que de barbares destructeurs : Cordoue fut saccagée par leurs bandes bien plus qu'elle ne fut mutilée par les chrétiens.

On a voulu réserver aux musulmans d'Espagne le mérite exclusif d'avoir mis l'agriculture en honneur et d'avoir établi l'intelligent système d'irrigations que nous admirons encore.

Il suffit de lire certain recueil écrit par Cassiodore vers 550 et d'ouvrir le Code des lois wisigothes, aux titres suivants : *De confringentibus molina et conclusiones aquarum. — De furantibus aquas ex decursibus alienis*, pour reconnaître que les Arabes n'eurent qu'à continuer les travaux de leurs prédécesseurs. Malheureusement, tandis que les règlements des Wisigoths avaient édicté de sages mesures de protection concernant les arbres, Maures et Arabes se mirent à déboiser à l'envi montagnes et collines, préparant ainsi de loin les malheureuses conditions hydrographiques qui désolent le pays.

*
* *

En fait de sciences, il s'en faut que les Arabes aient été des initiateurs et des maîtres.

Sous ses grands évêques, Osius, Grégoire et Agapius, Cordoue avait le droit d'être considérée comme « la lumière de la Bétique. »

Les écoles musulmanes furent surtout célèbres par l'enseignement de la philosophie d'Aristote. On ne peut nier que les spéculations intellectuelles fussent en honneur dans le monde arabe au sortir de l'âge des conquêtes. Elles se rattachaient à deux centres géographiquement opposés : d'un côté, le bassin du Tigre et de l'Euphrate, avec Bagdad, Bassora et Damas ; de l'autre, le midi de l'Espagne, avec Séville, Grenade et Cordoue.

Les livres du philosophe péripatéticien [1] avaient été communiqués aux Arabes par les Syriens qui les tenaient directement des Grecs.

Ibn Sina (Avicenne + 1037) en fut le plus illustre commentateur en Orient ; en Espagne, ce furent Ibn Bajja (Avempace, + 1138) et Ibn Roschd (Averroës, + 1198).

Il est à remarquer que c'est par ces commentateurs arabes que la philosophie du Stagyrite [2] fut introduite

(1) On nommait ainsi Aristote, parce qu'il avait coutume de donner ses leçons en se promenant.

(2) Aristote était né à Stagyre.

dans nos Universités chrétiennes, soit par l'enseignement donné au collège fondé dès le XIIe siècle par l'archevêque Raymond à Tolède, soit par les écrits de Pierre le Vénérable, abbé de Cluny, qui en eut connaissance lors d'un voyage fait en Espagne pour visiter les maisons de son Ordre. On ne possédait jusque-là que les quelques traités d'Aristote traduits par Boèce, le contemporain de Cassiodore.

Mais Aristote chaperonné par Averroës ne laissait pas que d'être un maître dangereux pour la jeunesse chrétienne. En 1210 et en 1270, son enseignement se vit infliger les censures de l'Eglise.

Puis, comme il était difficile d'arrêter le flot déchaîné, le pape Grégoire II ordonna un travail de révision. Averroës avait-il rendu à peu près fidèlement la doctrine du maître, ou bien les erreurs qu'on avait découvertes dans ses commentaires étaient-elles surtout le fait du disciple ? Le B. Albert le Grand penchait plutôt pour la première opinion ; saint Thomas soutenait résolument la seconde.

Quoi qu'il en soit, l'opinion de l'Ange de l'Ecole prévalut : Averroës fut considéré comme « le lac immense où étaient venus aboutir tous les courants d'impiété et de philosophies négatives des siècles antérieurs », comme « le chien enragé qui, poussé par une fureur exécrable, ne cessait d'aboyer contre le Christ et contre la foi catholique. »

Le fond de l' « Averroïsme » peut se réduire à ces quatre thèses : la négation de la Providence — l'éternité du monde — l'unité de l'intellect humain (1) — la suppression de la liberté morale.

(1) Averroës prétendait qu'il n'y avait qu'une seule intelligence à laquelle participaient tous les hommes, et ici, il paraît bien avoir rendu fidèlement la pensée d'Aristote.

La première et la dernière de ces erreurs, qui conduisent logiquement à tous les crimes, justifient suffisamment les appréhensions de l'Eglise et font juger à sa juste valeur l'enseignement philosophique qui se donnait dans les écoles de Cordoue.

*
* *

Je reviens vers la *Mezquita*.

La tour que j'apercevais tout à l'heure, et qui ressemble assez bien à celle de Tolède, est une œuvre exécutée selon les belles formules de la Renaissance : elle a remplacé le vieux minaret d'Abd-er-Rahmân. Elle s'élève au tiers de la muraille qui enclôt la « Cour des Orangers », ancien *haram* ou parvis de la mosquée. Une porte dénommée *Puerta del Perdon*, qui, bien que chrétienne d'origine, reproduit tous les motifs de la décoration arabe, jusqu'aux plaques de cuivre ciselées et aux heurtoirs qui garnissent les battants, donne accès dans le parvis.

La mosquée, dans la pensée des califes, devait n'être que le complément de cette cour : les mille dix-huit colonnes des dix-neuf nefs divisées en trente-six travées seraient l'harmonieux prolongement des files d'orangers s'alignant dans l'enceinte du *haram*.

Comprend-on que les entrecolonnements aient été murés ? L'œil, actuellement, se heurte à une vilaine paroi, au lieu de plonger dans les profondeurs de la mosquée. C'est là une première déception.

L'intérieur est une vraie forêt de colonnes. Primitivement, l'impression devait être excellente. De quelque côté que se portât le regard, il ne rencontrait que des perspectives qui fuyaient devant lui, indéfiniment.

Les fûts en marbres riches, couronnés d'un élégant

chapiteau romano-byzantin et d'une robuste cimaise, supportent deux arcs superposés : l'un en fer à cheval, l'autre à plein cintre. Cet artifice, d'une habileté incontestable, donne l'illusion d'un nouvel infini en hauteur. La bigarrure des arceaux, divisés en bandes rouges et noires alternées, ajoute encore au pittoresque de l'effet. De l'intersection ou de l'entrelacement des cintres qui s'avancent et reculent, s'unissent et se séparent, résultent des formes étranges et de surprenantes figures.

On pouvait parcourir ainsi un espace extravagant — cent soixante-treize mètres en longueur sur cent vingt-cinq en largeur — l'âme enivrée de l'harmonie des lignes, de la majesté de l'immense, de l'étincellement des mosaïques et des marbres, du fantastique aspect de ces colonnes dont de nouvelles rangées surgissaient sans cesse du sol, au fur et à mesure que les précédentes semblaient s'effondrer derrière soi.

On parvenait à un premier *mihrab,* comprenant trois chapelles, dont la plus belle porte aujourd'hui le nom de *Capilla Villaviciosa.* Les praticiens envoyés de Constantinople et de Ravenne lui ont donné une parure d'une inexprimable splendeur.

Par delà ce premier *mihrab,* on s'engageait sous de nouveaux arceaux et l'on arrivait finalement aux galeries du *mihrab* d'Al-Hakem, qui, par leur magnifique ordonnance et le luxe inouï de leur décoration, dépassent tout ce qui se peut imaginer.

Dans les conques sont percées de petites fenêtres en forme de croissant, garnies d'une lame d'albâtre transparente et forée de petits trous par lesquels filtrent une multitude de petits filets lumineux. Sous ces pâles rayons se révèlent les détails des dômes qui étincellent des plus vives couleurs. « L'ensemble est si élégant et si vaporeux, si riche et si délié que les colonnettes et les arcs ne semblent pas supporter la coupole, mais bien plutôt être suspendus après elle ; car l'art ornemental arabe domine la matière et réussit à faire avec de la pierre, du gypse ou du bois, des étoffes superbement brodées, des voiles de soie, des tapis bariolés et de chatoyants rideaux... Les inscriptions sont en caractères d'or sur fond rouge ou bleu. Les colonnettes de marbre, sous la coupole, ont des chapiteaux dorés. Et toute cette indescriptible et fabuleuse splendeur papillote et brille encore aujourd'hui, comme il y a plus de mille ans, d'un éclat qui n'est pas affaibli. Qu'on se figure en plus les lampes d'or et d'argent qui éclairaient autrefois ces murs et dont les flammes, réfléchies par l'étincelante décoration, s'irisaient en mille miroitements bigarrés, on aura une idée de cette grotte enchantée qui apparaît comme la demeure d'un de ces princes de la féerie, dont on lit l'histoire dans les *Mille et une Nuits* (1). »

Dans ce sanctuaire se dressait le *mimber* (chaire ou trône) du calife, qui, au rapport de Makkari, avait une valeur de plus de six millions de francs de notre monnaie. On y conservait aussi un exemplaire du Coran écrit de la main d'Othman, le secrétaire de Mahomet. Le sang du calife assassiné dans une sédition maculait les feuillets du volume.

Il faut savoir gré aux chrétiens d'avoir gardé intacts les deux *mihrabs* de la mosquée ; mais quelle barbarie fut celle des chanoines, qui taillèrent au milieu de cette forêt une clairière obtenue par l'abatage de cent quatre-vingts colonnes ! Ils y élevèrent une cathédrale en forme de croix latine qu'ils raccordèrent assez habilement aux nefs de la mosquée. Malheureusement, le plafond, en bois de cèdre où ruisselaient des incrustations d'or et d'ivoire et qui reposait si gracieusement sur les cintres

(1) Eug. Schmidt.

supérieurs, fut remplacé par des voûtes sans caractère qui jurent avec le style de l'édifice ; les jours qui donnaient sur le *haram* furent aveuglés ; on plaça des autels un peu au hasard. Ici — dans le chœur primitif — le monument a été exhaussé par de grandes ogives ; là, de vastes portiques romans ont pris la place des arcs outrepassés rompus, si bien que la mosquée en demeure défigurée ; elle a perdu son charme et sa poésie ; l'âme, au lieu de se laisser aller à une douce rêverie, s'exaspère en découvrant à chaque pas quelque trace nouvelle de ce révoltant contresens.

Et maintenant, quel jugement porter sur la *Mezquita*? Le thème ou idée génératrice est on ne peut plus simple : aligner des colonnes en tout sens, voilà qui ne sollicite guère le génie de l'architecte. Au fond, la mosquée n'est pas autre chose. Les Byzantins qui ont décoré les *mihrabs* les ont traités comme ils eussent fait d'un sanctuaire chrétien. Un grand nombre de colonnes ont été envoyées aux califes par l'empereur Léon ; on a tiré les autres des temples de Rome et de Carthage, des portiques de Nîmes et de Narbonne, et enfin de quelques basiliques wisigothes.

En somme, rien d'original ; la *Mezquita* séduit les sens, elle fait rêver ; elle n'agit pas sur la pensée. C'est de l'art impressionniste ; nullement de l'architecture transcendante.

Vendredi 25 septembre.

Je redescends vers la *Mezquita*, pour visiter cette fois la cathédrale proprement dite. On l'admirerait si l'on pouvait oublier au prix de quel acte de vandalisme elle a été érigée. « Pour faire ce qui se voit partout, disait Charles-Quint aux chanoines, vous avez détruit ce qui ne se voyait nulle part. »

L'édifice a de grandes et nobles proportions ; les œuvres d'art y abondent. Parmi elles, il faut nommer les stalles, les chaires, un lustre en argent du poids de cent quatre-vingt-quatre kilos, le maître-autel, quelques superbes bas-reliefs, une *custodia* de Henri de Arfé, de moindres dimensions et d'un autre style que ceux de Séville et de Tolède, gracieuse, néanmoins ; de bons tableaux de Cespédès, peintre cordouan qui jouit de son vivant d'une admiration universelle, très méritée d'ailleurs et une *Sainte Térèse*, étonnamment expressive, d'Alonso Cano.

Cordoue n'a guère que de pitoyables ruelles, la plupart impraticables aux voitures ; mais, de chaque côté de ces ruelles, derrière les grilles finement ouvragées, s'ouvrent de délicieux *patios*.

En revenant à la gare, je tombe en pleine fête populaire. Les abords de la *Plaza de Toros* sont noirs de monde. Il est quatre heures : la *corrida* se prépare ; déjà on entend les beuglements des victimes ; je vois les toréadors superbes, avec leur chapeau à plumes, leur veston chamarré d'aiguillettes, impassibles sur leurs chevaux, la lance en arrêt, dominant la foule. Toute cette multitude, où l'élément féminin domine, piaffe de joie ; le plaisir se lit dans les prunelles dilatées ; déjà on escompte les émotions violentes ; la seule perspective du sang qui, tout à l'heure, rougira les arènes met ce peuple en délire. Que sera-ce donc, lorsqu'il le verra couler ?

Cet excès de sauvagerie m'écœure et je me hâte de me déprendre de ce spectacle, pour me jeter dans l'express de Valence.

CHAPITRE XXVI

BAYLEN — LAS NAVAS — JATIVA

La ligne remonte le Guadalquivir, que bientôt elle traverse.

A gauche, on découvre le splendide pont d'Alcoléa, célèbre par la victoire remportée, le 7 juin 1808, par le général Dupont sur les Espagnols.

Soixante ans plus tard, un autre combat se livrait en vue de ses arches monumentales. Le maréchal Serrano, chef des bandes révolutionnaires, triomphait de l'armée royale conduite par le général Pavia. Aussitôt, la *Junte* de Madrid prononçait la déchéance des Bourbons et Isabelle II s'enfuyait à Pau. Serrano était mis à la tête du gouvernement provisoire; la Compagnie de Jésus et tous les Ordres religieux étaient déclarés abolis.

Dans le même temps, Cuba s'insurgeait et proclamait la République.

La voie s'adapte aux sinuosités du fleuve, traverse des tunnels, frôle de vieilles tours, rencontre par hasard quelques olivettes et se maintient dans une région désolée jusqu'à Andujar. Cette petite ville a donné son nom à l'ordonnance qu'y rendit le duc d'Angoulême, le 8 août

1823. Le prince croyait mettre fin par là aux violences que se permettait la Régence de Madrid; il ne fit que prêter le flanc à d'acerbes critiques. L'ordonnanee prouvait l'humanité du fils de Charles X; on s'accorda à y voir une faute politique.

C'est là peu de chose, au prix de la convention que Dupont fut contraint d'y signer le 22 juillet 1808. Ce traité est plus connu sous le nom de capitulation de Baylen ; il convient de lui laisser son vrai titre : convention d'Andujar.

Après le consciencieux travail que le colonel Titeux vient de faire paraître en trois forts volumes, il est permis de croire que ce douloureux problème historique se trouve définitivement élucidé.

Dupont était en 1808 un de nos plus brillants commandants de corps d'armée : il avait déployé des qualités de premier ordre sur le Mincio; à Haslach (1805), à Diernstein, à Halle, à Friedland surtout, où son opportune initiative décida de la victoire, et nul ne doutait qu'il ne trouvât dans la guerre d'Espagne son bâton de maréchal.

On l'envoie en Andalousie, avec mission de pénétrer jusqu'à Cadix pour secourir l'escadre de l'amiral Rosély, menacée par la flotte anglaise. Mais pour une expédition aussi importante, on lui donne une seule division, composée de conscrits et de deux régiments suisses qui, en pleine bataille, passeront à l'ennemi; rien de plus maladroit, d'ailleurs, que les généraux qui doivent le seconder, alors qu'il a devant lui tout un peuple insurgé, les troupes les plus solides et les meilleurs généraux de l'Espagne.

Savary, de Madrid, ne cessait d'attirer l'attention de Napoléon sur le danger pressant que courait la petite armée d'Andalousie. Dupont, après sa victoire d'Alcoléa, s'était emparé de Cordoue ; puis, menacé par des troupes supérieures, il avait jugé nécessaire de se replier sur Andujar pour y installer ses quinze cents malades, victimes des balles, de la fatigue et du climat.

Sur ses vives instances, on finit par lui envoyer les deux autres divisions appartenant à son corps d'armée.

Il prescrit aux généraux Vedel et Gobert qui les commandent, de tenir à Menjibar, afin d'empêcher le général Reding de couper sa ligne de retraite. Mais Gobert est tué et Vedel, qui commençait dès lors la série de ses impardonnables bévues, laisse Reding s'emparer de l'importante position qu'il avait l'ordre de défendre avec la dernière opiniâtreté.

Cependant, rien n'est compromis tant que Baylen nous reste.

Vedel reçoit la mission de s'y maintenir coûte que coûte, en rejetant l'ennemi sur Menjibar au delà du fleuve. Pour lui permettre d'obtenir ce résultat capital, Dupont renforce sa division de 2.000 hommes.

Mais Vedel se figure que l'ennemi s'est enfilé dans les passes de la Sierra Morena et il court à sa poursuite.

Reding qui n'avait pas bougé de Menjibar, voyant Baylen dégarni, s'y installe tranquillement et voilà Dupont pris entre deux feux : d'un côté, Castaños arrivant de Cordoue, de l'autre, Reding.

Loin de perdre la tête comme on l'a prétendu, Dupont qui a besoin absolument de forcer Baylen, décampe dans la nuit, et réussit, tant ses précautions sont bien prises, à cacher ce mouvement à Castaños qui le surveille.

Mais ses 1.500 malades entravent sa marche ; il arrive néanmoins au point du jour, et craignant toujours de voir apparaître Castaños sur ses derrières, il est obligé de mettre en ligne ses troupes à mesure qu'elles se présentent. La marche de nuit a été terrible à travers des flots de poussière; lorsque le soleil se lève, la soif, une soif atroce, vient se joindre à l'épuisement et à la fatigue pour paralyser les efforts des jeunes conscrits.

« Mais, où donc est Vedel? Où donc est Vedel? » C'est l'exclamation qui s'échappe à chaque instant des lèvres de l'infortuné Dupont.

Qu'il paraisse seulement, et Reding est obligé de se rendre avant l'arrivée de Castaños.

Vedel, après s'être promené à la recherche d'un ennemi imaginaire, comprenant enfin qu'il s'est trompé, ne se rend pas compte du péril où son absence a laissé son chef. Il revient pourtant, mais avec quelle lenteur! Il entend le canon et donne quatre heures de repos à ses troupes!

Cependant, les hommes de Dupont qui, le ventre vide, combattent depuis le matin sous un ciel de feu, n'en peuvent plus; leurs chefs déclarent qu'ils sont littéralement épuisés; d'ailleurs, les deux régiments suisses viennent de se rendre à Reding, leur compatriote.

Enfin Vedel arrive, mais Castaños arrive, lui aussi.

Qu'on se mette à la place du malheureux général! Que faire?

Dans l'impossibilité matérielle, physique, absolue de continuer la lutte, il ne lui restait plus qu'à solliciter les conditions les plus honorables.

Il obtient que ses troupes, déclarées prisonnières de guerre, seraient conduites, avec armes et bagages, dans un des ports du sud, où elles seraient embarquées en France par les soins du gouvernement espagnol, avec permission de servir à nouveau, même en Espagne.

Vedel qui n'était pas cerné, aurait pu, à la rigueur, s'échapper par la Sierra Morena et se replier sur Madrid. On a fait un crime à Dupont de l'avoir compris dans les articles de la convention. Dupont, quoi qu'on ait dit, tout en avisant Vedel, lui laissa le soin d'apprécier le meilleur parti à prendre. Or, Vedel, sachant la Manche soulevée et manquant de vivres, craignit, comme il l'a avoué lui-même, de ne pouvoir ramener à Madrid que 1.500 hommes sur plus de deux divisions. Dès lors, le parti le plus sage et le plus humain n'était-il pas de bénéficier de la convention ?

* * *

Mais on a fait un crime à Dupont du sac de Cordoue et des fourgons dans lesquels il aurait entassé le produit de son vol.

Or, il est prouvé que Cordoue ne fut pas livrée au pillage, bien qu'on l'eût prise par la force et qu'on y fût entré sous les coups de fusil des habitants.

Dupont défendit sous peine de mort toute atteinte au droit de propriété.

Tout ce qu'on a dit des prétendus vases sacrés trouvés dans les bagages des officiers est dénué de fondement. « En fait d'argenterie, a dit Dupont, j'affirme qu'il ne s'y trouvait que la mienne, et elle était marquée à mon chiffre. »

Cette affirmation n'est-elle pas corroborée par l'article 15 de la convention d'Andujar dont voici le texte : « Comme dans plusieurs endroits et notamment à l'assaut de Cordoue, plusieurs soldats, *malgré les ordres de messieurs les généraux et les soins de messieurs les officiers* se sont portés à des excès *qui sont une suite inévitable des villes prises d'assaut*, messieurs les officiers généraux et autres officiers prendront les mesures nécessaires pour découvrir les vases sacrés qui *peuvent avoir été enlevés*, et les rendre *s'ils existent.* »

Il est stipulé, d'ailleurs, que « messieurs les officiers généraux conserveront chacun une voiture et un fourgon ; messieurs les officiers supérieurs et d'état-major, une voiture seulement, sans être soumis à aucun examen.

« Il sera fourni deux charrettes par bataillon pour servir au transport des portemanteaux de messieurs les officiers. »

A qui fera-t-on croire que les Espagnols, tenant les Français à merci, n'eussent pas expressément obligé les voleurs à rendre gorge, surtout qu'il s'agissait de vases sacrés et de ces richesses artistiques dont l'Espagne s'est toujours montrée fière et jalouse ?

Mais la convention n'a pas été observée.

« Elle ne pouvait pas l'être, a prétendu Napoléon. D'abord parce que la mer était au pouvoir des Anglais qui n'avaient pas été consultés ; ensuite parce que les conditions étaient trop avantageuses pour être sincères. Ce n'était qu'un trompe-l'œil : Dupont savait qu'il n'en bénéficierait pas ; mais il signait sa honte pour garder ses fourgons. »

Dupont sachant, en effet, que les Anglais manifestaient du mauvais vouloir, avait obtenu un article additionnel, aux termes duquel le rapatriement des troupes devait se faire par terre, s'il ne pouvait avoir lieu autrement.

Mais le sauf-conduit des Anglais arriva. C'est alors que la *Junte* de Séville, au mépris des engagements les plus sacrés, envoya une partie des soldats sur les pontons de Cadix et l'autre sur les rochers de Cabrera. Tous ces malheureux connurent des souffrances atroces et des dix-huit mille hommes qui avaient eu confiance dans la parole d'un général espagnol, c'est à peine si deux mille revirent leur pays.

Et sur quoi se basait la *Junte* pour violer la convention d'une façon aussi cynique ? « Elle n'avait pas, dit-elle, à tenir des engagements à l'égard d'un homme qui avait violé les siens. »

Cet homme, c'était Napoléon qui, à Bayonne, avait indignement trompé la famille royale, envoyée en exil contre les règles les plus élémentaires de la loyauté et du droit des gens.

Napoléon comprit, et il est à remarquer qu'il ne protesta jamais contre l'acte abominable de la *Junte*.

C'est sur Dupont que se concentrèrent toutes ses fureurs. Pourquoi ?

Le colonel Titeux nous révèle l'astucieuse politique de l'Empereur. Son indignation n'était qu'une feinte. Jamais Dupont ne put obtenir l'enquête qu'il réclamait à grands cris : Napoléon le sacrifia à la raison d'Etat.

Comprenant un peu tard qu'il faisait fausse route en contrariant le sentiment religieux du peuple espagnol, il voulut accréditer la légende que Dupont et son armée s'étaient vraiment rendus coupables de vols sacrilèges ; que dès lors les Espagnols avaient eu raison de violer leurs engagements. Lui-même renchérissant encore sur leur colère, traitera avec le dernier mépris et la dernière rigueur tous ceux qui étaient censés avoir participé à cette exécrable expédition. De fait, quoiqu'il l'ait pu à différentes reprises, il ne fit jamais rien pour arracher à leurs affreuses tortures les malheureux soldats qui agonisaient aux Baléares ou dans la rade de Cadix.

Telle paraît être la vérité vraie sur le drame de Baylen et il faut remercier le colonel Titeux d'avoir vengé la mémoire d'un général français de l'odieuse imputation qui depuis un siècle n'a cessé de peser sur sa tête.

*
* *

Espeluy, Menjibar. Nous nous enfonçons à la suite de Vedel dans les gorges arides, étroites et sauvages de la sierra.

La nuit jette sur cette désolation ses ombres complaisantes. Nous montons jusqu'à Santa-Elena.

Las Navas de Tolosa n'est pas loin. On donne, en Espagne, le nom de *las navas* aux étendues planes qui s'étendent entre les monts.

Celle-ci est enfermée entre des montagnes d'ardoises sombres, des crêtes plus claires, des mamelons couverts de ruines.

Le Rumblar, en passant, laisse, à défaut de fraîcheur, un peu de vie dans ce désert.

Le 16 juillet 1212, cette petite plaine était bondée comme un œuf.

Mohammed-ben-Yacoub, l'émir des Almohades, y avait amené 400.000 Maures pour disputer le passage à l'armée catholique.

Elle arrivait confiante dans ses chefs, dans la justice de sa cause, dans l'efficacité des prières que l'on faisait à Rome par ordre du pape. Sanche de Navarre et Pierre II d'Aragon commandaient les ailes; Alphonse IX de Castille conduisait le centre, assisté des archevêques de Tolède et de Narbonne et d'un certain nombre d'évêques. De France, de Lombardie et de Portugal, les croisés étaient accourus en grand nombre.

L'émir élève le Coran vers le ciel et toute son armée invoque le Prophète. A diverses reprises, les chevaliers de Saint-Jean de Calatrava et de Saint-Jacques essaient de rompre les lignes musulmanes; ils ne peuvent y parvenir.

Le découragement gagne l'armée chrétienne; les rangs plient; les courages faiblissent.

« — Seigneur évêque, crie le roi de Castille à l'archevêque de Tolède, c'est le moment de mourir ! »

« — Non, reprend don Rodrigue, c'est celui de vaincre. En tout cas, si vous mourez, nous mourrons tous avec vous. »

Et il élève très haut sa croix chargée de reliques.

Les croisés ont vu ce signe; ils aperçoivent leur roi qui se précipite dans la mêlée, suivi de ses preux. Leur courage se ranime; les plus intrépides ramènent les autres au combat.

De son côté, le roi de Navarre, par un effort surhumain, est parvenu jusqu'auprès de la tente de l'émir ; il rompt à coups de hache les chaînes qui la protègent; ses chevaliers dispersent et massacrent les 40.000 nègres qui la gardent.

La bataille est gagnée ; deux cent mille infidèles mordent la poussière; la défaite d'Alarcos est vengée; l'Andalousie est ouverte aux Chrétiens.

* * *

La lune éclaire un paysage d'aspect saisissant : à droite et à gauche, des pitons escarpés se détachent à toute hauteur en avant-garde de la paroi rocheuse, labourée de failles et tourmentée en sens divers.

Une clarté douce baigne les sommets qui étincellent comme des piques d'acier; des blocs de toute grosseur gisent en bas dans l'ombre ; à dix reprises, il a fallu perforer la muraille, tandis que les paliers se relient par toute une série de viaducs hardiment lancés sur des gouffres profonds.

C'est le défilé ou Puerta de Despeña-Perros (précipice des Chiens).

La riche Andalousie fuit derrière nous. Au delà de la sierra, Dieu ! quelle différence ! C'est la Manche sablonneuse et stérile, si uniformément laide et triste qu'on tire les rideaux pour échapper à cette hideuse vision. Et pourtant, il vous vient parfois la pensée de relever les stores, comme si l'on devait apercevoir, au fond de l'horizon terne, la silhouette du célèbre don Quichotte et de son ventripotent Sancho.

Hélas ! l'Espagne n'a plus de Cervantès, la Manche n'a plus de don Quichotte et les fils de Sancho oublient de rafistoler leurs vieux moulins à vent.

Samedi 26 septembre.

Cette traversée de la Manche est d'une longueur désespérante : quatorze heures d'horloge. De Chinchilla à La Encina, au sable succèdent des terres jaunes ou rougeâtres, quelques reliefs rocheux entremêlés de bouquets d'yeuses, de vignes ou de cultures potagères.

Mais voici que le pays change totalement d'aspect : une levée construite par les Maures, par les Wisigoths, peut-être, forme la digue de retenue des eaux et permet d'irriguer la vaste plaine. Des rigoles courent en tous sens ; sur leurs bords verdit la troisième récolte. Au nord, se détache la chaîne de montagnes que traverse la route de Madrid à Alicante. Devant moi, une pyramide calcaire qui surgit de terre on ne sait comment, porte un castel arabe, formé d'un donjon carré, de quelques tours rondes et d'une enceinte crénelée.

Nous apercevons le château de Montesa, berceau de

l'Ordre aragonais de ce nom ; il ressemble au précédent mais il est plus considérable; plus large aussi est la moraine qui le soutient. Un tremblement de terre l'a détruit en partie.

La *Huerta* de Valence rivalise de fertilité avec la *Vega* de Grenade; une nuée de vendangeurs est occupée à cueillir les raisins. Dans les moindres gares on nous en offre : ils sont délicieux.

Nombre de villages s'encadrent dans la plantureuse verdure ; la ville de Jativa s'épanouit au pied d'un rocher colossal, dont chaque cime est couronnée par un château. En face, bien loin, sur un cône invraisemblable, tellement il est haut, se dresse un autre donjon.

C'est la patrie des Borgia. Patrie d'adoption seulement, car leurs ancêtres étaient originaires de Borja en Aragon. Jacques Ier *el Consquistador* les amena à la conquête du royaume de Valence et ils se fixèrent à Jativa.

Calixte III vit le jour dans ce manoir. Pontife savant zélé, irréprochable pour tout le reste, il eut le tort de verser dans le népotisme. Il combla de faveurs ses neveux; en faisant leur fortune, il fit le malheur de l'Eglise. Rodrigue, fils d'une sœur du pape mariée à Jofré Lançol, fut adopté par Calixte qui lui transmit son nom de Borja (1).

Rodrigue, créé cardinal par son oncle, était assurément très indigne d'une semblable faveur. Ses écarts furent tels que le pape Pie II, successeur de Calixte III, dut le rappeler sévèrement à l'ordre. Son luxe et ses dépenses étaient scandaleux. L'Eglise traversait à ce moment une des périodes les plus douloureuses de son histoire : ses chefs et leur Cour étaient loin de donner au peuple chrétien le réconfort du bon exemple.

(1) Les Italiens ont changé ce nom en celui de Borgia.

Après la mort d'Innocent VIII, le cardinal Borgia acheta la dignité suprême, et il est permis de se demander si ses pratiques simoniaques n'ont pas vicié radicalement son élection.

Il avait des qualités sérieuses : il était sobre, d'une haute intelligence, éloquent, d'un esprit très fin, actif et habile dans le maniement des affaires. Le travail qu'il fournit pendant son pontificat est prodigieux : très occupé de questions temporelles qui nécessitaient ses continuelles sollicitudes, il porta néanmoins un zèle éclairé sur les intérêts de la religion. S'il ne fit rien pour la réforme générale des mœurs, il réforma du moins les siennes, prit des mesures excellentes pour l'évangélisation du Nouveau Monde et fut le gardien vigilant de la pureté de la doctrine catholique. Malheureusement, il se crut obligé de faire une situation avantageuse à ses parents ; aussi, tous les Borja d'Espagne se précipitèrent-ils à la curée.

L'un de ses fils, Juan, né d'une autre mère que Lucrèce et César, avait obtenu de Ferdinand le Catholique le duché héréditaire de Gandie. Il mourut jeune. Sa pieuse femme, dona Maria Enriquez de Luna, éleva avec le plus grand soin son fils qui portait le même nom que son père. Juan épousa Jeanne d'Aragon, petite-fille naturelle du « Roi catholique » Ferdinand ; le fruit de cette union fut saint François de Borgia, à qui Dieu réserva la mission de laver les tares ancestrales.

Mais déjà Jativa est loin. Une rivière ; puis, à perte de vue, des orangers séparés par des allées de palmiers ; des champs d'une fécondité étonnante ; des productions de tout genre ; pas de prairies, pourtant : je me trouve dans une Espagne absolument inédite.

Là-bas miroite une vaste étendue d'eau : c'est le lac

d'Albuféra [1]. Le 26 décembre 1811, le maréchal Suchet défit sur ses rives le général Blake imprudemment sorti de Valence. La ville capitula le 9 janvier suivant, livrant au vainqueur dix-huit mille prisonniers, vingt-trois généraux, huit cents officiers, vingt-un drapeaux et trois cent quatre-vingt-treize pièces de canon. Blake alla rejoindre Palafox dans le donjon de Vincennes.

Suchet reçut en récompense de son beau fait d'armes le titre de duc d'Albuféra : « Si j'avais là-bas deux généraux comme lui, disait Napoléon, la guerre serait bientôt terminée. »

Suchet fut certainement un excellent général et un organisateur de premier ordre. Il convient cependant d'observer qu'il n'eut affaire qu'aux troupes espagnoles. Wellington eût été un adversaire bien autrement redoutable.

(1) Mot arabe qui signifie *la lagune*.

CHAPITRE XXVII

VALENCE

Après avoir été la ville des vaillants (*valentes*), Valence fut le pays des saints : parmi eux, Vincent Ferrier et Louis Bertrand comptent parmi les plus illustres. Le premier fit, à lui seul, autant de miracles que tous les autres saints ensemble : la France, l'Italie et l'Espagne ont été tour à tour le théâtre de son prodigieux apostolat. Son nom rappelle un autre saint qui fut comme lui et avant lui la gloire de la cité. C'est à Valence, en effet, que le diacre Vincent, né à Huesca près de Saragosse, confessa héroïquement la foi et subit le martyre. Cette tradition me paraît plus solidement assise que celle qui le fait mourir à Avila.

Valence devint, après le démembrement du califat de Cordoue, la capitale d'un royaume soumis à la dynastie des Amirides. Le Cid s'en empara en 1094 et s'y installa en qualité de vice-roi ; mais ce n'est qu'en 1238 que la ville tomba définitivement au pouvoir des chrétiens : le roi Jaime ou Jacques Ier le Conquérant réunit le royaume de Valence à la couronne d'Aragon. La contrée, pourtant, continua de jouir d'une certaine autonomie : le palais actuel de *la Audiencia* n'est pas autre chose que l'ancienne Chambre des députés. J'ai vu dans ce palais la salle des Cortès qui, par la merveilleuse splendeur de son plafond *artesonado* [1], de ses galeries, de ses colonnes et de ses consoles, éclipse, peut-être, ce que l'art moderne a produit de plus beau.

Valence se ressent plus que toute autre ville d'Espagne du long esclavage où l'ont tenue les Maures.

Les mœurs y sont faciles ; le climat, d'ailleurs, porte à la volupté : on jouit dans cette charmante oasis d'un été perpétuel.

Autrefois, c'était par excellence la terre des *bravi*, c'est-à-dire des hommes à tout faire : il n'est pas de mauvais coup pour lequel on ne trouvât à Valence dix preneurs au lieu d'un.

La population fut toujours turbulente et cruelle ; de tout temps des factions acharnées se livrèrent, soit dans les rues de la ville, soit en rase campagne, de véritables batailles rangées, où des centaines de victimes succombaient tous les ans.

Carnages perpétuels en plein soleil, guet-apens nocturnes dans les carrefours ou sur la route, longue de cinq kilomètres, qui relie la cité au *grao* [2], ce fut là l'histoire de chaque jour pendant tout le Moyen âge.

Les habitudes ont changé ; mais on croit reconnaître quelque reste de cette férocité dans le regard dur des *labradores* [3] et dans leur tête rasée qui les fait ressembler à des forçats. Leur teint est cuivré ; leur regard, dur et froid comme la lame d'Albacète de leur *navaja*, qui transperce sans s'émousser les pièces de monnaie les plus résistantes, et qui ne les quitte jamais.

(1) A caissons.

(2) On nomme ainsi le port de Valence.

(3) Laboureurs, ouvriers agricoles.

Population versatile et sans consistance : « Ni Maures ni chrétiens, dit un vieux proverbe : à Valence la terre est de l'herbe, l'herbe est de l'eau ; les hommes sont des femmes et les femmes, rien. »

Pour une étude de mœurs, la grande place centrale du *Mercado* offre d'incomparables facilités. Au moment où je la traverse, c'est une fourmilière et une cohue. Sous des parapluies immenses, des industriels vendent tout ce que l'on veut. Les lourdes tartanes qui fendent péniblement les flots pressés provoquent les cris de douleur des malheureux dont elles écrasent les orteils ; les ânes tracent dans cette multitude mouvante des sillons irréguliers et rapides, agacés par les coups de matraque qui retentissent sur leurs flancs. Tous les produits de la *huerta* sont là, disposés en piles énormes : figues, oranges, dattes, raisins, melons, l'acheteur n'a que l'embarras du choix. Mouches et guêpes se hâtent de prélever leur dîme. Partout gisent des pelures, des viscères de pastèques, des détritus qui pourrissent. Le relent qu'ils dégagent s'unit à l'odeur qui filtre à travers les vêtements imprégnés de sueur ou qui monte des pieds nus et sales, combinaison qui ne rappelle que de loin le parfum de la violette.

Tout cela se passe devant l'admirable façade gothique de la *Lonja de la Seda* (1), devenue Bourse de commerce. Une tour centrale divise les deux parties de l'édifice, percées de belles fenêtres ogivales, ornées de médaillons, enguirlandées d'un riche mâchicoulis et hérissées de créneaux à festons.

A l'intérieur, on a ménagé une salle immense, à deux nefs formées par d'élégantes colonnes qui, s'évasant en nervures, rappellent assez bien les palmiers de la *huerta*.

Le long des murs on lit une inscription conçue en ces

(1) Halle à la soie.

termes : « Considérez, chers concitoyens, que le négoce est bon lorsqu'on ne trompe pas son prochain, lorsqu'on ne se parjure point et que l'on ne prête pas à usure. Le marchand qui se sera conformé à ces règles verra sa fortune s'accroître ici-bas et méritera la vie éternelle. »

On prétend qu'il est fort peu de négociants valenciens qui pourraient ajouter à cette exhortation le traditionnel « ainsi soit-il ! » Mais ce n'est là, sans doute, qu'une méchante calomnie.

Cette même place fut jadis le théâtre des *pronunciamentos* et des tournois.

* * *

Je prends à la *Calle San-Vicente* le *tranvia* qui conduit aux *Torrès de Serranos*, construites au XIVe siècle. J'ignore d'où leur vient ce vocable ; mais elles sont très dignes d'attention. Deux tours colossales flanquent un édifice central aux belles nervures gothiques. Des mâchicoulis s'accrochent aux parois et permettent de faire le tour complet du monument. Presque à leur pied passe le Guadalaviar, dont le lit très large est ordinairement à sec.

Le Musée de peinture me fait faire plus ample connaissance avec les peintres valenciens. Leur école peut revendiquer pour chef Ribalta qui, pendant son séjour en Italie, s'était formé à « la grande manière » en étudiant ou en pratiquant Schidone et le Corrège. Il réussit à donner aux visages un relief puissant en les éclairant fortement d'un seul côté. Il a de beaux contrastes, des clairs-obscurs d'un grand effet, des raccourcis savants ; mais il est froid et n'a même pas réussi à copier la grâce un peu floue du Corrège.

Je rangerais parmi ses plus belles toiles un *Crucifie-*

ment, un *Saint François recevant le baiser du Christ* et le *Martyre de saint Sébastien*.

Plus parfait est Vicente Joanès Macip, plus connu sous le nom de Juanès. Certaines de ses œuvres peuvent soutenir le parallèle avec celles de Léonard de Vinci. Des connaisseurs l'ont égalé à Raphaël, bien qu'il n'ait été que l'élève de ses disciples Jules Romain et *le Fattore ;* en tout cas, il paraît que nul ne s'est approché plus près que lui du « divin modèle. »

« Juanès, dit M. Viardot, a toute la pureté du dessin, toute la beauté de formes, toute la puissance d'expression qui distingue l'école romaine personnifiée dans son chef (1). La perspective est exacte et savante quoiqu'un peu courte, et si son coloris n'a pas l'aisance vénitienne ou la fougue espagnole, il est cependant chaud, doré, lumineux, plein de charme et d'une merveilleuse solidité. Ce que l'on remarque particulièrement dans la manière de Juanès, c'est l'élégance qu'il donnait à ses draperies, la délicatesse qu'il mettait à peindre tous les détails, même des cheveux et de la barbe, même des fonds et du sol, enfin les expressions de douceur et d'amour qu'il a su donner à ses têtes de Christ et de bienheureux. D'une piété très vive, presque ascétique, se préparant à l'exécution de chaque tableau par la réception des sacrements, Juanès a vécu en cénobite, loin de la foule et loin de la Cour... »

Le musée de Valence a de lui un *Ecce Homo* et une *Assomption*.

Espinosa se distingue par des ombres très rouges. La *Communion de sainte Madeleine*, la *Mort de saint Louis Bertrand*, la *Messe de saint Pierre Nolasque* m'ont plu par la gravité du style, par un dessin hardi et soigné, par cette suavité dans les visages qui fait

(1) Raphaël.

songer à Sassoferrato. Ses personnages ont, en général, une grande noblesse d'expression.

Mais le maître des maîtres, c'est Ribéra. Dans sa première manière, il tient visiblement du Caravage; mais s'il est brutal comme ce dernier, il est du moins exact dans son réalisme, qualité qui manquait au peintre italien. Sa fougue désordonnée et sauvage s'apaise à l'école du Corrège; aussi bien, sa seconde manière se caractérise-t-elle par l'application qu'il a mise à reproduire le frais coloris, les clairs-obscurs et la douceur du maître parmesan.

Il atteignit l'apogée de son talent lorsqu'il vint à Naples où on le surnomma l'*Espagnolet*.

Dans les tableaux conservés ici : une *Sainte Térèse*, un *Saint Jérôme*, un *Martyre de saint Sébastien*, on remarque l'exécution soignée, l'expression parfaite, énergique surtout, qui sont les principaux traits de son génie.

Dans la salle des modernes, je suis ravi de trouver quelques pages d'histoire de premier ordre : le *Dernier jour de Sagonte*, la *Mort du roi Jacques le Conquérant*, la *Prophétie de saint Vincent Ferrier à Alonso Borja*, le futur pape Calixte III, le *Sac de Rome en 1527*, l'*Arrivée de François Ier captif à Valence*. Très remarquable aussi la *Vision dans le Colisée*, qui représente la procession nocturne des martyrs.

*
* *

Rien de plus singulier dans la cathédrale de Valence que cette juxtaposition de galeries absidales grecques avec un flamboyant transept gothique et ces portiques ou façades modernes, qui viennent buter contre une tour octogonale, très majestueuse d'aspect et richement enjolivée à son étage supérieur. De la plate-forme surgit un gracieux campanile où le *Miguelete* sonne les heures d'irrigation de la *huerta*.

Une autre tour, à huit pans comme la première, mais complètement ajourée par deux étages de magnifiques fenêtres ogivales, se dresse à la croisée du transept ; les toitures sont tellement plates que *cimborio*, nefs et transept paraissent totalement découronnés.

L'intérieur, bien que défiguré, séduit encore. L'autel principal, d'un gothique très orné, est entièrement recouvert de dorures. Les volets à panneaux du retable sont de vrais chefs-d'œuvre : on serait tenté de les attribuer à Léonard de Vinci.

Dans le bas, latéralement, on voit deux portes qui sont de remarquables tableaux représentant saint Laurent et saint Vincent Ferrier.

La lumière qui éclaire la *Capilla mayor* s'adoucit en traversant des vitraux très anciens ; elle fait ressortir un portique d'albâtre placé derrière l'autel et admirablement sculpté.

Les douze panneaux du *trascoro*, également en albâtre, sont du plus excellent travail, ainsi que celui qui décore l'autel où l'on conserve le chef et les ossements de saint Thomas de Villeneuve.

Le *cimborio*, vu d'ici, est d'une élégance et d'une légèreté sans exemple.

Les stalles et les buffets d'orgue du *coro* offrent tous les caractères d'une belle architecture ; peu de bas-reliefs, l'ensemble est d'une noble simplicité.

Chanoines, bénéficiers, enfants de chœur, bedeaux et chantres sont à leur poste : la *funçion* vient de commencer. L'orgue, les violoncelles et les ophicléïdes font un tapage affreux. Pour ne pas être submergées par d'aussi formidables accords, il faut des voix de basse extrêmement puissantes : elles le sont. Quant aux soprani, ils percent tout. C'est à se boucher les oreilles. Et puis, quelle harmonisation étrange ! On dirait quatre chœurs distincts, courant en dépit l'un de l'autre, fuyant éperdus dans tous les sens et demeurant, néanmoins, par une merveille d'équilibre, dans les limites d'un même thème musical. C'est échevelé, c'est truculent, c'est fou, cela vous donne des spasmes, cela vous écrase et, malgré cela, on écoute avec intérêt.

Les antiennes et l'hymne, exécutées en plain-chant, sont prises sur un ton très bas. Les ténors chantent les notes supérieures, puis passent la main aux basses, qui plongent avec aisance jusqu'aux profondeurs du *contre-ut* et émergent ensuite, pour rendre la parole aux ténors. Ces raponces sont faites d'une manière si adroite, que très peu de personnes sont capables de les constater.

La sacristie renferme plusieurs excellents tableaux : une *Nativité de la Vierge* de Ribéra, un *Ecce Homo* de Juanès. Parmi les objets d'art, il faut citer une croix processionnelle extrêmement riche de Juan de Ribéra, archevêque et vice-roi de Valence ; un calice en sardoine, enrichi de diamants et de très anciens vases sacrés.

Dans le *relicario*, on conserve une chemisette de l'Enfant Jésus, une parcelle notable de la vraie Croix, une épine de la Sainte Couronne envoyée par saint Louis, la mitre et le bâton pastoral de saint Augustin.

Une haute arcade relie la cathédrale à la *Capilla de Nuestra Señora de los Desamparados*. Cette Madone des « Abandonnés » est protégée par un énorme globe de cristal. On ne l'en retire qu'au temps des calamités publiques. C'est Ferdinand le Catholique qui lui donna son nom. Lorsque Valence était en proie aux guerres civiles, les deux partis venaient prier devant cette Vierge avant d'aller se battre ! Les condamnés à mort avaient le droit de venir l'invoquer, en marchant au supplice. On raconte qu'un jour Marie sauva de la mort un innocent, en frappant trois coups sur les parois du globe.

On vient aujourd'hui encore, et de très loin, lui confier les causes désespérées : elle répond parfois par de vrais miracles. La statue paraît bossue, mais l'expression du visage, toute céleste, marque une compassion qui émeut : « Elle est bossue, dit le peuple de Valence, à force de se pencher vers ceux qui viennent pleurer à ses pieds. »

* * *

L'ascension du *Miguelete* me tente et je suis amplement payé de ma peine, par le spectacle qui s'offre à mes regards : d'un côté, la mer, couverte de petites voiles blanches ; de l'autre, le « Paradis de Valence », qui va des Monts de Sagonte jusqu'aux hauteurs d'Alicante. La ville s'étend paresseusement alentour ; de toutes parts, des campaniles gracieux, effilés comme des minarets, ou des dômes couverts d'*azulejos* qui étincellent au soleil. Au nord, le massif des *Torres de Serranos* ; à l'ouest, les *Torres de Cuarte*, pareilles à des donjons trapus, portant à leur faîte une plate-forme en encorbellement. Elles gardent la trace des boulets que Suchet leur décocha en 1810.

Tout à l'est, l'immense *Puente del Mar* jeté par dessus le Rio Turia ; plus près de la cité, le *Cuartel de Santo Domingo*, actuellement quartier d'artillerie, autrefois citadelle. Primitivement, ce fut le couvent des

Dominicains, où saint Vincent Ferrier vint prendre le froc.

Le maréchal Suchet, qui a démoli une grande partie de la citadelle élevée par Charles-Quint, a épargné le charmant portail dorique et le gracieux étage supérieur de la tour.

Le vaste couvent des Dominicains de Valence doit son origine au roi conquérant Jacques ou Jaime Ier d'Aragon. Tandis qu'il assiégeait Valence, ses troupes furent saisies par un insurmontable découragement. Le roi fit vœu d'établir dans la cité l'Ordre déjà célèbre que le pape Honorius venait de confirmer.

Valence fut emportée la veille de la Saint-Michel de l'année 1238. Quelques mois plus tard, les Dominicains s'installaient dans la ville et le roi en personne posa la première pierre de leur couvent.

Je visite l'église : saint Vincent Ferrier y prononça ses vœux solennels « selon ce rite énergique et concis des professions dominicaines manifestement emprunté à la chevalerie. Les mains dans les mains de son seigneur, le vassal prononce lentement la formule de l'hommage qui lie et c'est sans retour (1). »

Il y a, tout auprès, une chapelle très sombre nommée *Capilla castrense*, parce qu'elle renferme le *castrum* (catafalque) du maréchal Roderigo Mendoza, mort en 1554.

Extérieurement, elle a tout l'aspect d'une forteresse; quelques jours très rares sont ménagés dans les épaisses murailles. Ce devait être l'ancien chœur des religieux ; on y conserve la *pila,* cuve de marbre noir d'une seule pièce, dans laquelle le futur thaumaturge fut baptisé. Quelques siècles plus tard, saint Louis Bertrand y reçut la même grâce.

C'est un peu plus loin, vers l'intérieur de la ville qu'il

(1) P. Fages : *Vie de saint Vincent Ferrier.*

faut chercher la *casa natalicia*. Elle se trouve dans la *calle del Mar* (rue de la Mer). La maison est de belle apparence. On pénètre dans une petite cour, toujours remplie par une foule empressée à venir boire à la fontaine miraculeuse qui jaillit au bas d'une image du Saint. A gauche, s'élève le logement du chapelain que la ville entretient ; on entre, à droite, dans un oratoire bâti sur l'emplacement de la chambre où Vincent vint au monde le 23 janvier 1350. Sa naissance fut précédée de prodiges qui annonçaient la grandeur future de celui qui devait s'appeler l' « Ange du Jugement ».

C'est là, en effet, le titre que revendiquait l'apôtre : il annonçait que la fin des temps était imminente, que le Jugement dernier allait venir *cito, bene cito ac valde breviter*. Et cela, il le disait partout ; il le répétait sans cesse, et des miracles nombreux venaient confirmer ses dires. A Salamanque, tandis qu'il renouvelle sa prophétie, voyant l'auditoire incrédule, il s'interrompt et arrêtant du geste un convoi funèbre qui passe :

« — Cadavre, s'écrie-t-il, lève-toi et dis à ce peuple si je suis l'Ange de l'Apocalypse, qui doit prêcher le jugement dernier. »

A la stupéfaction générale, la morte se redresse : « — Oui, dit-elle, vous êtes cet Ange. »

A Avignon, il vit sa cellule emplie d'une clarté céleste, un vol d'anges s'agiter dans la partie supérieure et Notre-Seigneur lui apparaître, accompagné de saint Dominique et de saint François : « Va, dit le Christ et annonce au monde les solennelles assises. »

Cinq siècles se sont écoulés depuis que le Sauveur tenait à Vincent Ferrier ce langage. Les assises où doit comparaître l'humanité coupable n'ont pas été tenues. Mais alors ?

Déjà saint Paul annonçait la fin du monde comme

prochaine. Saint Grégoire le Grand, saint Cyprien et saint Ambroise ne furent pas moins affirmatifs.

Plus précis fut saint Vincent Ferrier : « Ce qu'on annonçait dans les premiers siècles d'une manière générale, dit-il, je le dis en termes exprès. »

Le pape Benoît XIII approuva son audace et Pie II, dans la Bulle de canonisation, rendit pareillement hommage à sa mission.

Le problème n'en devient que plus étrange. Est-il insoluble ? Au début du XVe siècle, les temps paraissaient mûrs ; les signes avant-coureurs semblaient là. « Faux christs » : n'avait-on pas entendu Huss, Wiclef, Jérôme de Prague et le chef des Flagellants ? « Guerres d'extermination » : en Europe, la guerre de Cent Ans ; en Asie, les conquêtes des Turcs. « Pestes, famines, tremblements de terre » : on avait vu tous ces fléaux. Venise perdit cent mille habitants, morts de la peste ; Sienne en vit mourir quatre-vingt mille en quatre mois. « La charité se refroidira » : elle l'était, surtout chez les princes de l'Eglise et parmi les membres du clergé. D'autre part, « les juifs devaient se convertir ». Or, à lui seul, Vincent en avait baptisé plus de soixante-dix mille.

Tout, par conséquent, était en faveur de la mission revendiquée par le prophète.

Qu'en conclure, sinon que Dieu, par égard pour les succès obtenus par son apôtre, se laissa fléchir et recula le terme que, dans sa juste colère, il avait rapproché ?

N'en avait-il pas agi de même pour Ninive ?

« Dieu laissait à l'humanité ses pentes fatales vers les abîmes ; elle devait s'y perdre si une intervention énergique, enrayant la chute, ne l'eût remise en mouvement vers des destinées nouvelles. L'intervention fut ce prophète, cet ange du jugement qui, après avoir épouvanté les consciences et jeté haletante au pied de Dieu toute une génération humaine, lui ordonna de se relever, rassura le monde et dit : « Votre pénitence vous a sauvés (1). »

(1) R. P. Fages.

CHAPITRE XXVIII

LE LONG DU LITTORAL

Toujours la fertile *huerta*.

Sagunto. Sur une colline escarpée, des tours et des murailles, touchées à revers par les rayons de la lune, enveloppent de leur ombre les restes d'un cirque, d'un théâtre et d'un pont. La gloire de Rome a passé plus complètement que l'héroïsme des Sagontins. Sans doute, on chercherait vainement aujourd'hui la trace de leurs bûchers, mais le souvenir de leur intrépide défense vivra à jamais.

Abandonnée par le Sénat de la République, Sagonte résiste à Annibal, qui l'assiège au mépris des traités. Lorsqu'une brèche est ouverte, les défenseurs élèvent de nouveaux retranchements. La faim déchire leurs entrailles : ils résistent à la faim. Quand ils sont à bout de forces, ils allument des brasiers, y jettent toutes leurs richesses et tentent de se frayer un chemin à travers les Carthaginois qui les exterminent jusqu'au dernier.

Demeurées seules, les femmes poignardent leurs enfants et se précipitent dans les flammes qui achèvent de dévorer leur ville.

Nous traversons le champ de bataille d'Almenara, où Jacques le Conquérant défit les Maures en 1238.

Un rocher bizarre, semblable à un autre Gibraltar se détache, à notre droite, du continent. C'est Peñiscola où Benoît XIII traîna pendant sept ans le fantôme de la papauté.

Aragonais de naissance, il était du pays des bonnes mules, selon l'expression de son ami Almeilh du Breuil, archevêque de Toulouse, et il le fit bien voir. « Ce petit vieillard portait dans un corps mince et nerveux un ressort de volonté que rien ne détendit. Ni l'âge ni la fortune adverse ne parvinrent à briser sa résistance. Les princes qui gouvernaient la plus belle part de son domaine spirituel en vinrent, après les vaines ambassades, aux mesures extrêmes ; la politique française, en des temps qui comptent parmi les plus troublés de notre histoire, fut absorbée par ce problème que l'Empire chercha vainement à résoudre ; contre tous et de toute manière, cet irréductible pontife se défendit : par les armes, avec une poignée de soldats ; par la plume de ses canonistes ; par la diplomatie de ses agents ; par les foudres enfin de sa puissance apostolique. Déposé par deux conciles, il n'a plus qu'un allié, le temps ; mais avec cette force, ce pape nonagénaire use cinq compétiteurs, fait échec à un sixième, Martin V, que reconnaît, pourtant, toute la chrétienté, dépasse les années de Pierre, se fait ensevelir couronné de la tiare et ne meurt pas tout entier, puisque par une promotion *in extremis* de quatre cardinaux, il s'assure un héritier de ses prérogatives (1). »

Ce fut là, pour un tel homme, une fin ridicule. On déplore, avec raison, les malheurs que l'entêtement de cet Aragonais déchaîna sur l'Eglise ; il est difficile

(1) J. Doizé : *Le dernier Pape d'Avignon.*

de lui refuser une sorte de sympathique admiration.

Il avait promis, avant son élection, de travailler de toutes ses forces à l'extinction du schisme; rien ne prouve qu'il ne fut pas sincère. Ses talents, sa grande pureté de vie lui valurent d'être élu à l'unanimité par les cardinaux avignonnais. Ce témoignage flatteur le grisa peut-être; il lui donna, en tout cas, le sentiment « qu'il était par divine grâce et bonne élection pourvu de la papalité » et qu'il ne devait s'en départir que pour mourir.

Ses bulles ont une éloquence et une énergie qui dénotent chez lui un pape de bonne et franche lignée; il bondissait, du reste, quand on le traitait de schismatique et d'antipape. A ceux qui lui reprochaient d'être isolé et de ne compter qu'un nombre infime de partisans, il répondait que toute l'Eglise était avec lui sur son rocher solitaire, comme l'humanité se trouvait réunie tout entière dans l'arche aux jours de Noé.

Frappant à coups redoublés sur les bras de son fauteuil, il criait aux ambassadeurs du Concile de Constance, venus pour lui rappeler sa promesse : « Je suis le vrai pape. C'est vrai que j'ai promis dans le conclave où j'ai été élu, d'aller jusqu'à la cession, mais pas avant d'avoir épuisé les autres moyens. Or, je suis juge de ces moyens et en attendant je demeure pape. »

Son corps, transporté après sa mort dans son château d'*Illueca*, fut odieusement profané par les Français en 1811. Ils le jetèrent par les fenêtres, et suivant une prophétie de saint Vincent Ferrier, on vit des enfants jouer avec sa tête. Elle a été recueillie par sa famille et repose aujourd'hui dans une caisse de sapin à Savignan, près de Calatayud.

Le vieux château des Templiers où Benoît XIII

mourut et les maisons entassées sur les flancs du rocher disparaissent à mes regards.

Vaincu par le sommeil, je m'endors.

Dimanche 27 septembre.

A mon réveil, j'ai sous les yeux une grande ville entourée de murs cyclopéens, flanqués de tours carrées et s'élevant en pente jusqu'à une acropole dominée par une magnifique cathédrale.

C'est la très antique et très célèbre Tarragone.

César l'enleva aux Ibères, la dénomma *Colonia Triumphalis*, en souvenir de ses victoires ; l'empereur Auguste y résida et l'embellit.

On dit qu'elle compta jusqu'à près d'un million d'habitants.

Au Moyen âge, elle s'effaça au profit de Barcelone et de Valence; puis retrouva une fière énergie pour se défendre contre Suchet, qui vint à bout de sa résistance, à la suite d'un siège héroïque de part et d'autre et d'un assaut meurtrier. Lorsque la *Rambla* fut enlevée, « la lutte devint effroyable. Il fallut, sous la fusillade des barricades et des fenêtres, gravir la longue rue qui conduit à la cathédrale, s'emparer des maisons les unes après les autres, refouler les ennemis sur les marches du parvis où le combat continua et se poursuivit jusque dans l'église encombrée de neuf cents blessés.

« Ceux-ci furent épargnés, mais nos soldats, exaspérés par la résistance et par leurs pertes, massacraient tout ce qui leur tombait sous la main, et le sang descendait en ruisseaux du haut de la ville vers les bas quartiers et jusque sur le port. Scènes d'horreur et de carnage qui se présentent invinciblement à l'esprit, lorsqu'on suit aujourd'hui cette rue, restée la même avec ses trottoirs étroits, ses pavés irréguliers et sa pente escarpée.

« La nuit était venue. Une partie de la garnison, avec le gouverneur Contreras, essaya de s'échapper par la route de Barcelone. Elle tomba dans les troupes du général Harispe. Acculée à la mer, sabrée par nos cavaliers, décimée par la mitraille anglaise, qui pleuvait au hasard sur le rivage, elle fut forcée de mettre bas les armes (1). »

Oui, « scènes d'horreur et de carnage », comme à Madrid, comme à Badajoz, comme à Saragosse, comme partout, pendant la durée de cette guerre atroce, faite contre toute justice par un ambitieux que son génie même poussait à la pire des folies, à la folie du sang. Combien de millions de vies humaines sacrifiées froidement aux conceptions fantastiques de cet insensé !

*
* *

Après Tarragone, le train s'engouffre dans une tranchée longue d'un kilomètre ; lorsqu'il en sort, on a sous les yeux un coup d'œil féerique : à droite la mer bleue, libre, qui miroite ; le rivage est bordé d'aloès aux feuilles épaisses et piquantes ; à gauche, sur le flanc des montagnes enveloppées d'une vapeur légère, une glane de villages ; les vignes et les champs sont remplis de travailleurs. Dans les gares, on ne voit que paysans et paysannes, portant des enfants, des paniers, des mannes, des provisions de toute nature, à destination de Barcelone.

A Sitges, le lavoir est bondé de blanchisseuses.

(1) E. Guillon : *Les guerres d'Espagne sous Napoléon.*

Partout, l'impie travail du dimanche.

N'importe ; la contrée est splendide : c'est la riche et riante Catalogne.

Barcelone me retiendra peu. Le chemin de fer la traverse presque tout entière et il y met du temps, car depuis un demi-siècle, la ville s'est énormément agrandie. Théophile Gauthier ne lui trouverait plus « cet air un peu guindé et un peu roide, comme toutes les villes lacées trop dru dans un justaucorps de fortifications. »

Les vieilles fortifications ont disparu : des boulevards nommés *rondas* couvrent la place des fossés comblés et des murs démolis. Ces *rondas* forment avec le *paseo de Colon* qui longe le port un hexagone à peu près régulier.

La célèbre *Rambla* demeure toujours le rendez-vous préféré des commerçants, des industriels et des flaneurs : il est intéressant de les voir discuter ou jaser, le *cigareto* sur le bord des lèvres et la *capa* élégamment rejetée sur l'épaule.

Mais d'autres voies ont été ouvertes, spacieuses, emplantées de palmiers et de platanes, découpant la ville nouvelle en d'innombrables îlots de maisons.

La population est active et bruyante ; on y trouve les deux extrêmes : la plus haute aristocratie de la Péninsule et des socialistes militants.

Ville de fabriques, mais aussi ville de plaisirs : beaucoup de théâtres, des jardins publics ravissants, des palais authentiques et de somptueux cafés.

Les fêtes se succèdent presque sans interruption. Du premier de l'an jusqu'à la mi-février, les bals masqués font fureur ; les débauches du carnaval sont connues. Mais vienne la Semaine-Sainte, on interrompt la circulation des voitures ; les femmes portent le deuil et les églises sont tendues de noir.

Le premier dimanche de mai ramène les « jeux

floraux » et, au jour de la Fête-Dieu, le clergé, la population, l'armée et les fonctionnaires de tout ordre s'unissent pour célébrer en une pompe inimitable le triomphe du Saint-Sacrement.

Saint Jean-Baptiste et les deux chefs des apôtres sont honorés par d'immenses feux de joie. La fête de Notre-Dame de la Merci est l'occasion de *corridas* insensées. A la Toussaint on mange des massepains, des châtaignes rôties et l'on déguste le vin nouveau. La grande foire de la Saint-Thomas clôture les plaisirs de l'année.

* * *

Le climat est un des plus doux de l'Espagne : il a l'avantage de demeurer uniforme. Un cadre unique : Barcelone s'étend à perte de vue, hérissée de tours massives et de flèches ajourées, entre la *Montaña Pelada* et la *Montaña de Montjuich* (le *Mons Jovis* des Romains) face à la mer, ayant un arrière-plan de montagnes superbes.

Les orfèvres occupent une rue entière, la *Calle de la Plateria*. Joyaux, parures, vaisselle, montres, bijoux, coffrets, vases sacrés étincellent aux devantures des magasins : les femmes du peuple ne sont pas les dernières à y venir faire leurs emplettes. J'ai vu tout à l'heure une revendeuse aux doigts chargés de bagues, avec collier d'or et bracelet de brillants.

Les rues de la vieille ville sont étroites, humides, sombres et sales : beaucoup de maisons qui surplombent se rejoignent par le haut.

Les mendiants sont nombreux, les aveugles surtout. Ceux-ci ont trouvé une façon très honnête de rançonner le public : ils parcourent la cité par bandes, armés d'instruments à cordes, à l'aide desquels ils donnent de très beaux concerts. Ils se tenaient jadis sous une porte qui leur devait son nom : *Puerta de los Orbs*. Vincent Ferrier, entrant dans la ville par cette porte, en l'année 1409, vit se dresser devant lui un beau jeune homme, l'épée nue à la main :

« — Ange de Dieu que fais-tu là ? » demande le Saint.

A quoi le jeune homme répondit :

« — Par ordre du Très-Haut, je garde cette ville. »

En souvenir de ce fait, la « Porte des Aveugles » se nomma dès lors « Porte de l'Ange ». Elle a disparu dans les agrandissements successifs de Barcelone ; mais la rue qui y aboutissait s'appelle aujourd'hui encore *Calle de la Puerta del Angel.*

* * *

Barcelone apparaît pour la première fois au temps de la domination carthaginoise, sous le nom de *Barcino*, dont personne ne connait l'origine. Sous l'empereur Auguste, elle s'intitula *Julia Faventia*. Les Wisigoths en firent leur capitale à deux reprises : en 415 et en 531. Il s'y tint plusieurs conciles. Les Arabes s'en emparèrent l'année 713 et Louis le Débonnaire la leur reprit en 801. Puis, les comtes de Barcelone y régnèrent jusqu'au jour où elle fut réunie à la couronne d'Aragon. Elle fit alors à Gênes et à Venise une concurrence redoutable et imposa à l'Europe entière le code maritime que Jacques le Conquérant lui avait donné.

Christophe Colomb y fut reçu avec enthousiasme ; en l'acclamant de la sorte, Barcelone ne prévoyait pas que les découvertes de l'illustre Génois allaient rapidement faire décliner sa puissance. Les Bourbons, en lui imposant une citadelle et une enceinte fortifiée, contribuèrent à précipiter sa ruine ; mais depuis que les remparts ont été abattus, Barcelone a retrouvé, avec son activité, le principe d'un développement qui promet d'être considérable. A l'heure actuelle, en y comprenant la population des faubourgs, la cité compte plus de cinq cent mille habitants.

Plus remuante encore que le royaume de Valence, la province de Catalogne a fait jusqu'à l'époque contemporaine le désespoir de ses vice-rois.

Lorsque François de Borgia y fut envoyé par Charles-Quint, les voleurs circulaient par troupes armées ; les magistrats terrifiés pactisaient avec eux ; les seigneurs les recélaient en leurs châteaux, les tenaient à leur service, les commandaient au besoin. Aujourd'hui la noblesse a pris d'autres habitudes ; mais le ferment révolutionnaire maintient les cerveaux dans une ébullition perpétuelle et les innombrables centres ouvriers du pays sont des foyers redoutables d'anarchie. Les Catalans se plaignent, du reste, d'être les seuls travailleurs de l'Espagne et d'avoir à supporter, dans une proportion trop lourde, les impôts dont la perception profite particulièrement aux fainéants andalous. Les tendances séparatistes vont s'accentuant de jour en jour : gare à l'explosion.

* * *

Je dis ma messe à *Santa Maria del Mar*, à quelques pas de la jetée. L'édifice est grandiose, malgré de détestables retouches. Ensuite, je me dépêtre comme je puis du milieu de la multitude qui se presse et se tasse sur la place du Marché. Enfin me voici devant la cathédrale. Elle vaudrait la peine que l'on dépensât quelques millions pour la dégager du fouillis de constructions qui l'étouffent. La façade est d'une élégance que rehaussent le joli gable ajouré, les voussures peuplées de statues, les pilastres et le haut soubassement, gracieusement enjolivés. Les ravissantes petites flèches rappellent Burgos ; mais, trop espacées, elles se relient mal par la tourelle octogonale qui occupe le centre du fronton.

L'intérieur, de moindre hauteur pourtant que *Santa Maria del Mar*, fait une bien autre impression. C'est d'un gothique très pur, simple et grave. Point de saillie du transept, mais des chapelles qui se succèdent régulièrement sous le magnifique triforium ; elles débordent le sanctuaire et s'arrondissent en couronne autour du déambulatoire.

Ce monument est consacré à sainte Eulalie, enfant de quatorze ans, dont le corps déchiré par des ongles de fer, fut ensuite mis en croix. Les bas-reliefs du *trascoro* rappellent éloquemment les principaux épisodes de sa vie. Les restes de la jeune martyre reposent dans un reliquaire d'albâtre placé dans la crypte.

La cathédrale renferme un autre tombeau : celui de saint Raymond de Peñafort, l'émule de saint Vincent Ferrier.

C'est dans les stalles du chœur, richement sculptées, que Charles-Quint présida, en 1519, le chapitre de la Toison d'Or, en compagnie des rois Christian de Danemark et Sigismond de Pologne.

On conserve dans l'une des chapelles le Christ que don Juan d'Autriche avait fixé à la poupe de sa galère, le jour de la bataille de Lépante et qui baissa la tête, dit-on, pour se garer d'un boulet turc qui arrivait droit sur lui.

Le cloître attenant à l'édifice a de remarquables portiques ; je lui préfère néanmoins les galeries de *San Pablo del Campo*, avec leurs arcs trilobés qui reposent sur de sveltes fuseaux géminés.

CHAPITRE XXIX

LE MONTSERRAT ET MANRÈSE

Barcelone, en somme, n'a rien de bien captivant. J'ai hâte de quitter ce tumulte et de m'enfuir vers les hauteurs... *In montem excelsum, seorsum*, pour y faire mon pèlerinage à une Madone, vénérée par les Espagnols presque à l'égal de Notre-Dame *del Pilar*. On assigne à l'une et à l'autre une origine apostolique.

Conservée d'abord à Barcelone, la Vierge du Montserrat fut abritée dans une grotte au moment de l'invasion des Arabes. Retrouvée par miracle, elle allait être transférée à Manrèse, mais la résistance qu'elle opposa aux porteurs fut telle qu'il fallut la laisser bon gré, malgré, sur les sommets. « Et c'est une leçon que Dieu, presque toujours, nous donne. Il faut quitter les bas-fonds, gagner l'air pur des hauteurs, savoir affronter les fatigues des premières marches, sauf à trouver là-haut Celle qui ouvre les portes du Ciel. »

En quittant Barcelone, on traverse une région opulente, des villes industrielles dont l'une — Sabadell — compte jusqu'à quatre-vingts fabriques. On longe les lits ravinés de deux rivières et on aperçoit à l'horizon la chaîne bleue des Pyrénées.

La végétation devient plus rare ; le train disparaît dans les tranchées et les tunnels ; il franchit des abîmes, porté sur de frêles viaducs. Les montagnes ont une physionomie extraordinaire : ici, des assises superposées, énormes, entassées jusqu'aux nuages ; là, des dentelures aiguës, ressemblant à une mâchoire de loup gigantesque.

A gauche, un conglomérat colossal se détache, dans une sorte d'isolement farouche, au sein d'un amphithéâtre où coule le Llobregat : une fissure ouverte dans le massif en a dédoublé la cime ; la partie la plus haute atteint 1.300 mètres. C'est le Montserrat (mont scié), peuplé d'ermitages, arrosé de cascades, enveloppé d'une série de cônes et de pyramides formidables, que divisent d'insondables ravins.

Un chemin de fer à crémaillère partant de la station de Monistrol en facilite l'ascension.

* * *

Ceux de mes lecteurs qui ont pris, à Saint-Georges de Cormiers, le train pour La Mure peuvent se faire une idée de ce « voyage dans la lune ». Il y a beaucoup de ressemblance entre le vallon sauvage du Llobregat et la pittoresque vallée du Drac. Tandis qu'on s'élève, les montagnes voisines révèlent davantage la profondeur de leurs paliers fauves, zébrés de routes, tachetés d'olivettes et parsemés de villages ; de nouveaux sommets surgissent ; de plus lointaines perspectives se découvrent, conduisant le regard jusqu'aux pitons neigeux des Pyrénées qui s'espacent de la Maladetta au Canigou.

On touche presque du doigt les bossages cyclopéens qui supportent les assises du monastère. Les rochers ont des semblants de nervures, qui font songer aux arcs-boutants des cathédrales ; les derniers sourires du soleil produisent au long et au large, sur ces formes tourmentées et bizarres, un chatoiement fantastique.

Le couvent date de l'année 880. C'est à des moniales que l'on confia tout d'abord le soin de garder la sainte image. Des Bénédictins leur succédèrent; ils possédaient déjà d'immenses richesses, de précieux manuscrits surtout, lorsque saint Vincent Ferrier et Benoît XIII les visitèrent en 1409.

Philippe II fit reconstruire l'église qui rappelle par son plan le sanctuaire de l'Escorial. Les Bourbons, pour soutenir leurs guerres, puisèrent largement dans le trésor de l'abbaye et le mirent à sec.

En 1811, après le départ des moines, 2.000 Espagnols firent du couvent une forteresse flanquée de redoutes et hérissée de canons. Suchet en vint à bout en moins d'une journée ; le bâton de maréchal fut la récompense de ce fait d'armes presque sans précédent.

Quelques siècles plus tôt, Ignace de Loyola avait gravi ces pentes abruptes, avec des intentions toutes pacifiques. Il venait faire aux pieds de la Vierge sa veillée d'armes, avant de s'engager définitivement au service du Seigneur.

Sa confession générale dura trois jours; elle fut entrecoupée de sanglots et de larmes. Après avoir suspendu à l'un des piliers de l'autel sa dague et l'épée fameuse qu'on voit encore à Barcelone, il échangea ses riches habits contre les haillons d'un mendiant et se dirigea vers Manrèse.

* * *

Il fait nuit noire lorsque j'arrive sur l'esplanade qui précède la basilique. Les cloches sonnent à toute volée : c'est l'heure du chapelet.

Les enfants de la Maîtrise sont rangés dans le chœur; ils chantent les *Pater*, les *Ave*, les *Gloria*; une vingtaine de violons et de violoncelles les accompagnent et l'harmonisation des dizaines est si variée que c'est à peine si l'oreille saisit de loin en loin le retour de la même formule. Les voix, tantôt demeurent fondues dans le concert des violons, tantôt se taisent pour venir s'y engrener à nouveau, tantôt remplissent les intervalles des accords.

Le sanctuaire paraît tout embrasé par les feux des lustres et par ceux des cierges accumulés devant la grille; l'or ruisselle du haut des voûtes et court, en les diaprant, le long de l'autel, des frises, des pinacles, des clochetons et des cadres. L'albâtre, l'ivoire les marbres précieux gardent leur éclat discret; les beaux tableaux semblent vivre leurs scènes dans ce décor merveilleux.

Les pèlerins emplissent la nef, tandis que là-haut, la grande Vierge noire du Montserrat sourit à la foule agenouillée.

Lundi 28 septembre.

En descendant du Montserrat, saint Ignace mit une journée pour parcourir les trois lieues qui le séparaient de Manrèse.

Le chemin de fer m'y conduit très vite.

Manresa ! Elle couvre de ses maisons, de ses églises, de ses couvents une affreuse colline baignée par la nappe très large du Cardoner au sein d'une région toute grise, couverte de rochers, de sable et de cailloux.

Au premier plan, mais déjà très élevé, l'immense couvent des Pères Jésuites, vrai palais construit au-dessus de la *Santa Cueva;* un peu en arrière, la *Séo*, cathédrale du XIVe siècle, qui jaillit de la terre, pour hausser dans le firmament bleu sa tour colossale et sa façade carrée, trouée d'un œil-de-bœuf énorme ; plus loin encore et plus haut, à gauche, la chapelle du Carmel et, enfin, l'église et le couvent de Saint-Dominique, où Ignace se vit favorisé d'extases nombreuses et de grâces ineffables.

Au bas du pont monumental qui relie la gare à la ville, on aperçoit une petite chapelle qui renferme la Vierge à laquelle le Saint vint tout d'abord offrir ses hommages. C'est *Nuestra Señora de la Guia :* « Va, Ignace, lui dit l'image, et remplis ta destinée. »

Il vint jusqu'à l'hôpital de Sainte-Lucie où l'on soignait des malades couverts de plaies affreuses et exhalant une puanteur infecte.

Ce fut pour lui le paradis. Pratiquant les jeûnes les plus rigoureux, il se nourrissait, une seule fois le jour, de pain dur et moisi. Livré à des pénitences effrayantes, il dormait, même au cœur de l'hiver, sur la terre nue une heure à peine, et se consacrait nuit et jour à ses chers malades. Pour les sustenter, il s'en allait mendier par la ville, mais recueillait généralement plus d'insultes que d'aumônes.

Saisi un jour de dégoût, en considérant la grossièreté et la malpropreté de sa clientèle et l'abominable nourriture qui formait son propre menu, il se tira de cette tentation par un moyen héroïque. Il choisit l'infirme couvert des ulcères les plus purulents, — semblable peut-être à ce misérable idiot que j'ai aperçu tout à l'heure, la tête couverte de croûtes, le visage inondé de sang et de bave, courbé en deux sur son fumier et dévoré par les taons et les mouches, — et le serrant dans ses bras, il se mit à baiser ses plaies avec transports. La nature, à partir de cette heure, était vaincue pour toujours ; aussi, quelque temps après, Ignace appliquait-il joyeusement ses lèvres sur une plaie hideuse et en suçait-il la pourriture pour guérir un malade.

Folie, diront les libres penseurs. Charité, leur répond l'Eglise. Dieu, du reste, se chargea bientôt de montrer à son serviteur combien son dévouement lui était agréable.

*
* *

Au milieu des transformations subies par l'hôpital de Sainte-Lucie, devenu Collège de la Compagnie, une petite chapelle est demeurée debout. Je suis saisi en y entrant d'une émotion profonde. Sur un carrelage modeste, un homme vêtu d'un sac et ceint d'une corde, pieds nus, est représenté étendu sur le côté, le buste à peine soulevé. L'artiste a su donner au visage qui regarde le ciel une expression haletante et paisiblement douloureuse. Cette chapelle se nomme *Capilla del Rapto*. Là, Ignace demeura huit jours consécutifs, dans l'attitude que je viens de dire, sans que le moindre geste traduisît une vie qui semblait suspendue ou absorbée en Dieu, et sans que rien fût capable de le réveiller. Le huitième jour, qui était un samedi, pendant le chant du *Salve*, Ignace poussa un long soupir et murmura à deux reprises : « *Ay Jesus* ! ».

Il ne fit jamais expressément connaître les mystères qu'il avait entrevus ; pourtant, il est permis de conclure de différents aveux qui lui échappèrent, que Dieu lui révéla d'une façon précise le plan et les grandes destinées de son Ordre, les persécutions auxquelles il serait en butte et les services signalés qu'il rendrait à l'Eglise.

Une inscription placée entre deux piliers rappelle que c'était là l'entrée primitive de l'hospice et qu'Ignace avait coutume de faire chaque jour en ce lieu le catéchisme aux enfants et aux jeunes gens, que les chanoines et les curés de la ville laissaient dans l'ignorance la plus complète.

Ne trouverait-il pas l'occasion de remplir le même office, s'il revenait à Manrèse ?

Je descends vers la « Sainte Grotte » en suivant des ruelles infectes.

Les Pères de la Compagnie se sont employés à donner à ce lieu mille fois béni, berceau de leur Ordre, une splendeur sans rivale.

J'ai dit que, vu de loin, l'immense monastère ressemble à un palais. L'intérieur, bien que grandiose, n'est pas en désaccord avec les exigences de la pauvreté monastique.

L'église, longue et vaste, est souvent remplie par les pèlerins. On suit la nef de gauche pour descendre dans la *Santa Cueva*.

*
* *

Au temps de saint Ignace, il y avait là une caverne d'environ neuf mètres de long, sur un peu plus de deux mètres de hauteur. L'entrée en était enveloppée de broussailles ; elle ne prenait jour que du côté du Montserrat, où une sorte de lucarne permettait d'apercevoir dans le lointain le sanctuaire de la Vierge. Partout ailleurs régnait l'obscurité ; le sol et les murs étaient hérissés de pierres pointues ; non loin de l'entrée se dressait une grande croix devant laquelle Ignace venait parfois faire de pieuses stations ; au delà, le Cardoner roulait ses eaux limpides ; leur bruit monotone était incapable de le distraire de ses pieuses contemplations.

« Dans ce lieu où la solitude, le silence et une ténébreuse horreur semblaient inviter à la pénitence, le Saint redoubla ses austérités habituelles ; là il veillait des nuits entières, jeûnait pendant trois ou quatre jours de suite, sans prendre aucune nourriture, joignait au jeûne de sanglantes disciplines ; là, enfin, il se frappait rudement la poitrine avec une pierre, comme en furent témoins plusieurs personnes qui allèrent secrètement épier sa conduite.

« Tant d'austérités épuisèrent tellement ses forces que sa vie semblait un miracle perpétuel. Son estomac ruiné lui causait de cruelles douleurs ; souvent il perdait connaissance et plus d'une fois on le trouva à demi mort, privé de chaleur et de mouvement ».

Il connut une souffrance plus cruelle : celle que lui causèrent des scrupules angoissants, des assauts formidables livrés par le démon et de violentes tentations de désespoir.

C'est ici qu'il écrivit son *Livre des Exercices*, dont toutes les lignes respirent une sainteté et une sagesse surhumaines et qui, au dire de saint François de Sales, a converti plus de pécheurs qu'il ne renferme de mots. A l'entrée de la *Santa Cueva* on voit un crucifix de pierre, très fruste, devant lequel le solitaire fut favorisé de visions célestes ; la lèvre du rocher porte, à hauteur d'appui, deux croix gravées par Ignace lui-même ; c'est l'endroit où il s'appuyait pour écrire.

* * *

Aujourd'hui, la grotte d'Ignace se trouve complétement transformée. Au-dessus de l'autel, érigé au fond du sanctuaire, les assises rocheuses sont demeurées apparentes ; presque partout ailleurs, elles sont recouvertes d'une riche décoration : en haut, des médaillons de marbre relatent les principaux épisodes de la vie d'Ignace à Manrèse ; le haut soubassement est divisé en panneaux enrichis de dessins et de symboles.

« — Voyez-vous ce travail? » me dit le Père qui me conduit.

« — Oui, depuis quelques instants il attire mon attention. Les traits sont d'une finesse extraordinaire; les couleurs sont fortement nuancées et d'un éclat qui ne se rencontre généralement ni dans le marbre, ni dans les stucages, ni dans la mosaïque. »

« — Aussi bien, n'est-ce rien de tout cela. Cette pâte est de l'invention d'un de nos frères convers qui vivait au siècle dernier. C'est le seul travail qui ait été fait d'après son procédé. Il a emporté avec lui son secret dans la tombe. »

Je visite, avant de quitter Manrèse, la croix du *Tort*, où Ignace eut la célèbre révélation qui le fit pénétrer dans l'intime du mystère de la sainte Trinité, l'église de *Santo-Domingo*, où Dieu lui fit contempler d'une façon saisissante le plan de sa sagesse dans la création du monde et dans l'Incarnation de son Fils.

Sur le portail extérieur est placée une statue de la Vierge qui, lorsqu'Ignace hésitait à ouvrir la porte, lui dit à voix très haute : « Entre! » Là, en effet, il devait trouver auprès du prieur des Dominicains, Guillaume de Pellaros, le guide éclairé et sûr que Dieu lui avait ménagé pour qu'il pût connaître sa voie.

Chaque nuit, tant que le Saint habita le couvent, on pouvait voir une ombre errant sous le grand cloître, le corps écrasé sous le poids d'une croix énorme. C'est ainsi qu'Ignace avait coutume de parcourir la *via crucis*. Le cloître est devenu un théâtre ; la croix est toujours la propriété des Dominicains.

Au coin d'une rue étroite, une petite lampe brûle sous

le porche d'une chapelle modeste : elle rappelle un miracle du fondateur de la Compagnie de Jésus. Une pauvre femme n'avait pour tout trésor qu'une poule qui pondait fort bien. La poule, un beau jour, tomba dans un puits. La vieille se désespérait. Ignace, en passant, fut touché de sa douleur ; il fit un signe de croix sur le puits et le volatile revint sur l'eau.

Je quitte Manrèse, l'âme pleine de souvenirs qui me feraient presque oublier Albe et Avila, si c'était possible. En tout cas, je donnerais Séville et Madrid avec leurs richesses et leurs musées, Grenade avec son Alhambra, Burgos et Léon avec leurs cathédrales, plutôt que de renoncer à la joie intime, profonde et réconfortante que je viens de goûter.

CHAPITRE XXX

A TRAVERS L'ARAGON

La plaine fertile s'étend très loin jusqu'aux montagnes. Cervera s'appuie à une ancienne redoute. Une grande couronne royale, posée au front de bâtiments délabrés rappelle le souvenir de l'Université sottement créée dans cette ville par Philippe V, en 1714.

Une belle église et le vieux castel des Anglesola dominent le bourg. Trente kilomètres encore, et nous trouvons une haute colline très allongée, couronnée par un château fort qui démontre l'importante position stratégique de Lérida, au débouché des vallées pyrénéennes et des cols qui franchissent le massif catalan. Des monnaies d'argent et d'airain conservées au musée municipal permettent de conclure à l'origine ibérienne de la ville.

Au temps des Romains, Lérida s'appelait *Ilerda*. Sous ses murs César et les lieutenants de Pompée se disputèrent l'hégémonie du monde. César l'emporta. C'est ici qu'il prononça la phrase fameuse : « *Veni, vidi, vici.* »

Un concile s'y tint sous les Wisigoths. Raymond Bérenger IV en fit, au XIIe siècle, la capitale de la Catalogne. Jacques II d'Aragon, après la réunion du comté à sa couronne, y fonda une Université où enseigna saint Vincent Ferrier. Les Bourbons la transférèrent à Cervera, en même temps que celle de Barcelone.

Lérida a subi des sièges célèbres. Les Français la prirent une première fois en 1642 et la perdirent quatre ans plus tard ; l'année suivante elle repoussa le grand Condé, mais tomba ensuite aux mains du duc d'Orléans.

Suchet, à son tour, en 1808, l'investit. Quelques jours de bombardement suffirent à ce général pour la réduire.

Du sein du *castillo* fortifié émerge la vieille cathédrale, monument original, de style romano-gothique, avec additions mauresques. La tour du portail va se perdre dans les nuages ; le transept forme une masse qu'on dirait indépendante du reste ; la façade longitudinale est calée par de vigoureux contreforts. C'est là que fut inaugurée la récitation publique de l'*Angelus*, que Jean XXII étendit ensuite à toute l'Eglise.

* * *

On franchit le Calmor et on se trouve en Aragon.

C'est la lande désolée des Castilles, avec quelque chose de plus hideux encore. Des collines de marne pleines de grottes et d'alvéoles sont séparées par des dépressions ravinées. Est-il possible que le peuple qui habite une région pareille ait toujours été si fier, si fougueux, si jaloux de ses privilèges, si héroïque, chaque fois qu'il s'est agi de défendre son indépendance, son territoire et ses libertés !

Lorsque, en 1871, le roi Amédée fit son entrée à Saragosse, l'alcade, venu pour le recevoir, lui fit cette mercuriale, fière, sans doute, mais passablement impertinente :

« Monsieur, l'alcade, pour remplir son devoir, se

présente devant vous et se met à vos ordres. Si vous rendez à chacun bonne et loyale justice, si vous faites observer les lois, si Saragosse et l'Espagne vous doivent la réalisation de leurs vœux, vous mériterez un titre plus honorable que celui de roi : vous pourrez être le premier citoyen de la République espagnole. Il n'est pas nécessaire que vous ayez du courage : fils d'une mère héroïque, nous sommes vaillants à visage découvert et incapables de trahir. »

On comprend qu'Amédée, au bout de quelques mois, ait tiré sa révérence à des sujets qui le prenaient sur ce ton avec lui.

C'étaient là, du reste, des traditions déjà anciennes au noble pays d'Aragon. Au début de chaque règne, le peuple, par l'organe du grand Justicier, disait au monarque : « Nous autres qui valons autant que vous et qui sommes plus puissants que vous, nous vous élisons pour que vous gardiez nos lois et nos *fueros* ; sinon, non ! »

Ces *fueros*, les princes de sang aragonais et les rois de la dynastie autrichienne les maintinrent intacts ; Philippe V, le premier, osa y faire brèche pour punir l'Aragon de s'être déclaré contre lui dans la guerre de Succession.

En fait, Aragonais et Castillans n'ont jamais marché bien d'accord. Il y a entre eux, non pas une simple rivalité politique, mais un réel antagonisme de races. « Peut-être le groupe central et méridional doit-il au mélange de sang sémitique son esprit rêveur, sa prédisposition à la généralisation, son amour pour le faste, la magnificence et l'ampleur des formes. Peut-être le groupe pyrénéen doit-il aux races primitives dont il est issu son génie rude et pratique. »

Il y a quelque chose de vif dans l'allure, de décidé

dans la démarche, de tranchant dans la parole chez les personnes de Saragosse à qui je m'adresse en tombant, de nuit, dans leur ville.

Le nom des Français y rencontre toujours de très médiocres sympathies. Si j'avais su les grossièretés que je devais essuyer le lendemain, je n'aurais été rassuré qu'à moitié en franchissant l'Ebre par une obscurité complète, en un quartier désert et en quêtant au petit bonheur un gîte dans la cité.

Mardi 29 septembre.

Le lecteur se doute un peu que ma première visite fut pour *Nuestra Señora del Pilar.*

L'énorme basilique développe le long du fleuve ses murs monotones, ses coupoles vulgaires et son campanile gracieux. Tout cela se reflète dans l'onde limpide et l'effet d'ensemble ne laisse pas que d'être surprenant.

L'intérieur fait impression par l'ampleur des formes, la richesse des marbres, la beauté des peintures et le nombre des chapelles qui s'ouvrent symétriquement dans les flancs de l'édifice.

Les cent trente-six stalles du *coro* ne le cèdent guère en richesse à celles de Tolède ; la somptuosité du sanctuaire miraculeux peut difficilement se décrire.

« Entre quatre piliers de la nef centrale, l'architecte Rodriguez a construit en forme de quatre-feuilles un petit temple en jaspe de Ricla, décoré de colonnes corinthiennes monolithes en jaspe de Tortosa et d'ornements en jaspe vert de Grenade et en bronze doré. Couronnée d'une coupole en pierre de Puebla, capricieusement ajourée, la chapelle reste assez obscure et laisse deviner à la lueur des lampes les richesses qu'elle renferme. Une balustrade d'argent, du poids de seize mille onces, sépare l'autel de l'espace réservé aux fidèles, et la sainte image, placée entre deux superbes bas-reliefs, se dresse sur son pilier derrière un buisson ardent de cierges allumés. »

On sait l'origine du pèlerinage.

La bienheureuse Vierge, en envoyant saint Jacques évangéliser l'Espagne, lui recommanda de bâtir une église en son honneur à l'endroit où il convertirait le plus d'infidèles. Un soir que l'apôtre était arrivé sous les murs de *Colonia Cæsaraugustana*, l'antique *Solduba* des Ibères, et qu'il était comme partagé entre la ferveur de sa prière et l'admiration que lui causait le spectacle d'une ville enveloppée par l'ombre de ses murailles, baignant ses assises dans l'Ebre au cours majestueux et ses sommets dans la sereine lumière qui tombait du ciel, Marie lui apparut tout à coup : « C'est ici, mon fils, lui dit-elle, que tu édifieras le sanctuaire dont je t'ai parlé. Ici la vertu du Très-Haut opèrera des prodiges par mon intercession, et comme gage de ma protection, le pilier sur lequel mon pied repose demeurera en cette place jusqu'à la fin des temps. »

Même durant la persécution des césars et sous la domination des Maures, « Notre-Dame-du-Pilier » ne cessa d'attirer les foules. La basilique actuelle fut commencée en 1681, sous le règne de Charles II.

On dit que le pilier rose qui supporte la statuette noircie est celui-là même que Marie effleura de son pied virginal. Comme je m'attardais à le vénérer, je m'entendis apostropher vertement par un chapelain qui me fit entendre que les étrangers n'avaient pas la licence de séjourner dans le sanctuaire. Il se rappelait, peut-être, la chanson qui, pendant le siège, vouait à l'exécration les Français, *gavachos*, mécréants et maudits. En voici le refrain :

> La Virgen del Pilar dice
> Que no quere ser francesca.

« La Vierge du Pilier déclare qu'elle ne veut pas être française. »

*
* *

Ce sont précisément les souvenirs de cette héroïque résistance de 1808-1809, que je vais maintenant recueillir.

Le tram me conduit hors de la ville, sur la place du *Torero* où le général Verdier, lors du premier siège, vint établir son quartier-général. A une faible distance, se trouve la petite maison blanche où Lannes signa, l'année suivante, les articles de la capitulation.

Après Baylen, Verdier, qui déjà avait franchi la *Puerta del Carmen*, malgré les efforts énergiques des combattants, auxquels s'étaient joints les femmes, les enfants et les moines, reçut l'ordre de se replier sur Miranda. A l'arrivée de l'Empereur, il fallut reprendre les opérations ; seulement, les Espagnols avaient eu le temps d'approvisionner Saragosse en munitions et en vivres ; 30.000 hommes de troupes régulières étaient renforcés par autant de miliciens, tandis qu'une armée de secours évaluée à 20.000 unités serrait les assiégeants par le dehors.

Du poste que j'occupe, les Français voyaient se dresser devant eux, en demi-cercle se bombant sur le fleuve, l'ancien château de l'Inquisition, le couvent des Capucins, la tête de pont défendant l'accès du *Rio Huerba* encaissé et profond, le monastère de *Santa-Engracia* et celui de Saint-Joseph.

Lannes vint à propos remplacer Moncey et Junot. Cinq jours après son arrivée, un assaut donné au mur d'enceinte, rompu par les boulets, le rendit maître de *Santa-Engracia*, des Capucins et lui livrait la *Puerta del Carmen*. Puis, il fallut s'attaquer aux barricades et prendre les maisons, l'une après l'autre. Lannes décida qu'on s'avancerait par les caves en faisant jouer la mine. Les escaliers avaient été enlevés et les planchers perforés ; à travers les vides, les Espagnols tiraient sur nos soldats ; pourchassés, ils s'échappaient par les toits. Chaque jour, c'étaient de nouveaux et très meurtriers engagements. Bientôt, les cadavres accumulés tombèrent en putréfaction, le typhus sévit et le chiffre des victimes quotidiennes monta à cinq cents. Hâves, exténués, mourant de faim, les habitants erraient comme des ombres à travers les débris fumants de leur cité. Du fond de sa casemate, où il gisait malade, Palafox entretenait l'exaltation populaire ; le Père Basile et le curé Sas se montraient patriotes acharnés et quiconque parlait de se rendre était accroché au gibet sans autre forme de procès. Lorsque, enfin, il fallut composer, le siège avait fait, du côté des Espagnols 54.000 victimes ; 3.000 du nôtre.

Tout fut extraordinaire dans cet horrible épisode : les procédés employés, la ténacité des habitants, le courage de nos soldats attaquant, au nombre de 15.000, un ennemi trois fois plus fort, retranché derrière des murailles solides, dans des maisons crénelées, soutenu par une population de 100.000 habitants.

* * *

Je visite, à mon retour, le portail de *Santa-Engracia*, seul reste du couvent détruit par les Français. Elle est exquise, cette page de marbre burinée en style plateresque par Juan et Diégo Morlanès. Sans avoir l'exubérante splendeur de *San Pablo* de Valladolid, elle en a la délicatesse et le charme Cette double rangée de têtes de chérubins forme un si gracieux encadrement d'archivolte! Ferdinand et Isabelle prient avec tant de ferveur la Vierge qui leur présente l'Enfant-Dieu!

En quelques minutes le tramway me dépose devant le vieux château de l'Inquisition qui servit jadis de résidence royale. L'Arabe Abou-Djafar l'avait construit, et c'est de ce cheik célèbre que le splendide édifice tire son nom. Splendide, l'*Aljaferia* l'était assurément avant le bombardement de 1809. On y admire encore un escalier et des salles qui font rêver à ce que l'*Alhambra* possède de plus beau. Sainte Elisabeth de Portugal (*santa Isabel*) y naquit en 1271.

Voici, au sein des ruelles boueuses de l'ancienne ville, la vieille église de *San Pablo*, reconnaissable de loin à son minaret octogonal, bizarre, qui élève à perte de vue ses galeries enjolivées d'*azulejos*, verts et blancs. Son portail et ses nefs accusent le XIIIe siècle. Le *retablo* serait une merveille partout ailleurs qu'en Espagne.

La *Plaza del Mercado* offre le coup d'œil le plus pittoresque; dans les rues d'alentour, partout des façades et des corniches qui rappellent l'Aragon du Moyen âge. La plus intéressante de ces bâtisses est le « Palais de Justice », autrefois maison seigneuriale des comtes de Lune, parents du faux pape Benoît XIII. La « lune » symbolique est gravée au tympan du portail; au-dessus de l'arcade centrale, un bas-relief représente l'entrée triomphale de Benoît dans sa ville natale.

La façade, très allongée, est d'une simplicité majestueuse. Plus riches sont les appartements et aussi les portiques intérieurs. Deux géants qui soutiennent le fronton s'encastrent dans la robuste muraille. Ne sont-ils pas l'image de l'énergie sauvage avec laquelle le pape aragonais tint tête jusqu'à sa mort aux papes, ses concurrents, aux cardinaux, aux Universités, aux peuples et aux rois?

* * *

La *Seo* ou cathédrale est presque sur les bords de l'Ebre. Son campanile à étages a tous les caractères d'un minaret; à l'intérieur, on dirait une mosquée. Le grand retable en albâtre est d'une indescriptible richesse. Par dessus s'étend une voûte à pans dorés. Le petit temple sous lequel repose l'Inquisiteur saint Pierre d'Arbuès, lâchement égorgé à cette place même par les juifs, s'harmonise très heureusement avec la profusion des bas-reliefs d'albâtre, les stalles superbes du *coro* — une merveille de ciselure — et le remarquable revêtement extérieur du chœur des chanoines.

Jadis, la corporation des « mendiants diseurs de prières » entretenait une lampe sous ces voûtes. Cette association bizarre jouissait de privilèges revêtus du visa royal; ses statuts, en cinquante-trois articles, définissaient les droits des novices et des titulaires, les conditions de l'apprentissage et les quartiers attribués à chacun. La confrérie, placée sous le patronage de la Sainte Vierge, avait ses fêtes, ses revenus et son chapitre général. Les Bourbons, qui avaient retiré à Saragosse ses privilèges municipaux, respectèrent ceux des mendiants.

Sous Charles III, la ville se recommandait par la saleté proverbiale de ses rues, l'insolence de ses pauvres et sa passion pour les courses de taureaux, passion qui avait donné naissance au dicton : « Les habitants vendraient leur chemise pour assister à une *corrida.* »

En ce temps-là les deux églises de la *Seo* et du *Pilar* entretenaient treize dignitaires, trente chanoines, cent trente prébendiers, quatre-vingt-cinq bénéficiers et quatre-vingt-dix prêtres de cinquième ordre, au total trois cent quarante-huit ecclésiastiques, personnages presque exclusivement décoratifs : leur principal rôle, en effet, était de rehausser de leur présence et de leurs costumes les fêtes nombreuses, pompeuses et retentissantes où la piété espagnole se complaît.

CHAPITRE XXXI

EN NAVARRE

Vers deux heures, je fais mes adieux à la Madone *del Pilar* et je prends la direction de Pampelune, ma dernière étape.

La voie contourne complaisamment la vieille cité, permettant au voyageur de jouir du splendide panorama que forment les deux basiliques, le haut beffroi de *San Pablo* et l'imposante *Aljaferia*.

Au nord, la vue se heurte aux Pyrénées et s'abaisse avec volupté sur la plaine verdoyante que l'Ebre fertilise.

Puis, la lande succède aux prairies, pour faire place un peu plus loin à des vignobles et à des champs de blé.

Deux petites villes — Alagon et Gallur — forment les derniers jalons de la patrie aragonaise.

Nous arrivons sur un plateau désert, seuil élevé de la Navarre, où nous venons de pénétrer.

De Cortès, un embranchement court dans la direction de Borja, petite ville d'Aragon située à dix-huit kilomètres à peine, vers le sud. C'est le berceau des Borgia. Tudela est gracieusement assise sur les bords de l'Ebre ; passé cette ville, ce ne sont plus que montagnes marneuses, percées de grottes arides d'une désespérante laideur.

La nuit vient fort à propos me dérober ce spectacle ; le train monte lentement vers Pampelune où il finit par me déposer à onze heures du soir.

La lune éclaire un joli versant coupé de prairies et d'arbres ; mais j'ai beau regarder, je ne vois rien qui décèle le voisinage d'une ville. La vieille Pampelune, en effet, est perchée sur une colline qui surplombe l'Arga, à trois kilomètres de la gare.

Deux omnibus attendent les voyageurs, mais ils sont si encombrés que j'ai toutes les peines du monde à m'y faire une place ; finalement, j'arrive à l'hôtel de *la Perla* un peu avant minuit.

Mercredi 30 septembre.

Dès les cinq heures je suis debout, m'orientant comme je puis dans une ville encore livrée au sommeil et aux ténèbres, pour découvrir la petite église de Saint-Ignace desservie par les Pères Liguoriens.

Elle est bâtie au cœur de l'ancienne citadelle, à l'endroit même où Ignace fut blessé.

C'était à l'époque où la prise d'armes des *Comuneros* battait son plein.

La Navarre venait d'être annexée à l'Espagne. En l'absence de Charles-Quint, le vice-roi de Castille rappela du royaume navarrais les troupes qu'il jugea nécessaires pour tenir tête aux rebelles.

Le duc d'Albret voulut profiter de l'aubaine pour reconquérir ses Etats héréditaires. Le voilà devant Pampelune. Ignace y commandait. Abandonné par la population, il se retire dans la forteresse haute, où il essaie vainement d'inspirer à ses troupes l'ardeur qui l'enflamme. Déjà blessé par une pierre, il est encore atteint par un boulet qui, en ricochant, lui brise la jambe. Il fallut capituler. Les Français, pleins d'admiration pour le courage et les talents déployés par le jeune capitaine, le traitèrent avec respect, l'entourèrent de soins et le firent transporter avec précaution dans son manoir de Loyola.

C'est là le pieux souvenir qui m'attirait en Navarre.

Cette partie de l'Espagne est un tout petit royaume. Conquis par Charlemagne sur les Arabes, il se déployait sur l'un et l'autre versant des Pyrénées, mais ne s'étendait pas au delà de l'Ebre.

En 806, le comte Aynar en reçut l'investiture de Louis le Débonnaire, vicaire de son père pour l'Aquitaine. Aynar se rendit vite indépendant et son neveu prit le titre de roi.

Le royaume, depuis lors, a subi de nombreuses vicissitudes. Réuni à l'Aragon, il recouvra son autonomie, passa par un double mariage à la Maison des comtes de Champagne d'abord, puis à celle de France sous Philippe le Bel. Le premier, ce monarque prit le titre de Roi de France et de Navarre. Sa petite-fille Jeanne, écartée du trône de France par la loi salique, apporta le royaume de ses aïeux en dot au comte d'Evreux. Ensuite la Navarre revint une seconde fois à l'Aragon, pour échoir successivement aux Maisons de Foix et d'Albret.

Sous Ferdinand le Catholique, on la divisa : l'époux d'Isabelle rattacha définitivement à l'Espagne toute la partie située au sud des Pyrénées, tandis que la portion septentrionale subissait la destinée des Bourbons, auxquels Jeanne d'Albret l'avait remise en épousant le père de Henri IV.

La Navarre demeura pays *fuériste* sous les Bourbons qui lui laissèrent sa législation, sa « Députation », son administration et ses tribunaux. Les impôts ne devaient pas sortir du royaume et les habitants ne subissaient les charges militaires que d'une manière fort adoucie.

*
* *

J'ai beaucoup admiré le site de *Pompaleo* (1), sanglée dans ses hautes murailles grises, d'où émergent d'innombrables campaniles et clochers.

Les rues sont d'une propreté irréprochable ; les alentours rappellent la belle verdure du « paradis de Grenade » ; la flore, toutefois, diffère de celle d'Andalousie et si l'air est moins chargé de senteurs, en revanche, il est plus vif et moins énervant.

La vue est particulièrement belle de la terrasse qui forme l'extrémité du *paseo de la Taconera ;* la place de la Constitution est l'une des plus vastes et des plus jolies de la Péninsule.

Quelque riches que soient la *Casa Consistorial* et le palais de la *Deputaçion provincial*, ils ne sauraient rivaliser avec la cathédrale, vieil édifice gothique, complété par un superbe cloître de même style.

L'âme éprouve une émotion douce et profonde sous ces hautes voûtes qui semblent tout à la fois monter vers le ciel et le fermer, aiguisant ainsi l'espérance du chrétien, tout en le retenant dans le mystère de son exil.

Les murailles d'enceinte de la ville sont livrées à l'abandon. Les fortifications avaient leur raison d'être aussi longtemps que les rois d'Outre-Monts conservèrent l'espoir de reconquérir leur capitale. Philippe II

(1) C'est du grand Pompée que Pampelune tire son nom.

s'était préoccupé de ce danger et y avait paré en renforçant le système de défense.

Mais aujourd'hui, Pampelune est trop éloignée de la ligne d'invasion pour rendre le moindre service aux belligérants, quels qu'ils soient.

Le soir de ce même jour, je regagnais la frontière, saluant au passage la « noble Fontarabie » et remerciant la bonne Vierge de *Guadalupe* de me ramener à Irún sain et sauf.

ÉPILOGUE

L'Espagne est-elle une nation finie ?

Ceux qui la connaissent à fond ne le pensent pas et ils espèrent contre toute espérance. N'y a-t-il pas, en effet, dans cette race si fière une vitalité étrange ? Le triste sort de l'Espagne moderne ne doit pas nous faire oublier ce qu'elle fut et ce qu'elle fit aux jours où elle était franchement catholique.

Du xe au xvie siècle, les débris de ce peuple furent occupés à reconquérir leur patrie, et Dieu sait au prix de quelles luttes héroïques ils menèrent à bonne fin ce plan gigantesque. Dans leurs quatre royaumes ils ont compté des rois dont ils s'enorgueillissent à juste titre.

Avec Ferdinand et Isabelle, l'Espagne recouvre son unité. Sous Charles-Quint et Philippe II, le catholicisme y règne en maître : c'est précisément la période pendant laquelle la Péninsule atteint l'apogée de sa puissance. Ses armées, presque partout invincibles, ont à leur tête des généraux de premier mérite ; sa gloire artistique et littéraire est incontestée et cette gloire survit à la perte de la puissance politique. En cent ans, le « Royaume catholique » a produit des hommes de génie en tel nombre qu'ils auraient suffi à l'illustration de plusieurs siècles.

Son premier malheur — je l'ai dit — fut de tomber aux mains d'une dynastie étrangère qui, faussant l'orientation politique de la monarchie, s'écarta des alliances normales et déchaîna contre la malheureuse Espagne l'inimitié persistante d'une voisine, menacée dans son indépendance. Philippe V, en montant sur le trône de Ferdinand, trouva un pays dévasté par ses propres armes.

Les « Rois autrichiens » furent toujours trop occupés au dehors pour songer aux intérêts vitaux de l'intérieur. Leur rêve de domination universelle, les agrandissements réalisés en Italie furent considérés à juste titre comme un danger pour l'équilibre européen.

En même temps, l'émigration enlevait constamment à la métropole ses hommes les plus capables et les plus robustes. L'invasion des métaux précieux fut pour l'Espagne de Charles-Quint et de Philippe II un enrichissement factice et funeste. L'usage maladroit qu'elle en fit parvint à fausser chez elle les conditions de la vie économique et du commerce.

La nation s'épuise en guerres dispendieuses et en somptuosités inutiles ; elle néglige l'agriculture et les industries actives ; elle se laisse partiellement gagner par l'oisiveté. Cette oisiveté pénètre progressivement toutes les classes de la société ; le clergé séculier s'en défend mal ; les couvents, trop riches, entretiennent une population trop dense qui ne rend plus les services qui font pardonner la richesse. Seuls, les Jésuites demeurent fidèles au programme de leur Institut : ils sont austères, pieux, savants, laborieux ; l'Espagne trouve chez les Pères de la Compagnie des guides éclairés et des éducateurs parfaits (1).

Malheureusement, ils manquent de doigté ; ils suscitent contre eux une animosité presque générale qui se complique de la haine que leur a vouée l'impiété du XVIIIe siècle, et Charles III se donne le tort impardonnable de fermer leurs collèges et de les chasser de ses Etats.

* * *

Et ce n'était pas encore le coup de grâce pour l'infortunée nation : elle devait connaître encore l'imbécillité de Charles IV, la détestable politique de Manuel Godoy, la guerre fatale de l'Indépendance, le règne incohérent de Ferdinand VII, sans compter les deux révolutions dont l'abrogation de la loi salique fut, sinon la cause, du moins l'occasion.

La voilà privée de ses colonies, que, du reste, elle ne sut jamais administrer (2) ; son crédit se relève péniblement (3) ; les grandes sociétés (chemins de fer, navigation, usines à gaz, usines d'électricité, etc.) sont aux mains de compagnies étrangères qui palpent en francs des dividendes perçus en *pezetas* ; ses montagnes, déboi-

(1) Il est juste de reconnaître que les Pères de la Compagnie étaient de tout autres éducateurs que les maîtres qu'ils se proposaient de remplacer. Aux méthodes vieillies et routinières ils substituaient leur *ratio studiorum*, chef-d'œuvre d'habileté. La discipline sévère qui régnait dans leurs établissements tranchait sur le dévergondage dont les jeunes universitaires étaient coutumiers. Sous la direction paternelle des Jésuites, les élèves se formaient à une piété éclairée et sincère. Enfin, les familles appréciaient l'économie notable que le système adopté dans les maisons de la Compagnie leur permettait de réaliser.

(2) Voir le troisième volume de M. Desdevises du Dézert.

(3) En 1903, le change était de 37 0/0. Il n'est plus que de 9,50 en 1906. De 1889 à 1904 le change a fait perdre au Trésor plus de 150 millions.

sées par les Maures ; puis au temps où les gentilshommes étaient à court d'argent et pendant les guerres carlistes, entretiennent partout une désolante aridité.

A un autre point de vue, l'instruction n'est pas sérieusement organisée ; la religion est presque toute à l'extérieur ; le chancre maçonnique dévore le pays.

Ne sont-ce pas là des signes peu contestables de décadence ?

Et toutefois, il y a de nobles cœurs et des esprits réfléchis qui se sont donné la mission de tirer l'Espagne de sa léthargie.

Chez elle, du moins, le patriotisme est demeuré ardent ; la foi catholique, en dépit de tout, unit fortement toutes les âmes ; elle est gouvernée par un Roi, jeune encore, mais pieux, chaste, chevaleresque, préoccupé de rendre à sa couronne son antique éclat et à son peuple la place qu'il occupait jadis dans l'assemblée des nations.

Lourde charge ; grandes visées ! Que Dieu soutienne le courage, je devrais dire la santé d'Alphonse XIII et qu'il donne à ses efforts le succès !

*
* *

Un dernier mot :

Que n'a-t-on pas dit de la supériorité sociale des nations protestantes ? Très généralement, c'est l'Espagne qui fait les frais de la comparaison. Ce n'est pas le lieu d'entreprendre une thèse ; peut-être serait-il facile d'éventrer la luxueuse façade qu'on nous oppose et de montrer par delà des misères et des ruines morales inouies.

Gabriel Ardant, dans ses « Lettres valaisannes », a fait une réflexion qui me paraît fort juste : « Dans les grands empires protestants, écrit-il, les catholiques ne seraient-ils pas le sel qui arrête la corruption et qui permet de vivre à ces grands orgueilleux ? Ce que l'Angleterre doit à la valeur irlandaise, la Russie aux débris de la Pologne, la Prusse à ses annexes catholiques, l'Amérique aux émigrations d'Irlande, la Suisse calviniste ne le devrait-elle pas aux cantons qui sont restés fidèles à la foi de leurs pères ! N'y a-t-il pas dans la dispersion si douloureuse des vaincus catholiques une vue spéciale de la Providence ? »

Je regrette de ne plus avoir sous la main la réfutation du livre de M. Demolins : *A quoi tient la supériorité des Anglo-Saxons ?* Mais je viens de relire le discours prononcé par Donoso Cortès, le 30 décembre 1850, devant la Chambre espagnole.

En voici quelques extraits :

« Vous avez entendu parler de la corruption de nos moines, vous y avez tous cru, peut-être. Eh bien, sachez que l'histoire qu'on vous a enseignée est une conspiration permanente contre la vérité et la sanctification de la calomnie. Sans doute, les institutions monastiques, comme tout ce qui est humain, après leurs époques de grandeur, ont eu leurs jours de décadence ; mais sachez qu'aux temps mêmes de leur décadence *elles peuvent servir de modèle aux sociétés civiles les plus éclairées et les plus excellentes.*

. . . .

« Le pays où la charité de l'Eglise a le plus brillé, c'est l'Espagne. L'Espagne a été une nation faite par l'Eglise, formée par l'Eglise pour les pauvres : les pauvres en Espagne étaient rois. Ceux qui étaient laboureurs tenaient les terres pour un fermage minime et étaient en réalité propriétaires. Les artisans avaient de quoi donner du pain à leurs enfants avec le salaire qu'ils gagnaient, en élevant ces glorieux et splendides monuments dont l'Espagne est remplie. Et quel mendiant a manqué d'un morceau de pain à la porte d'un couvent ?

« La Révolution est venue tout bouleverser. L'Eglise étant dépouillée, le fermage de la terre monta ; les dîmes étant supprimées, il monta encore et d'une façon plus alarmante. Ainsi le mouvement d'ascension imprimé par le catholicisme aux classes nécessiteuses a été converti par la Révolution en un mouvement contraire ; les laboureurs, accablés par l'énorme fermage qu'ils payent, descendent dans la classe moyenne des ouvriers ; les ouvriers, à leur tour, poussés par le nombre des laboureurs qui délaissent la culture, vont incessamment grossir la plèbe des mendiants ; enfin les mendiants terminent leurs jours dans la misère et la faim. Voilà, messieurs, d'un côté, l'œuvre de la Révolution ; de l'autre, l'œuvre de l'Eglise. »

Si l'Espagne veut se relever de son état d'infériorité, ce ne sont pas, en conséquence, les maximes de la Révolution qu'il lui faudra suivre ; elle devra les répudier au contraire et se rejeter amoureusement sur le cœur de cette Eglise qui, une première fois, déjà, l'avait faite si glorieuse et si grande.

Or, l'Eglise, ce sont les évêques, c'est le clergé des villes et le clergé des campagnes et non pas les manifestations bruyantes des fêtes prétendues religieuses.

Que l'Espagne ait des évêques savants, saints, fermes, désintéressés ; des évêques énergiques, travaillant sans se décourager au relèvement de leur clergé ; des évêques laborieux, étudiant par eux-mêmes les plaies et les besoins de leur troupeau ; n'est-ce pas par de tels moyens que l'épiscopat primitif a converti le monde romain et civilisé les Barbares ?

TABLEAU DES PRINCIPAUX ÉVÉNEMENTS

DE LA

GUERRE DE L'INDÉPENDANCE

1re Période

1808. Entrevue de Bayonne.
2 mai. Insurrection à Madrid.
14 juillet. Victoire de Bessières à Rio Seco.
Juin-août. Premier siège de Saragosse.
21 juillet. Capitulation de Baylen.
10 août. Convention de Cintra. Perte du Portugal.

2e Période

1808. Novembre. Victoires de Soult à Gamonal.
— — de Victor à Espinosa.
— — de Lannes à Tudela.
2 décembre. Victoire de Napoléon à Somo-Sierra.
L'Empereur à Madrid, à Astorga.
1809. 17 janvier. Napoléon quitte l'Espagne.

3e Période

1809. 20 février. Prise de Saragosse.
27 mars. Victoire de Sébastiani à Ciudad Real.
28 mars. Victoire de Victor à Médelin.
29 mars. Soult s'empare d'Oporto.
27 juillet. Bataille indécise de Talavera.

1809. 18 novembre. Soult, Mortier et Sébastiani, vainqueurs à Ocagna.
28 novembre. Victoire de Kellermann à Alba de Tormès.
10 décembre. Prise de Gérone.

1810. Soult proconsul d'Andalousie. Siège de Cadix.
Masséna en Portugal. Les lignes de Torrès-Vedras.

1811. 4 mars. Retraite de Masséna.
10 mars. Soult prend Badajoz qu'il avait assiégée au lieu de secourir Masséna.
3-5 mai. Bataille de Fuentès d'Oñoro.
11 mai. Marmont succède à Masséna. Les Anglais reculent.
16 mai. Soult est arrêté sur les bords de l'Albuera.
28 juin. Suchet prend d'assaut Tarragone.
25 octobre. Il remporte la victoire de Sagonte et s'empare de Valence.

1812. Wellington en Espagne. Reprise de Badajoz et de Ciudad Rodrigo.
Les Français abandonnent le siège de Cadix et évacuent l'Andalousie.
22 juillet. Marmont est défait aux Arapiles. Perte de Madrid.
2 novembre. Joseph rentre dans sa capitale.

1813. Rappel d'une partie des troupes d'Espagne.
17 mars. Joseph quitte Madrid.
21 juin. Défaite de Vitoria.
1er juillet. Soult nommé lieutenant-général. Ses opérations malheureuses. Coupable inaction de Suchet qui perd successivement toutes les places de la Catalogne.
8 septembre. Capitulation de Saint-Sébastien.
10 novembre. Soult est vaincu à Sare.
13 décembre. Il évacue Bayonne.

1814. 27 février. Il est battu à Orthez.
10 avril. Il est battu à Toulouse.

CORRIGENDA

Page 77,	ligne 2,	au lieu de	*butte*	lisez	*bute.*
— 189,	— 1,	—	*suspendus*	—	*suspendues.*
— 232,	— 16,	—	*nommé*	—	*nommée.*
— 249,	— 20,	—	*décrit*	—	*décrits.*

TABLE DES MATIÈRES

BESANÇON. — IMPRIMERIE BOSSANNE

www.ingramcontent.com/pod-product-compliance
Ingram Content Group UK Ltd.
Pitfield, Milton Keynes, MK11 3LW, UK
UKHW021841190726
13855UKWH00001B/95

9 782013 364652